电子与嵌入式系统设计丛书

RT-Thread
Device Driver
Development Guide

RT-Thread
设备驱动开发指南

杨洁 郭占鑫 刘康 熊谱翔◎著

机械工业出版社
China Machine Press

图书在版编目（CIP）数据

RT-Thread 设备驱动开发指南 / 杨洁等著 . —北京：机械工业出版社，2022.12（2023.10
重印）

（电子与嵌入式系统设计丛书）

ISBN 978-7-111-71745-4

I. ① R⋯　II. ①杨⋯　III. ①设备驱动程序 – 程序设计 – 指南　IV. ① TP311.567-62

中国版本图书馆 CIP 数据核字（2022）第 185740 号

RT-Thread 设备驱动开发指南

出版发行：机械工业出版社（北京市西城区百万庄大街 22 号　邮政编码：100037）	
责任编辑：陈　洁	责任校对：韩佳欣　张　薇
印　　刷：固安县铭成印刷有限公司	版　次：2023 年 10 月第 1 版第 2 次印刷
开　　本：186mm×240mm　1/16	印　张：22.25
书　　号：ISBN 978-7-111-71745-4	定　价：99.00 元

客服电话：（010）88361066　68326294

前　　言

为什么要写本书

距离 2019 年我们出版《嵌入式实时操作系统：RT-Thread 设计与实现》，已经过去三年的时间了。该书降低了 RT-Thread 的学习门槛，让更多的人学习和掌握了 RT-Thread。该书也非常受开发者的欢迎，三年里加印了多次。

这三年，RT-Thread 不忘初心，持续发展，系统版本推进到了 4.1.0，软件包的数量也增加至数百款。RT-Thread 广泛地应用于消费电子、医疗、汽车、能源、军工、航天等众多行业，成为国人自主开发的、最成熟稳定的、装机量最大的开源嵌入式操作系统。

深处行业中，我们深刻地感受到近年来国内芯片产业和物联网产业的快速崛起趋势。行业发展迫切需要更多人才，尤其需要掌握嵌入式操作系统等底层技术的人才。而随着 RT-Thread 被更广泛地应用于行业中，开发者对嵌入式驱动开发的需求越来越强烈，他们迫切地希望有一本可以指导他们在 RT-Thread 上开发驱动的指南。

为了解决开发者的燃眉之急，我们撰写了本书——《RT-Thread 设备驱动开发指南》，希望帮助 RT-Thread 的开发者掌握驱动开发的知识点，让开发者能够更简单、更方便地开发驱动，加速产品上市，让 RT-Thread 赋能更多行业，真正做到"积识成睿，慧泽百川"。

总之，本书的初衷在于指导 RT-Thread 的开发者，让更多人能够了解 RT-Thread 设备框架，掌握 RT-Thread 上的设备驱动开发，从而能够一起参与开发 RT-Thread，共同打造开源、开放、小而美的物联网操作系统。

读者对象

- ❑ 熟悉 RT-Thread 并想在其上开发设备驱动的人员
- ❑ 嵌入式软硬件工程师、电子工程师、物联网开发工程师
- ❑ 高等院校的计算机、电子、自动化、通信相关专业师生
- ❑ 其他对嵌入式操作系统感兴趣的人员

如何阅读本书

本书要求读者具备 RT-Thread 基础知识，因此建议大家先学习《嵌入式实时操作系统：RT-Thread 设计与实现》，再学习本书内容。使用过 RT-Thread 上的设备框架的读者的阅读体验会更佳。本书的每章都有配套示例代码，这些代码大多是仅供理解上下文参考的，不能真正运行，建议读者对照具体 bsp 目录下已有的驱动，并结合本书进行学习。

本书内容分为三篇：基础篇、进阶篇与高级篇。

基础篇（第 1 ～ 11 章）　第 1 章概述 RT-Thread 与设备框架；第 2 ～ 11 章介绍一些常用的设备驱动框架，包括 PIN、I2C、SPI 等，适合刚接触驱动开发的读者阅读。

进阶篇（第 12 ～ 20 章）　介绍稍复杂一些的外设驱动，如 SDIO、触摸、显示、传感器、加解密设备等。

高级篇（第 21 ～ 27 章）　介绍一些复杂的驱动，如网络、音频、USBD（H）、CAN 等，开发此类设备驱动要求开发者比较熟悉相应的外设协议。

本书更像是一本工具书，读者不需要一章一章地从头读到尾，读完前面几章内容，熟悉了驱动开发的基本流程之后，就可以根据自己的需要，选择对应的章节学习。

配套软件

本书是基于 RT-Thread 4.1.0 编写的，读者在跟随本书学习驱动开发的时候，也需要选择对应的源码版本。

配套硬件

学习本书内容可结合 RT-Thread 官方出品的星火 1 号开发板，该开发板基于 STM32F407 主芯片，外设丰富，可以满足大多数外设的学习需求。

星火 1 号开发板

勘误与支持

由于笔者水平有限，书中难免会出现一些错误或者不准确的地方，恳请读者到论坛发帖指正。RT-Thread 官方论坛地址为 https://club.rt-thread.org/，发帖可带上"驱动开发指南"的标签，以便迅速筛选话题，加速问题整合。读者在学习过程中遇到任何问题都可以发帖交流。期待能够得到你们的真挚反馈。

致谢

本书由诸多 RT-Thread 开发者集体完成。刘贤良、邵鹏宇、李想、王宸宇参与了本书的内容整理工作，唐伟康、陈迎春、樊晓杰、李涛、刘恒等参与了本书的校对工作。感谢大家为本书出版做出的贡献。

感谢机械工业出版社的编辑帮助和引导我们顺利完成全部书稿。

郭占鑫

目　录

前言

第一篇　基础篇

第 1 章　RT-Thread 与设备框架 简介 ………… 2

1.1　RT-Thread 概述 ………………… 2
1.2　RT-Thread I/O 设备框架 ………… 5
　　1.2.1　I/O 设备模型与分类 ……… 8
　　1.2.2　I/O 设备管理接口 ………… 10
　　1.2.3　驱动编写流程与规范 …… 15
1.3　本章小结 ………………………… 16

第 2 章　UART 设备驱动开发 …… 17

2.1　UART 层级结构 ………………… 18
2.2　创建 UART 设备 ………………… 19
2.3　实现 UART 设备的操作方法 … 20
　　2.3.1　configure：配置 UART 设备 ……………………… 21
　　2.3.2　control：控制 UART 设备 … 23
　　2.3.3　putc：发送一个字符 …… 26
　　2.3.4　getc：接收一个字符 …… 27
　　2.3.5　transmit：数据发送 …… 28
2.4　注册 UART 设备 ………………… 29
2.5　UART 设备中断处理 …………… 30

2.6　增加 DMA 模式 ………………… 32
2.7　驱动配置 ………………………… 37
2.8　驱动验证 ………………………… 38
2.9　本章小结 ………………………… 39

第 3 章　PIN 设备驱动开发 …… 41

3.1　PIN 层级结构 …………………… 41
3.2　实现 PIN 设备的操作方法 …… 42
3.3　注册 PIN 设备 …………………… 51
3.4　驱动配置 ………………………… 52
3.5　驱动验证 ………………………… 52
3.6　本章小结 ………………………… 53

第 4 章　I2C 总线设备驱动开发 … 54

4.1　I2C 层级结构 …………………… 55
4.2　I2C 总线设备结构 ……………… 55
4.3　硬件 I2C 总线设备驱动开发 …… 56
　　4.3.1　实现设备的操作方法 …… 57
　　4.3.2　注册设备 ………………… 59
　　4.3.3　驱动配置 ………………… 60
　　4.3.4　驱动验证 ………………… 61
4.4　软件 I2C 总线设备驱动开发 …… 61
　　4.4.1　实现设备的操作方法 …… 62
　　4.4.2　注册设备 ………………… 66
4.5　本章小结 ………………………… 67

第 5 章　SPI/QSPI 总线设备驱动
开发 ················ 68

5.1　SPI/QSPI 层级结构 ············· 69
5.2　SPI 总线设备驱动开发 ········ 70
　5.2.1　创建 SPI 总线设备 ········ 70
　5.2.2　实现 SPI 总线设备的操作
方法 ················ 72
　5.2.3　注册 SPI 总线设备 ········ 76
　5.2.4　增加 DMA 功能 ············ 77
　5.2.5　实现挂载 SPI 从设备功能 ··· 80
　5.2.6　SPI 总线设备驱动配置 ····· 81
　5.2.7　驱动验证 ················ 82
5.3　QSPI 总线设备驱动开发 ······ 83
　5.3.1　创建 QSPI 总线设备 ······ 83
　5.3.2　实现 QSPI 总线设备的
操作方法 ············ 84
　5.3.3　注册 QSPI 总线设备 ······ 87
　5.3.4　实现挂载 QSPI 从设备
功能 ················ 87
　5.3.5　QSPI 总线设备驱动配置 ···· 89
　5.3.6　驱动验证 ················ 89
5.4　本章小结 ···················· 90

第 6 章　HWTIMER 设备驱动
开发 ················ 91

6.1　HWTIMER 层级结构 ··········· 91
6.2　创建 HWTIMER 设备 ········· 92
6.3　实现 HWTIMER 设备的操作
方法 ························ 93
　6.3.1　init：初始化设备 ········· 93
　6.3.2　start：启动设备 ········· 95
　6.3.3　stop：停止设备 ········· 96
　6.3.4　count_get：获取设备
当前值 ·············· 96

　6.3.5　control：控制设备 ········· 97
6.4　注册 HWTIMER 设备 ·········· 98
6.5　HWTIMER 设备中断处理 ······ 99
6.6　驱动配置 ···················· 100
6.7　驱动验证 ···················· 101
6.8　本章小结 ···················· 101

第 7 章　PWM 设备驱动开发 ··· 102

7.1　PWM 层级结构 ··············· 103
7.2　创建 PWM 设备 ··············· 104
7.3　实现 PWM 设备的操作方法 ····· 105
7.4　注册 PWM 设备 ··············· 108
7.5　驱动配置 ···················· 109
7.6　验证与使用 ·················· 110
7.7　本章小结 ···················· 111

第 8 章　RTC 设备驱动开发 ····· 112

8.1　RTC 层级结构 ················ 112
8.2　创建 RTC 设备 ··············· 113
8.3　实现 RTC 设备的操作方法 ····· 113
　8.3.1　为设备定义操作方法 ····· 114
　8.3.2　init：初始化设备 ········ 115
　8.3.3　get_secs：获取时间 ······ 115
　8.3.4　set_secs：设置时间 ······ 116
　8.3.5　get_timeval：获取 timeval
结构 ·············· 117
8.4　注册 RTC 设备 ··············· 118
8.5　驱动配置 ···················· 119
8.6　驱动验证 ···················· 120
8.7　本章小结 ···················· 121

第 9 章　ADC 设备驱动开发 ····· 122

9.1　ADC 层级结构 ················ 122
9.2　创建 ADC 设备 ··············· 123

9.3 实现 ADC 设备的操作方法 …… 124

9.3.1 enabled：控制 ADC
通道 …………………… 125

9.3.2 convert：转换并获取 ADC
采样值 ………………… 125

9.4 注册 ADC 设备 ……………… 126

9.5 驱动配置 …………………… 127

9.6 驱动验证 …………………… 128

9.7 本章小结 …………………… 129

第 10 章 DAC 设备驱动开发 … 130

10.1 DAC 层级结构 ……………… 130

10.2 创建 DAC 设备 …………… 131

10.3 实现设备的操作方法 ……… 132

10.3.1 enabled：使能 DAC
通道 …………………… 133

10.3.2 disabled：禁止 DAC
通道 …………………… 133

10.3.3 convert：设置 DAC 输出值
并启动数模转换 ……… 134

10.4 注册 DAC 设备 …………… 135

10.5 驱动配置 …………………… 136

10.6 驱动验证 …………………… 136

10.7 本章小结 …………………… 138

第 11 章 WDT 设备驱动开发 … 139

11.1 WDT 层级结构 …………… 139

11.2 创建 WDT 设备 …………… 140

11.3 实现 WDT 设备的操作方法 … 141

11.3.1 为设备定义操作方法 …… 141

11.3.2 init：初始化看门狗
设备 …………………… 141

11.3.3 control：控制看门狗
设备 …………………… 142

11.4 注册 WDT 设备 …………… 143

11.5 驱动配置 …………………… 144

11.6 驱动验证 …………………… 145

11.7 本章小结 …………………… 146

第二篇 进阶篇

第 12 章 SDIO 设备驱动开发……148

12.1 SDIO 层级结构 …………… 148

12.2 实现 SDIO 设备的操作方法 … 149

12.2.1 request：发送请求 …… 149

12.2.2 set_iocfg：配置 SDIO … 154

12.2.3 get_card_status：获取
状态 …………………… 156

12.2.4 enable_sdio_irq：配置
中断 …………………… 156

12.3 创建并激活 SDIO 主机 ……… 157

12.4 驱动配置 …………………… 159

12.5 驱动验证 …………………… 159

12.6 本章小结 …………………… 160

第 13 章 Touch 设备驱动开发 … 161

13.1 Touch 层级结构 …………… 161

13.2 GT9147 触摸芯片 ………… 162

13.3 创建 Touch 设备 ………… 162

13.4 实现 Touch 设备的操作方法 … 163

13.4.1 touch_readpoint：读触摸点
信息 …………………… 163

13.4.2 touch_control：控制
设备 …………………… 166

13.5 注册 Touch 设备 ………… 168

13.6 驱动配置 …………………… 169

13.7 驱动验证 …………………… 170

13.8　本章小结 …………… 172

第 14 章　LCD 设备驱动开发 … 173

14.1　LCD 层级结构 ………… 173
14.2　创建 LCD 设备 ………… 174
14.3　实现 LCD 设备的操作方法 … 174
　14.3.1　init：初始化 LCD 设备 … 175
　14.3.2　control：控制 LCD 设备 … 175
14.4　实现绘图的操作方法 ……… 177
　14.4.1　set_pixel：画点 ……… 178
　14.4.2　get_pixel：读取像素点
　　　　　颜色 ……………… 178
　14.4.3　draw_hline：画横线 …… 179
　14.4.4　draw_vline：画竖线 …… 180
　14.4.5　blit_line：画杂色水
　　　　　平线 ……………… 181
14.5　注册 LCD 设备 ………… 182
14.6　驱动配置 ……………… 183
14.7　驱动验证 ……………… 184
14.8　本章小结 ……………… 185

第 15 章　传感器设备驱动开发 … 186

15.1　传感器层级结构 ………… 186
15.2　创建传感器设备 ………… 187
15.3　实现传感器设备的操作方法 … 188
　15.3.1　fetch_data：获取传感器
　　　　　数据 ……………… 188
　15.3.2　control：控制传感器
　　　　　设备 ……………… 189
15.4　设备注册 ……………… 191
15.5　驱动配置 ……………… 193
15.6　驱动验证 ……………… 194
15.7　本章小结 ……………… 195

第 16 章　MTD NOR 设备驱动
　　　　　开发 ……………… 196

16.1　MTD NOR 层级结构 ……… 196
16.2　创建 MTD NOR 设备 ……… 197
16.3　实现 MTD NOR 设备的操作
　　　方法 ……………… 198
　16.3.1　read_id：读取设备 ID … 198
　16.3.2　read：从设备中读数据 … 199
　16.3.3　write：向设备中写数据 … 200
　16.3.4　erase_block：擦除数据 … 201
16.4　注册 MTD NOR 设备 ……… 202
16.5　驱动配置 ……………… 204
16.6　驱动验证 ……………… 204
16.7　本章小结 ……………… 205

第 17 章　MTD NAND 设备驱动
　　　　　开发 ……………… 206

17.1　MTD NAND 层级结构 ……… 206
17.2　创建 MTD NAND 设备 …… 207
17.3　实现 MTD NAND 设备的操作
　　　方法 ……………… 207
　17.3.1　read_id：读取设备 ID … 208
　17.3.2　read_page：从设备中读
　　　　　数据 ……………… 208
　17.3.3　write_page：向设备中写
　　　　　数据 ……………… 210
　17.3.4　erase_block：擦除设备 … 213
17.4　注册 MTD NAND 设备 …… 214
17.5　驱动配置 ……………… 215
17.6　驱动验证 ……………… 216
17.7　本章小结 ……………… 217

第 18 章 脉冲编码器设备驱动
开发 ·················218

18.1 脉冲编码器层级结构 ··········· 219
18.2 创建脉冲编码器设备 ········ 220
18.3 实现脉冲编码器设备的操作
方法 ························· 220
 18.3.1 init：初始化脉冲
  编码器 ············· 221
 18.3.2 control：控制脉冲
  编码器 ············· 222
 18.3.3 get_count：获取编码器
  计数 ············· 223
 18.3.4 clear_count：清空编码器
  计数 ············· 224
18.4 注册脉冲编码器设备 ········· 224
18.5 脉冲编码器中断处理 ········· 225
18.6 驱动配置 ·················· 226
18.7 驱动验证 ·················· 227
18.8 本章小结 ·················· 229

第 19 章 加解密设备驱动开发 ··· 230

19.1 加解密设备层级结构 ··········· 230
19.2 创建加解密设备 ············· 231
19.3 实现加解密设备的操作方法 ··· 231
 19.3.1 create：创建设备 ······ 232
 19.3.2 destroy：销毁设备 ······ 236
 19.3.3 copy：复制上下文 ······ 237
 19.3.4 reset：复位设备 ······· 239
19.4 注册加解密设备 ············· 240
19.5 驱动配置 ·················· 241
19.6 驱动验证 ·················· 241
19.7 本章小结 ·················· 242

第 20 章 PM 设备驱动开发 ········243

20.1 PM 层级结构 ············· 243
20.2 实现 PM 设备的操作方法 ······ 244
 20.2.1 sleep：切换休眠模式 ······ 244
 20.2.2 run：切换运行模式 ······ 246
 20.2.3 timer_start：定时器
  启动 ············· 247
 20.2.4 timer_get_tick：获取
  时钟值 ············· 248
 20.2.5 timer_stop：定时器停止 · 248
20.3 注册 PM 设备 ············· 249
20.4 驱动配置 ·················· 250
20.5 驱动验证 ·················· 250
20.6 本章小结 ·················· 251

第三篇 高级篇

第 21 章 WLAN 设备驱动
开发 ················· 254

21.1 WLAN 层级结构 ············· 254
21.2 创建 WLAN 设备 ············· 256
21.3 实现 WLAN 设备的操作方法 ··· 256
 21.3.1 wlan_init：初始化设备 ··· 257
 21.3.2 wlan_scan：扫描 ······ 258
 21.3.3 wlan_get_rssi：获取信号
  强度 ············· 258
 21.3.4 wlan_cfg_promisc：配置
  混杂模式 ············· 259
 21.3.5 wlan_set_channel：设置
  信道 ············· 259
 21.3.6 wlan_set_country：设置
  国家码 ············· 260

21.3.7 wlan_send：发送数据 ··· 261

21.4 注册 WLAN 设备 ············· 261

21.5 驱动配置 ····················· 262

21.6 驱动验证 ····················· 263

21.7 本章小结 ····················· 264

第 22 章 ETH 设备驱动开发 ··· 265

22.1 ETH 层级结构 ················ 265

22.2 创建 ETH 设备 ··············· 266

22.3 实现 ETH 设备的操作方法 ····· 267

22.3.1 eth_rx：数据接收 ······ 268

22.3.2 eth_tx：数据发送 ······· 270

22.4 注册 ETH 设备 ··············· 271

22.5 驱动配置 ····················· 272

22.6 驱动验证 ····················· 272

22.7 本章小结 ····················· 273

第 23 章 AUDIO MIC 设备驱动
开发 ····················· 274

23.1 AUDIO 层级结构 ············· 274

23.2 创建 MIC 设备 ··············· 275

23.3 实现 MIC 设备的操作方法 ····· 276

23.3.1 getcaps：获取设备功能 ·· 276

23.3.2 configure：配置设备 ····· 279

23.3.3 init：初始化设备 ······· 281

23.3.4 start：启动设备 ········· 281

23.3.5 stop：停止设备 ········· 282

23.4 音频数据流处理 ·············· 282

23.5 注册 MIC 设备 ··············· 284

23.6 驱动配置 ····················· 285

23.7 驱动验证 ····················· 286

23.8 本章小结 ····················· 286

第 24 章 AUDIO SOUND 设备驱动
开发 ····················· 287

24.1 创建 SOUND 设备 ············· 287

24.2 实现 SOUND 设备的操作
方法 ····················· 287

24.2.1 getcaps：获取设备功能 ·· 288

24.2.2 configure：配置设备 ····· 291

24.2.3 init：初始化设备 ······· 293

24.2.4 start：启动设备 ········· 293

24.2.5 stop：停止设备 ········· 294

24.2.6 buffer_info：获取缓冲区
信息 ··················· 294

24.3 音频数据流处理 ·············· 295

24.4 注册 SOUND 设备 ············· 297

24.5 驱动配置 ····················· 298

24.6 驱动验证 ····················· 299

24.7 本章小结 ····················· 300

第 25 章 USBD 设备驱动开发 ··· 301

25.1 USBD 层级结构 ·············· 301

25.2 创建 USBD 设备 ············· 302

25.3 实现 USBD 设备的操作方法 ··· 303

25.3.1 set_address：设置 USBD
设备地址 ··············· 304

25.3.2 set_config：配置 USBD
设备 ··················· 305

25.3.3 ep_set_stall：设置端点
STALL 状态 ············· 305

25.3.4 ep_clear_stall：清除端点
STALL 状态 ············· 305

25.3.5 ep_enable：使能端点 ··· 306

25.3.6 ep_disable：禁用端点 ··· 306

25.3.7　ep_read_prepare：端点接收数
据准备信号 …………… 307

25.3.8　ep_read：端点接收数据 … 307

25.3.9　ep_write：端点发送
数据 …………………… 308

25.3.10　ep0_send_status：通知主机
数据传输结束 ……… 308

25.3.11　suspend：挂起 USBD
设备 ………………… 308

25.3.12　wakeup：唤醒 USBD
设备 ………………… 309

25.4　注册 USBD 设备 …………… 309

25.5　USBD 中断处理 …………… 311

25.5.1　rt_usbd_ep0_setup_handler：端
点 0 SETUP 回调函数 … 312

25.5.2　rt_usbd_ep0_in_handler：IN 令
牌包回调函数 ……… 312

25.5.3　rt_usbd_ep0_out_handler：
OUT 令牌包回调函数 … 313

25.5.4　其他回调函数 ………… 313

25.6　驱动配置 ………………… 314

25.7　驱动验证 ………………… 315

25.8　本章小结 ………………… 315

第 26 章　USBH 设备驱动开发 … 316

26.1　USBH 层级结构 …………… 316

26.2　创建 USBH 设备 …………… 317

26.3　实现 USBH 设备的操作方法 … 318

26.3.1　reset_port：重置端口 … 318

26.3.2　pipe_xfer：传输数据 … 319

26.3.3　open_pipe：开启传输
管道 ………………… 322

26.3.4　close_pipe：关闭传输
管道 ………………… 323

26.4　注册 USBH 设备 …………… 323

26.5　USBH 中断处理 …………… 324

26.5.1　rt_usbh_root_hub_connect_
handler：连接成功回调
函数 ………………… 324

26.5.2　rt_usbh_root_hub_disconnect_
handler：断开连接回调
函数 ………………… 325

26.5.3　其他中断处理 ………… 326

26.6　驱动配置 ………………… 326

26.7　驱动验证 ………………… 327

26.8　本章小结 ………………… 327

第 27 章　CAN 设备驱动开发 … 328

27.1　CAN 层级结构 …………… 328

27.2　创建 CAN 设备 …………… 329

27.3　实现 CAN 设备的操作方法 … 330

27.3.1　configure：配置 CAN
设备 ………………… 330

27.3.2　control：控制 CAN
设备 ………………… 331

27.3.3　sendmsg：发送一帧
数据 ………………… 334

27.3.4　recvmsg：接收一帧
数据 ………………… 336

27.4　CAN 中断处理 …………… 337

27.5　注册 CAN 设备 …………… 339

27.6　驱动配置 ………………… 340

27.7　驱动验证 ………………… 341

27.8　本章小结 ………………… 344

第一篇
基 础 篇

第 1 章　RT-Thread 与设备框架简介

第 2 章　UART 设备驱动开发

第 3 章　PIN 设备驱动开发

第 4 章　I2C 总线设备驱动开发

第 5 章　SPI/QSPI 总线设备驱动开发

第 6 章　HWTIMER 设备驱动开发

第 7 章　PWM 设备驱动开发

第 8 章　RTC 设备驱动开发

第 9 章　ADC 设备驱动开发

第 10 章　DAC 设备驱动开发

第 11 章　WDT 设备驱动开发

第 1 章
RT-Thread 与设备框架简介

本章主要为大家介绍 RT-Thread 及其设备框架。

1.1　RT-Thread 概述

RT-Thread（Real Time-Thread）是一个嵌入式实时多线程操作系统。它的基本属性之一是支持多任务，而允许多个任务同时运行并不意味着处理器在同一时刻真的执行了多个任务。事实上，一个处理器核心在某一时刻只能运行一个任务，由于每次处理器对一个任务的执行时间很短，任务与任务之间通过任务调度器进行非常快速的切换（调度器根据优先级决定此刻该执行的任务），因此给人造成一种多个任务在同一时刻同时运行的错觉。在 RT-Thread 系统中，任务是通过线程实现的，RT-Thread 中的线程调度器就是以上提到的任务调度器。

RT-Thread 主要采用 C 语言编写，浅显易懂，方便移植。它把面向对象的设计方法应用到实时系统设计中，使得代码风格优雅，架构清晰，系统模块化，且可裁剪性非常好。RT-Thread 目前有 3 个版本：完整版、Nano 版以及 Smart 版。针对资源受限的 MCU（微控制器）系统，可通过方便易用的工具裁剪出仅需要 3KB Flash、1.2KB RAM 内存资源的 Nano 版。资源丰富的物联网设备可使用 RT-Thread 完整版。RT-Thread 完整版通过在线的软件包管理工具、系统配置工具，可实现直观、快速的模块化裁剪，无缝地导入丰富的软件功能包，实现类似 Android 的图形界面以及触摸滑动效果，还具有智能语音交互等复杂功能。带有 MMU，且基于 ARM9、ARM11 甚至 Cortex-A 系列 CPU 的应用处理器，可以使用 Smart 版本。该版本可以在 RT-Thread 操作系统的基础上启用独立、完整的进程，同时以混合微内核模式去执行。

相较于 Linux 操作系统，RT-Thread 体积小，成本低，功耗低，启动快。除此以外，RT-Thread 还具有实时性高、占用资源少等特点，非常适用于各种资源受限（如成本、功耗限制等）的场合。

1. 许可协议

RT-Thread 系统完全开源，遵循 Apache License 2.0 开源许可协议，可以免费在商业产品中使用，并且不需要公开私有代码。

2. 架构

近年来，物联网（Internet of Things，IoT）概念广为普及，物联网市场发展迅猛，嵌入式设备的联网已是大势所趋。终端联网使得软件复杂性大幅增加，传统的 RTOS 内核已经越来越难以满足市场的需求。在这种情况下，物联网操作系统（IoT OS）的概念应运而生。物联网操作系统是指以操作系统内核（可以是 RTOS、Linux 等）为基础，包括如文件系统、图形库等较为完整的中间件组件，具备低功耗、安全特性，支持通信协议和云端连接能力的软件平台，RT-Thread 就是一个物联网操作系统。

RT-Thread 与其他很多 RTOS（如 FreeRTOS、uC/OS）的主要区别之一是，它不仅有实时内核，还具备丰富的中间层组件，如图 1-1 所示。

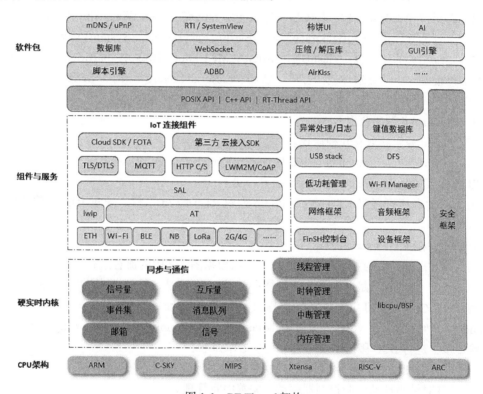

图 1-1　RT-Thread 架构

RT-Thread 架构具体包括以下部分。

1）硬实时内核层：RT-Thread 内核，这是 RT-Thread 的核心部分，包括了内核系统中对象的实现，例如多线程及其调度、信号量、邮箱、消息队列、内存管理、定时器等。另外内核层还包括 libcpu/BSP（芯片移植相关文件 / 板级支持包），它与硬件密切相关，由外设驱动和 CPU 移植文件构成。

2）组件与服务层：组件是基于 RT-Thread 内核之上的上层软件，例如虚拟文件系统、FinSH 命令行界面、网络框架、设备框架等。采用模块化设计，能够做到组件内部高内聚，组件之间低耦合。

3）软件包层：运行于 RT-Thread 物联网操作系统平台上，是面向不同应用领域的通用软件组件，由描述信息、源代码或库文件组成。RT-Thread 提供了开放的软件包平台。平台上存放了官方提供或开发者提供的软件包，为开发者提供了众多可重用软件包，是 RT-Thread 生态的重要组成部分。这些软件包具有很强的可重用性，模块化程度很高，可让应用开发者在最短时间内打造出自己想要的系统。

RT-Thread 支持的软件包数量已经达到 400 多个，举例如下。

1）物联网相关的软件包：Paho MQTT、WebClient、mongoose、WebTerminal 等。

2）脚本语言相关的软件包：目前支持 JerryScript、MicroPython、Lua、PikaScript。

3）多媒体相关的软件包：LVGL、Openmv、mupdf、STemWin、TinyJPEG 等。

4）工具类软件包：CmBacktrace、EasyFlash、EasyLogger、SystemView。

5）系统相关的软件包：FlashDB、littlefs、MCUboot、lwext4、partition、SQLite 等。

6）外设库与驱动类软件包：各类传感器、rosserial、Nordic nRF5_SDK 等。

7）嵌入式 AI 软件包：ONNX、TensorFlow Lite、μLAPack、libann、NNoM 等。

3. RT-Thread 源码获取

RT-Thread 源码获取有几种途径。

❑ GitHub：https://github.com/RT-Thread/rt-thread。

❑ Gitee：https://gitee.com/rtthread/rt-thread。

另外，读者还可通过 RT-Thread Studio 创建 RT-Thread 工程，通过 IDE 下载源码并将其加入工程中。

4. 芯片对接 RT-Thread 流程

当有一款芯片想要对接 RT-Thread 时，可以根据图 1-2 中的流程进行对接。

第 1 步：查看是否是 RT-Thread 支持的架构，如果是，可以开始 BSP 移植；如果不是，可参照文档中心的 libcpu 移植教程进行移植，网址如下：https://www.rt-thread.org/document/site/#/rt-thread-version/rt-thread-standard/programming-manual/porting/porting。

第 2 步：进行 BSP 移植需要完成的基本工作如下。

1）初始化 CPU 内部寄存器，设定 RAM 工作时序。

2）实现时钟驱动及中断控制器驱动，完善中断管理。

3）实现串口和 GPIO 驱动。

4）初始化动态内存堆，实现动态堆内存管理。

此时还要注意一种情况，判断是否为 STM32 系列，若是，则进行 STM32 BSP 移植。可以参考 STM32 BSP 制作教程进行移植，教程链接如下：https://www.rt-thread.org/document/site/#/rt-thread-version/rt-thread-standard/tutorial/make-bsp/stm32-bsp/stm32-bsp。

第 3 步：驱动移植，即参考本书中的驱动教程完成相应的驱动移植，最后进行驱动验证。

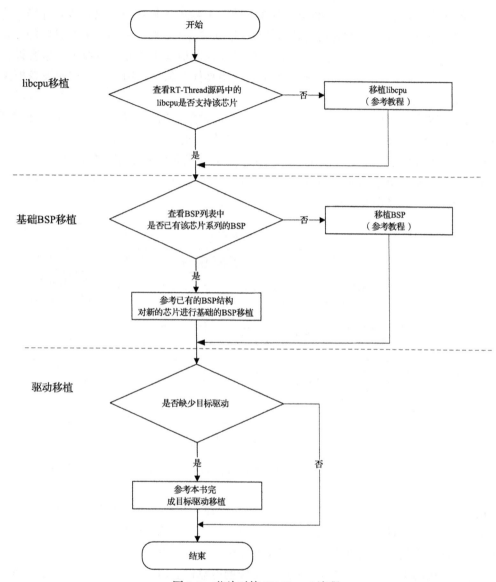

图 1-2　芯片对接 RT-Thread 流程

1.2　RT-Thread I/O 设备框架

　　之前没有接触过驱动开发的人，看到"设备框架"这个名词可能会感到迷茫。大家不妨先思考这样一个问题："为什么不同厂家、不同价格、不同形状的鼠标，插到电脑上之后都能正常工作？"这是因为各家生产的鼠标都遵循同一套标准，操作系统只要按照这个标准去操作鼠标就可以得到它想要的效果。

　　"设备框架"就是针对某一类外设,抽象出来一套统一的操作方法以及接入标准。有了这一层抽象,框架上层的应用要访问具体外设(比如摄像头)时,就不用关心具体的厂家或者产地了。只要按照框架提供的操作方法,就可以控制摄像头拍照、摄像了。这套设备框架也为生产厂家提供了方便,他们不需要关心应用具体会怎么使用,只要按照设备框架提供的接入标准设计产品,生产出来就可以在市面上销售了。

　　在嵌入式领域,RT-Thread 也提供了这样的一层抽象,用于屏蔽嵌入式上的硬件差异,为应用层提供统一的操作方法,也为底层硬件提供统一的接入标准。

　　RT-Thread 提供了一套简单的 I/O 设备模型框架,简称设备框架,如图 1-3 所示。RT-Thread 设备框架位于硬件和应用程序之间,共分成 3 层,从上到下分别是 I/O 设备管理层、设备驱动框架层、设备驱动层。

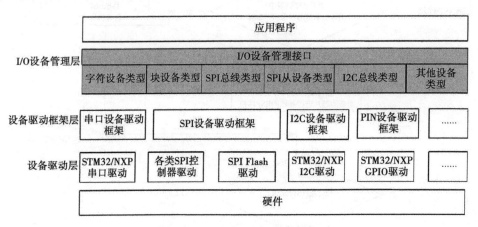

图 1-3　RT-Thread I/O 设备框架

　　应用程序通过 I/O 设备管理接口获得正确的设备驱动,然后通过这个设备驱动与底层 I/O 硬件设备进行数据(或控制)交互。

　　I/O 设备管理层实现了对设备驱动程序的封装。应用程序通过 I/O 设备层提供的标准接口访问底层设备,因此设备驱动程序的升级、更替不会对上层应用产生影响。这种方式使得设备的硬件操作相关的代码能够独立于应用程序而存在,双方只需关注各自的功能实现,从而降低了代码的耦合性、复杂性,提高了系统的可靠性。I/O 设备管理层所包含的 I/O 设备管理接口有 rt_device_find、open、read、write、close、register 等。

　　设备驱动框架层是对同类硬件设备驱动的抽象,将不同厂家的同类硬件设备驱动中相同的部分抽取出来,将不同部分留出接口,由驱动程序实现。

　　设备驱动层是一组驱使硬件设备工作的程序,实现了访问硬件设备的功能,它负责创建和注册 I/O 设备。设备驱动层注册设备有以下两种方式。

　　第一种方式,使用 I/O 设备管理接口直接注册,在设备驱动文件中通过 rt_device_register() 接口注册到 I/O 设备管理器中。这种方式是针对操作逻辑简单的设备,可以不经过设备驱动框架层,直接将设备注册到 I/O 设备管理器中。这类设备的注册与使用序列图如图 1-4 所示，其主要步骤如下。

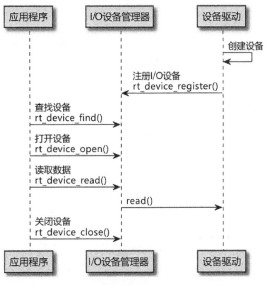

图 1-4　I/O 设备注册与使用序列图

1）设备驱动根据设备模型定义，创建出具备硬件访问能力的设备实例，将该设备通过 rt_device_register() 接口注册到 I/O 设备管理器中。

2）应用程序通过 rt_device_find() 接口查找到设备，然后使用 I/O 设备管理接口来访问硬件。

第二种方式，通过设备驱动框架层提供的注册函数进行注册，注册函数名一般命名为 rt_hw_xxx_register()，设备驱动框架层的注册函数又调用了 I/O 设备管理接口的注册函数 rt_device_register()，从而进行设备注册。此种注册方式是针对一些不能使用 I/O 设备管理接口完成操作的设备，如看门狗等。看门狗设备注册的主要步骤如下。

1）看门狗设备驱动程序根据看门狗设备模型定义，创建出具备硬件访问能力的看门狗设备实例，并将该看门狗设备通过 rt_hw_watchdog_register() 接口注册到看门狗设备驱动框架中。

2）看门狗设备驱动框架通过 rt_device_register() 接口将看门狗设备注册到 I/O 设备管理器中。

3）应用程序通过 rt_device_find() 接口查找到设备，然后使用 I/O 设备管理接口来访问看门狗设备硬件。

看门狗设备注册与使用序列如图 1-5 所示。

当然，有的设备驱动框架也会给应用层提供接口，此时应用层可以调用设备驱动框架层的接口对硬件进行操作。

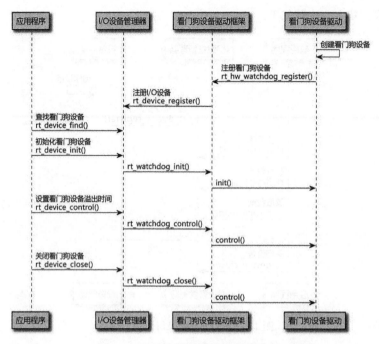

图 1-5　看门狗设备注册与使用序列

1.2.1　I/O 设备模型与分类

RT-Thread 的 I/O 设备模型（以下简称"设备模型"）是建立在内核对象模型基础之上的，设备被认为是一类对象，被纳入对象管理器的范畴。每个设备对象都是由基对象派生而来的，每个具体设备都可以继承其父类对象的属性，并派生出其私有属性。图 1-6 是设备对象的继承和派生关系示意。

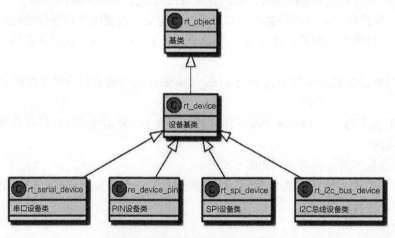

图 1-6　设备对象的继承和派生关系

设备对象 struct rt_device 的具体定义如下所示：

```
struct rt_device{
    struct rt_object                parent;         /* 内核对象基类 */
    enum rt_device_class_type       type;           /* 设备类型 */
    rt_uint16_t                     flag;           /* 设备参数 */
    rt_uint16_t                     open_flag;      /* 设备打开标志 */
    rt_uint8_t                      ref_count;      /* 设备被引用次数 */
    rt_uint8_t                      device_id;      /* 设备 ID, 范围为 0~255 */

    /* 数据收发回调函数 */
    rt_err_t (*rx_indicate)(rt_device_t dev, rt_size_t size);
    rt_err_t (*tx_complete)(rt_device_t dev, void *buffer);

    const struct rt_device_ops *ops;                /* 设备操作方法 */

    /* 设备的私有数据 */
    void *user_data;
};typedef struct rt_device *rt_device_t;
```

rt_device_class_type 用于 RT-Thread 对设备进行分类，在每类设备执行注册后，系统会将它们注册为相应类别的设备。rt_device_class_type 类型枚举如下。

```
enum rt_device_class_type
{
    RT_Device_Class_Char = 0,        /* 字符设备 */
    RT_Device_Class_Block,           /* 块设备 */
    RT_Device_Class_NetIf,           /* 网络接口设备 */
    RT_Device_Class_MTD,             /* MTD 存储设备 */
    RT_Device_Class_CAN,             /* CAN 设备 */
    RT_Device_Class_RTC,             /* RTC 设备 */
    RT_Device_Class_Sound,           /* 声音设备 */
    RT_Device_Class_Graphic,         /* 图形设备 */
    RT_Device_Class_I2CBUS,          /* I2C 总线设备 */
    RT_Device_Class_USBDevice,       /* USB 从设备 */
    RT_Device_Class_USBHost,         /* USB 主设备 */
    RT_Device_Class_SPIBUS,          /* SPI 总线设备 */
    RT_Device_Class_SPIDevice,       /* SPI 设备 */
    RT_Device_Class_SDIO,            /* SDIO 总线设备 */
    RT_Device_Class_PM,              /* PM 低功耗管理设备 */
    RT_Device_Class_Pipe,            /* 管道设备 */
    RT_Device_Class_Portal,          /* 双向管道设备 */
    RT_Device_Class_Timer,           /* 定时器设备 */
    RT_Device_Class_Miscellaneous,   /* 杂项设备 */
    RT_Device_Class_Sensor,          /* 传感器设备 */
    RT_Device_Class_Touch,           /* 触摸设备 */
    RT_Device_Class_Unknown          /* 未知设备 */
};
```

其中，字符设备、块设备是常用的设备类型，它们的分类依据是设备与系统之间的数据传输处理方式。字符设备允许非结构化的数据传输，通常数据传输采用串行的形式，每次一字节。字符设备通常是一些简单设备，如串口、按键。

块设备每次传输一个数据块，例如每次传输 512 字节数据。这个数据块大小是硬件强制性要求的，数据块可能使用某类数据接口或某些强制性的传输协议，否则就可能发生错误。因此，有时块设备驱动程序进行读/写操作时必须执行附加的工作，如图 1-7 所示。

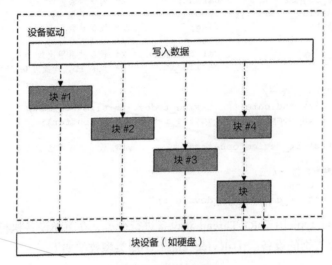

图 1-7   块设备操作

当系统服务需要进行大量数据的写操作时，设备驱动程序必须将数据划分为多个包，每个包采用设备指定的数据尺寸。而在实际操作中，最后一部分数据尺寸有可能小于正常的设备块尺寸。如图 1-7 中每个块使用单独的写请求写入到设备中，前 3 个块直接进行写操作。但最后一个数据块尺寸小于设备块尺寸，设备驱动程序必须使用不同的方式处理最后的数据块。通常情况下，设备驱动程序需要首先执行相对应的设备块（块 4）的读操作，然后把写入数据覆盖到读出数据上，然后把这个"合成"的数据块作为一整个块写回到设备中。

1.2.2   I/O 设备管理接口

应用程序通过 I/O 设备管理接口来访问硬件设备，当设备驱动实现后，应用程序就可以访问该硬件。I/O 设备管理接口与 I/O 设备的操作方法的映射关系如图 1-8 所示。

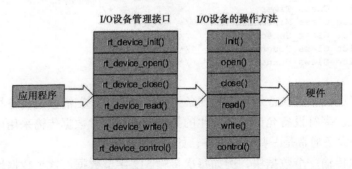

图 1-8   I/O 设备管理接口与 I/O 设备的操作方法的映射关系

在执行过程中，若未得到正常结果，则需返回相应的错误码，错误码表如下所示。一般来说，在 RT-Thread 代码中，当返回错误码时，除 RT_EOK 之外的所有错误码都要加负号。

代码清单 1-1　错误码表

```
#define RT_EOK        0   /* 无错误 */
#define RT_ERROR      1   /* 普通错误 */
#define RT_ETIMEOUT   2   /* 超时错误 */
#define RT_EFULL      3   /* 资源已满 */
#define RT_EEMPTY     4   /* 无资源 */
#define RT_ENOMEM     5   /* 无内存 */
#define RT_ENOSYS     6   /* 系统不支持 */
#define RT_EBUSY      7   /* 系统忙 */
#define RT_EIO        8   /* I/O 错误 */
#define RT_EINTR      9   /* 中断系统调用 */
#define RT_EINVAL     10  /* 非法参数 */
```

1. 查找设备

应用程序根据设备名称查找设备，查找接口（即函数）会返回设备的句柄，进而可以操作设备。查找设备的接口 rt_device_find 如下所示：

```
rt_device_t rt_device_find(const char* name);
```

rt_device_find 接口的参数及返回值如表 1-1 所示。

表 1-1　rt_device_find 接口的参数及返回值

参数	描述	返回值
name	设备名称	❑ 设备句柄：查找到对应设备将返回相应的设备句柄 ❑ RT_NULL：没有找到相应的设备对象

2. 初始化设备

获得设备句柄后，应用程序可使用 rt_device_init 接口对设备进行初始化操作：

```
rt_err_t rt_device_init(rt_device_t dev);
```

rt_device_init 接口的参数及返回值如表 1-2 所示。

表 1-2　rt_device_init 接口的参数及返回值

参数	描述	返回值
dev	设备句柄	❑ RT_EOK：设备初始化成功 ❑ 其他错误码：设备初始化失败

注意，当一个设备已经初始化成功后，调用这个接口将不再重复进行初始化。

3. 打开和关闭设备

通过设备句柄，应用程序可以打开和关闭设备。打开设备时，系统会检测设备是否已经初始化，若没有初始化，会默认调用初始化接口来初始化设备，可通过 rt_device_open 接口打开设备：

```
rt_err_t rt_device_open(rt_device_t dev, rt_uint16_t oflags);
```

rt_device_open 接口的参数及返回值如表 1-3 所示。

表 1-3 rt_device_open 接口的参数及返回值

参数	描述	返回值
dev	设备句柄	❑ RT_EOK：设备打开成功 ❑ -RT_EBUSY：如果设备注册时指定的参数中包括 RT_DEVICE_FLAG_STANDALONE 参数，则此设备将不允许重复打开
oflags	设备打开模式标志	❑ 其他错误码：设备打开失败

oflags 支持以下参数：

```
#define RT_DEVICE_OFLAG_CLOSE  0x000   /* 设备已经关闭（内部使用）*/
#define RT_DEVICE_OFLAG_RDONLY 0x001   /* 以只读方式打开设备 */
#define RT_DEVICE_OFLAG_WRONLY 0x002   /* 以只写方式打开设备 */
#define RT_DEVICE_OFLAG_RDWR   0x003   /* 以读写方式打开设备 */
#define RT_DEVICE_OFLAG_OPEN   0x008   /* 设备已经打开（内部使用）*/
#define RT_DEVICE_FLAG_STREAM  0x040   /* 设备以流模式打开 */
#define RT_DEVICE_FLAG_INT_RX  0x100   /* 设备以中断接收模式打开 */
#define RT_DEVICE_FLAG_DMA_RX  0x200   /* 设备以 DMA 接收模式打开 */
#define RT_DEVICE_FLAG_INT_TX  0x400   /* 设备以中断发送模式打开 */
#define RT_DEVICE_FLAG_DMA_TX  0x800   /* 设备以 DMA 发送模式打开 */
```

注意：如果上层应用程序需要设置设备的接收回调函数，则必须以 RT_DEVICE_FLAG_INT_RX 或者 RT_DEVICE_FLAG_DMA_RX 的方式打开设备。

应用程序打开设备完成读写等操作后，如果不需要再对设备进行操作，就可以关闭设备，可通过 rt_device_close 接口完成：

```
rt_err_t rt_device_close(rt_device_t dev);
```

rt_device_close 接口的参数及返回值如表 1-4 所示。

表 1-4 rt_device_close 接口的参数及返回值

参数	描述	返回值
dev	设备句柄	❑ RT_EOK：关闭设备成功 ❑ -RT_ERROR：设备已经完全关闭，不能重复关闭设备 ❑ 其他错误码：关闭设备失败

注意：关闭设备接口和打开设备接口需配对使用，打开一次设备对应要关闭一次设备，这样设备才会被完全关闭，否则设备仍处于未关闭状态。

4. 控制设备

通过命令控制字，应用程序也可以对设备进行控制，通过 rt_device_control 接口完成：

```
rt_err_t rt_device_control(rt_device_t dev, rt_uint8_t cmd, void* arg);
```

rt_device_control 接口的参数及返回值如表 1-5 所示。

参数 cmd 的通用设备命令可取如下宏定义：

```
#define RT_DEVICE_CTRL_RESUME          0x01   /* 恢复设备 */
```

```
#define RT_DEVICE_CTRL_SUSPEND          0x02    /* 挂起设备 */
#define RT_DEVICE_CTRL_CONFIG           0x03    /* 配置设备 */
#define RT_DEVICE_CTRL_SET_INT          0x10    /* 设置中断 */
#define RT_DEVICE_CTRL_CLR_INT          0x11    /* 清除中断 */
#define RT_DEVICE_CTRL_GET_INT          0x12    /* 获取中断状态 */
```

表 1-5 rt_device_control 接口的参数及返回值

参数	描述	返回值
dev	设备句柄	❑ RT_EOK：函数执行成功
cmd	命令控制字，该参数通常与设备驱动程序相关	❑ -RT_ENOSYS：执行失败，dev 为空
arg	控制的参数	❑ 其他错误码：执行失败

5. 读写设备

应用程序从设备中读取数据可以通过 rt_device_read 接口完成：

```
rt_size_t rt_device_read(rt_device_t dev, rt_off_t pos,void* buffer, rt_size_t
    size);
```

rt_device_read 接口的参数及返回值如表 1-6 所示。

表 1-6 rt_device_read 接口的参数及返回值

参数	描述	返回值
dev	设备句柄	❑ 读到数据的实际大小：如果是字符设备，返回的大小以字节为单位；如果是块设备，返回的大小以块为单位
pos	读取数据偏移量	
buffer	内存缓冲区指针，读取的数据将会被保存在缓冲区中	❑ 0：需要读取当前线程的 errno 来判断错误状态
size	读取数据的大小	

调用这个接口，会从 dev 中读取数据，并存放在缓冲区中。这个缓冲区的最大长度是 size，pos 根据不同的设备类别有不同的意义。

如果向设备中写入数据，可以通过 rt_device_write 接口完成：

```
rt_size_t rt_device_write(rt_device_t dev, rt_off_t pos,const void* buffer, rt_
    size_t size);
```

rt_device_write 接口的参数及返回值如表 1-7 所示。

表 1-7 rt_device_write 接口的参数及返回值

参数	描述	返回值
dev	设备句柄	❑ 写入数据的实际大小：如果是字符设备，返回的大小以字节为单位；如果是块设备，返回的大小以块为单位
pos	写入数据偏移量	
buffer	内存缓冲区指针，放置要写入的数据	❑ 0：需要读取当前线程的错误码来判断错误状态
size	写入数据的大小	

调用这个接口，会把缓冲区中的数据写入 dev 中，写入数据的最大长度是 size，pos 根据不同的设备类别有不同的意义。

6. 数据收发回调

数据收发回调的意思是当硬件设备接收到数据或者发送数据时，可以设置一个回调函数作为数据发送或者接收的通知。当 RT-Thread 的设备进行数据收发时，也可以通过 rt_device_set_rx_indicate 接口回调另一个函数来设置数据接收指示，通知上层应用线程有数据到达：

```
rt_err_t rt_device_set_rx_indicate(rt_device_t dev, rt_err_t (*rx_ind)(rt_
    device_t dev,rt_size_t size));
```

rt_device_set_rx_indicate 接口的参数及返回值如表 1-8 所示。

表 1-8　rt_device_set_rx_indicate 接口的参数及返回值

参数	描述	返回值
dev	设备句柄	❏ RT_EOK：设置成功
rx_ind	回调函数指针	

该接口的回调函数由调用者提供。当硬件设备接收到数据时，会回调这个接口并把收到的数据长度放在 size 参数中传递给上层应用。上层应用线程应在收到指示后，立刻从设备中读取数据。

在应用程序调用 rt_device_write 写入数据时，如果底层硬件能够支持自动发送，那么上层应用可以设置一个回调函数。这个回调函数会在底层硬件数据发送完成后（例如 DMA 传送完成或 FIFO 写入完毕产生完成中断时）调用。我们可以通过 rt_device_set_tx_complete 接口设置设备发送完成指示，接口参数及返回值如下：

```
rt_err_t rt_device_set_tx_complete(rt_device_t dev, rt_err_t (*tx_done)(rt_
    device_t dev,void *buffer));
```

rt_device_set_tx_complete 接口参数及返回值如表 1-9 所示。

表 1-9　rt_device_set_tx_complete 接口参数及返回值

参数	描述	返回值
dev	设备句柄	❏ RT_EOK：设置成功
tx_done	回调函数指针	

调用这个接口时，回调函数由调用者提供，当硬件设备发送完数据时，由驱动程序回调这个接口并把发送完成的数据块地址 buffer 作为参数传递给上层应用。上层应用（线程）在收到指示时会根据发送 buffer 的情况，释放 buffer 内存块或将其作为下一个写数据的缓存。

7. 设备访问示例

下面代码为用程序访问设备的示例，首先通过 rt_device_find() 查找到看门狗设备，获得设备句柄，然后通过 rt_device_init() 初始化设备，并通过 rt_device_control() 设置看门狗设备溢出时间。

```
#include <rtthread.h>
#include <rtdevice.h>
```

```
#define IWDG_DEVICE_NAME    "iwg"

static rt_device_t wdg_dev;

static void idle_hook(void)
{
    /* 在空闲线程的回调函数里喂狗 */
    rt_device_control(wdg_dev, RT_DEVICE_CTRL_WDT_KEEPALIVE, NULL);
    rt_kprintf("feed the dog!\n ");
}

int main(void)
{
    rt_err_t res = RT_EOK;
    rt_uint32_t timeout = 1000;     /* 溢出时间 */

    /* 根据设备名称查找看门狗设备，获取设备句柄 */
    wdg_dev = rt_device_find(IWDG_DEVICE_NAME);
    if (!wdg_dev)
    {
        rt_kprintf("find %s failed!\n", IWDG_DEVICE_NAME);
        return -RT_ERROR;
    }
    /* 初始化设备 */
    res = rt_device_init(wdg_dev);
    if (res != RT_EOK)
    {
        rt_kprintf("initialize %s failed!\n", IWDG_DEVICE_
            NAME);
        return res;
    }
    /* 设置看门狗溢出时间 */
    res = rt_device_control(wdg_dev, RT_DEVICE_CTRL_WDT_
        SET_TIMEOUT, &timeout);
    if (res != RT_EOK)
    {
        rt_kprintf("set %s timeout failed!\n", IWDG_DEVICE_
            NAME);
        return res;
    }
    /* 设置空闲线程回调函数 */
    rt_thread_idle_sethook(idle_hook);

    return res;
}
```

图 1-9　驱动编写流程

1.2.3　驱动编写流程与规范

驱动编写流程是本书中所有设备都要用到的，如图 1-9 所示。

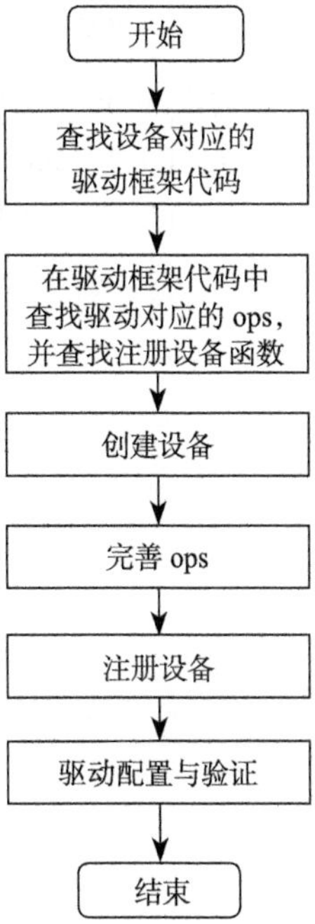

RT-Thread 设备对应的设备驱动框架源码在 rt-thread/components/drivers 文件夹中。在该文件夹中查看代码，找到对应框架的注册函数和操作方法即（ops），如图 1-10 所示。

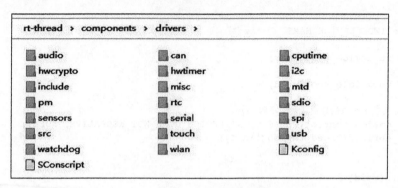

图 1-10 RT-Thread 设备驱动框架源码位置

在驱动中完成驱动框架提供的设备结构、操作函数和注册函数，然后进行驱动验证。

编写好的驱动代码风格可以参考 RT-Thread 代码规范进行格式化。若要提交到 RT-Thread 仓库，则代码风格必须遵守 RT-Thread 代码规范：https://gitee.com/rtthread/rt-thread/blob/master/documentation/contribution_guide/coding_style_cn.md。

1.3 本章小结

本章对 RT-Thread 进行了介绍，讲解了以下内容。

1）RT-Thread 的版本、特性、芯片对接流程与架构等。

2）RT-Thread I/O 设备框架。

第 2 章
UART 设备驱动开发

UART（Universal Asynchronous Receiver/Transmitter，通用异步收发传输器）也常被称为串口。UART 作为异步串口通信协议的一种，工作原理是将传输数据的每个字符一位接一位地传输。UART 是在应用程序开发过程中使用频率最高的数据总线。在嵌入式设计中，UART 常用于主机与辅助设备通信，如嵌入式设备与外接模块（Wi-Fi、蓝牙模块等）的通信，嵌入式设备与 PC 监视器的通信，或用于两个嵌入式设备之间的通信。

UART 串口属于字符设备的一种，它的硬件连接也比较简单，只要两根传输线就可以实现双向通信：一根线（TX）发送数据，另一根线（RX）接收数据。

UART 串口通信有几个重要的参数，分别是波特率、起始位、数据位、停止位和奇偶检验位，对于两个使用 UART 串口通信的端口，这些参数必须匹配，否则通信将无法正常完成。UART 串口传输的数据格式如图 2-1 所示。

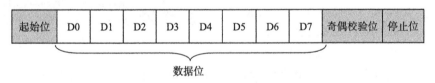

图 2-1　UART 串口传输的数据格式

从图 2-1 中可以看出，数据格式包含起始位、数据位、奇偶校验位、停止位。

对 UART 串口通信参数的解释如下。

❑ 起始位：表示数据传输的开始，电平逻辑为 "0"。

❑ 数据位：数据位通常为 8bit 的数据（一个字节），但也可以是其他大小，例如 5bit、6bit、7bit，表示传输数据的位数。

❑ 奇偶校验位：用于接收方对接收到的数据进行校验，校验一个二进制数中 "1" 的个数为偶数（偶校验）或奇数（奇校验），以此来校验数据传送的正确性，使用时也可以不需要此位。

❑ 停止位：表示一帧数据的结束，电平逻辑为 "1"。

❑ 波特率：串口通信时的速率，它用单位时间内传输的二进制代码的有效位数来表示，其单位为 bit/s。常见的波特率值有 4800、9600、14 400、38 400、115 200 等，数值越大数据传输越快，波特率为 115 200 表示每秒传输 115 200 位数据。

本章内容基于 UART v2.0 版本的 UART 框架和驱动进行讲解，涵盖 UART 层级结构和驱动开发步骤、创建并操作 UART 设备、处理串口中断、增加串口 DMA 模式，以及驱动配置与验证。

2.1 UART 层级结构

UART 层级结构如图 2-2 所示。

1）I/O 设备管理层向应用层提供 rt_device_read/write 等标准接口，应用层可以通过这些标准接口访问 UART 设备。

2）UART 设备驱动框架源码文件为 serial_v2.c，位于 RT-Thread 源码的 components\drivers\serial 文件夹中。抽象出的 UART 设备驱动框架和平台无关，是一层通用的软件层。UART 设备驱动框架提供以下功能。

① 对接上层的 I/O 设备管理层，以让应用层调用 I/O 设备管理层提供的统一接口对 UART 进行操作。

② UART 设备驱动框架向 UART 设备驱动层提供 UART 设备操作方法接口 struct rt_uart_ops（如 configure、control、putc、getc、transmit），驱动开发者需要实现这些接口。

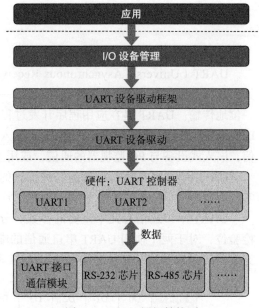

图 2-2 UART 层级结构图

③ 提供设备注册管理接口 rt_hw_serial_register 和中断处理接口 rt_hw_serial_isr。

3）UART 设备驱动源码文件为 drv_usartv2.c，放在具体 bsp 目录下，v2 表示对接在串口 v2 版本的设备驱动框架上。UART 设备驱动的实现与平台相关，它操作具体的 MCU UART 控制器。UART 设备驱动需要实现 UART 设备的操作方法 struct rt_uart_ops，以提供访问和控制 UART 硬件的能力。这一层也负责调用 rt_hw_serial_register 函数将 UART 设备注册到操作系统。最后还需调用中断处理接口 rt_hw_serial_isr，通知 UART 设备驱动框架层处理数据。

4）最下面一层是 MCU 外接的 UART 模块，如 UART 通信模块、RS-232 芯片或者 RS-485 芯片电路模块等，这样 MCU 就可以与外接模块进行数据通信了。

UART 设备驱动开发的主要任务就是实现串口设备操作方法接口 struct rt_uart_ops，然后注册串口设备。本章将会以 STM32 的 UART 驱动为例讲解 UART 驱动的具体实现。接下来先按照步骤创建一个 UART 设备。

2.2　创建 UART 设备

本节介绍如何创建 UART 设备。对 UART 设备来说，在驱动开发时需要先从 struct rt_serial_device 结构中派生出新的串口设备模型，然后根据自己的设备类型定义私有数据域。特别是在可能有多个类似设备的情况下（例如串口 1、串口 2），设备接口可以共用同一套接口，不同的只是各自的数据域（例如寄存器基地址）。

例如，STM32 的 UART 设备模型从 struct rt_serial_device 派生，并增加了 STM32 UART 的特有数据结构，如 STM32 串口句柄、串口配置信息、DMA 结构信息等，代码如下所示。

```
struct stm32_uart
{
    UART_HandleTypeDef handle;          /* STM32 串口句柄 */
    struct stm32_uart_config *config;   /* 串口配置信息 */

#ifdef RT_SERIAL_USING_DMA
    struct
    {
        DMA_HandleTypeDef handle;       /* STM32 串口 DMA 的初始化信息结构体 */
        rt_size_t remaining_cnt;
    } dma_rx;
    struct
    {
        DMA_HandleTypeDef handle;
    } dma_tx;
#endif
    rt_uint16_t uart_dma_flag;          /* DMA 使用标志 */
    struct rt_serial_device serial;     /* 串口设备控制块 */
};

struct stm32_uart_config
{
    const char *name;                   /* 串口设备名称 */
    USART_TypeDef *Instance;            /* 串口设备基地址 */
    IRQn_Type irq_type;                /* 串口设备中断号 */

#ifdef RT_SERIAL_USING_DMA
    struct dma_config *dma_rx;          /* DMA 接收配置 */
    struct dma_config *dma_tx;          /* DMA 发送配置 */
#endif
};
```

串口驱动根据此类型定义串口设备对象并初始化相关变量，MCU 一般都支持多个串口，所以串口驱动也可以支持多个串口设备。以下是在驱动文件中定义多个串口设备的代码片段，其中定义了每个串口的配置信息，如名称、句柄、中断入口等，同时定义了串口配置信息表和串口对象表，包含多个串口对象信息。

```
/* 定义各个串口的配置信息 */
#define UART1_CONFIG                        \
```

```
    {                                \
        .name = "uart1",             \
        .Instance = USART1,          \
        .irq_type = USART1_IRQn,     \
    }
...

/* 串口配置信息表中包含多个串口,在初始化串口设备时,配置信息表会被赋值给串口设备 */
static struct stm32_uart_config uart_config[] =
{
#ifdef BSP_USING_UART1
        UART1_CONFIG,
#endif
#ifdef BSP_USING_UART2
        UART2_CONFIG,
#endif
...
};

...

/* 串口对象表,表中定义了串口对象 */
static struct stm32_uart uart_obj[sizeof(uart_config) / sizeof(uart_config[0])]
    = {0};
```

2.3　实现 UART 设备的操作方法

UART 设备驱动框架层为 UART 设备驱动层提供的操作方法原型如下所示。在开发驱动时,需要为设备定义并实现这些操作方法。

```
struct rt_uart_ops
{
    rt_err_t (*configure)(struct rt_serial_device      *serial,
                          struct serial_configure       *cfg);

    rt_err_t (*control)(struct rt_serial_device         *serial,
                                          int            cmd,
                                          void           *arg);

    int (*putc)(struct rt_serial_device *serial, char c);
    int (*getc)(struct rt_serial_device *serial);

    rt_size_t (*transmit)(struct rt_serial_device       *serial,
                          rt_uint8_t                     *buf,
                          rt_size_t                       size,
                          rt_uint32_t                     tx_flag);
};
```

这些操作方法会完成串口的基本操作,例如:configure 方法用于配置串口(波特率等);control 方法用于控制串口;putc 方法用于串口向外发送字符数据;getc 方法用于串口获取字符数据;transmit 方法用于数据发送,主要是进行多字节数据的发送。下面继续讲解如何实现这些操作方法。

2.3.1　configure：配置 UART 设备

操作方法 configure 的作用是根据配置参数对 UART 设备进行配置，配置参数如波特率、接收缓冲区大小、数据位、停止位、奇偶校验等，UART 设备在初始化时会调用此方法，其原型如下所示。

```
rt_err_t (*configure)(struct rt_serial_device *serial,
                      struct serial_configure *cfg);
```

configure 方法的参数及返回值如表 2-1 所示。

表 2-1　configure 方法的参数及返回值

参数	描述	返回值
serial	串口设备句柄	❑ RT_EOK：成功
cfg	串口设备的配置参数	❑ 其他错误码：失败

参数 cfg 是串口设备的配置参数，结构原型为 struct serial_configure，如下所示。configure 方法根据这些成员的值进行配置。

```
struct serial_configure
{
    rt_uint32_t baud_rate;              /* 波特率值：如 9600、115200 */
    rt_uint32_t data_bits      :4;     /* 数据位个数：如 8 */
    rt_uint32_t stop_bits      :2;     /* 停止位个数：如 1、2 */
    rt_uint32_t parity         :2;     /* 是否有奇偶校验：奇校验、偶校验、无校验 */
    rt_uint32_t bit_order      :1;     /* 高位在前或者低位在前：LSB 或 MSB */
    rt_uint32_t invert         :1;     /* 模式：非归零编码，反向非归零编码 */
    rt_uint32_t rx_bufsz       :16;    /* 接收数据缓冲区大小 */
    rt_uint32_t tx_bufsz       :16;    /* 发送数据缓冲区大小 */
    rt_uint32_t reserved       :4;     /* 保留 */
};
```

成员可取值以及参考的默认取值如下所示，读者可以根据实际用途选择合适的值。

```
/* 波特率可取值，默认 115200 */
#define BAUD_RATE_2400        2400
#define BAUD_RATE_4800        4800
#define BAUD_RATE_9600        9600
#define BAUD_RATE_19200       19200
#define BAUD_RATE_38400       38400
#define BAUD_RATE_57600       57600
#define BAUD_RATE_115200      115200
#define BAUD_RATE_230400      230400
#define BAUD_RATE_460800      460800
#define BAUD_RATE_921600      921600
#define BAUD_RATE_2000000     2000000
#define BAUD_RATE_3000000     3000000
/* 数据位可取值，默认 8 */
#define DATA_BITS_5           5
```

```
#define DATA_BITS_6     6
#define DATA_BITS_7     7
#define DATA_BITS_8     8
#define DATA_BITS_9     9
/* 停止位可取值，默认 1 */
#define STOP_BITS_1     0
#define STOP_BITS_2     1
#define STOP_BITS_3     2
#define STOP_BITS_4     3
/* 校验方式可取值，默认 0 */
#define PARITY_NONE     0
#define PARITY_ODD      1
#define PARITY_EVEN     2
/* 高低位顺序取值，默认 0 */
#define BIT_ORDER_LSB   0
#define BIT_ORDER_MSB   1
/* 编码模式可取值，默认 0 */
#define NRZ_NORMAL      0       /* 非归零编码 */
#define NRZ_INVERTED    1       /* 反向非归零编码 */

#define RT_SERIAL_RX_MINBUFSZ 64 /* 限制接收缓冲区最小长度，单位为 byte */
#define RT_SERIAL_TX_MINBUFSZ 64 /* 限制发送缓冲区最小长度，单位为 byte */
```

使用 STM32 串口驱动 configure 方法的实现示例如下。其内容主要是初始化 STM32 UART 的句柄，将 cfg 配置参数赋值给 STM32 UART 的句柄的成员，然后对串口进行初始化操作。

```
static rt_err_t stm32_configure(struct rt_serial_device *serial, struct serial_
    configure *cfg)
{
    struct stm32_uart *uart;
    ...

    uart = rt_container_of(serial, struct stm32_uart, serial);

    uart->handle.Instance          = uart->config->Instance;
    uart->handle.Init.BaudRate     = cfg->baud_rate;
    uart->handle.Init.HwFlowCtl    = UART_HWCONTROL_NONE;
    uart->handle.Init.Mode         = UART_MODE_TX_RX;
    uart->handle.Init.OverSampling = UART_OVERSAMPLING_16;

    /* 数据位配置 */
    switch (cfg->data_bits)
    {
    case DATA_BITS_8:
/* STM32 UART 较特殊，需要进行下面的特殊配置 */
        if (cfg->parity == PARITY_ODD || cfg->parity == PARITY_EVEN)
            uart->handle.Init.WordLength = UART_WORDLENGTH_9B;
        else
            uart->handle.Init.WordLength = UART_WORDLENGTH_8B;
        break;
    case DATA_BITS_9:
        uart->handle.Init.WordLength = UART_WORDLENGTH_9B;
        ...
```

```
    }
    /* 停止位配置 */
    switch (cfg->stop_bits)
    {
    case STOP_BITS_1:
        uart->handle.Init.StopBits    = UART_STOPBITS_1;
        break;
    case STOP_BITS_2:
        uart->handle.Init.StopBits    = UART_STOPBITS_2;
        ...
    }
    /* 奇偶校验位配置 */
    switch (cfg->parity)
    {
    case PARITY_NONE:
        uart->handle.Init.Parity      = UART_PARITY_NONE;
        break;
    case PARITY_ODD:
        uart->handle.Init.Parity      = UART_PARITY_ODD;
        ...
    }
/* 若开启 DMA 模式，需要初始化如下成员，DMA 将在 2.6 节讲解 */
#ifdef RT_SERIAL_USING_DMA
    uart->dma_rx.remaining_cnt = serial->config.rx_bufsz;
#endif

    /* 初始化串口 */
    if (HAL_UART_Init(&uart->handle) != HAL_OK)
    {
        return -RT_ERROR;
    }

    return RT_EOK;
}
```

2.3.2　control：控制 UART 设备

操作方法 control 用于控制 UART 设备行为，会根据传入的参数 cmd（控制命令）对串口的行为进行相应的控制，例如配置设备、关闭设备、清除中断等操作，其原型如下所示。

```
rt_err_t (*control)(struct rt_serial_device *serial, int cmd, void *arg);
```

control 方法的参数及返回值如表 2-2 所示，该方法根据控制命令 cmd 和控制参数 arg 控制串口设备，如开关中断及 DMA 的配置。

表 2-2　control 方法的参数及返回值

参数	描述	返回值
serial	串口设备句柄	❑ RT_EOK：成功
cmd	控制命令	❑ 其他错误码：失败
arg	控制参数	

在驱动实现时，需要完成的 cmd 取值情况如下所示。如果注释中标明"驱动中不用实现"，表示在实现驱动代码时不用考虑 cmd 的取值，因为这些取值无关底层设备，而系统对这些取值的处理也已经在设备驱动框架

实现了。

```c
/* rtdef.h */
#define RT_DEVICE_CTRL_RESUME      0x01      /* 恢复设备（驱动中不用实现）*/
#define RT_DEVICE_CTRL_SUSPEND     0x02      /* 挂起设备（驱动中不用实现）*/
#define RT_DEVICE_CTRL_CONFIG      0x03      /* 配置设备 */
#define RT_DEVICE_CTRL_CLOSE       0x04      /* 关闭设备或注销设备 */

#define RT_DEVICE_CTRL_SET_INT     0x10      /* 设置中断 */
#define RT_DEVICE_CTRL_CLR_INT     0x11      /* 清除中断 */
#define RT_DEVICE_CTRL_GET_INT     0x12      /* 获取中断状态 */

#define RT_DEVICE_CHECK_OPTMODE    0x20      /* 检查设备操作模式 */
```

以下是 STM32 串口驱动的 control 方法的代码，该方法实现了 6 种 cmd 命令对应的操作。

```c
static rt_err_t stm32_control(struct rt_serial_device *serial, int cmd, void
    *arg)
{
    struct stm32_uart *uart;

    rt_ubase_t ctrl_arg = (rt_ubase_t)arg;

    uart = rt_container_of(serial, struct stm32_uart, serial);

    /* 依据上层传入的 arg 参数更新设备使用模式，并在稍后对设备进行相应的操作或配置 */
    if(ctrl_arg & (RT_DEVICE_FLAG_RX_BLOCKING | RT_DEVICE_FLAG_RX_NON_BLOCKING))
    {
        if (uart->uart_dma_flag & RT_DEVICE_FLAG_DMA_RX)
            ctrl_arg = RT_DEVICE_FLAG_DMA_RX;
        else
            ctrl_arg = RT_DEVICE_FLAG_INT_RX;
    }
    else if(ctrl_arg & (RT_DEVICE_FLAG_TX_BLOCKING | RT_DEVICE_FLAG_TX_NON_
        BLOCKING))
    {
        if (uart->uart_dma_flag & RT_DEVICE_FLAG_DMA_TX)
            ctrl_arg = RT_DEVICE_FLAG_DMA_TX;
        else
            ctrl_arg = RT_DEVICE_FLAG_INT_TX;
    }

    /* 根据 cmd 命令，以及更新的设备使用模式，对设备进行相应的操作或配置 */
    switch (cmd)
    {
    /* 关闭并清除中断 */
    case RT_DEVICE_CTRL_CLR_INT:

        NVIC_DisableIRQ(uart->config->irq_type);
        if (ctrl_arg == RT_DEVICE_FLAG_INT_RX)
            HAL_UART_DISABLE_IT(&(uart->handle), UART_IT_RXNE);
        else if (ctrl_arg == RT_DEVICE_FLAG_INT_TX)
            HAL_UART_DISABLE_IT(&(uart->handle), UART_IT_TXE);
/* 可结合 2.6 节内容进行理解 */
#ifdef RT_SERIAL_USING_DMA
```

```
        else if (ctrl_arg == RT_DEVICE_FLAG_DMA_RX)
        {
            __HAL_UART_DISABLE_IT(&(uart->handle), UART_IT_RXNE);

            HAL_NVIC_DisableIRQ(uart->config->dma_rx->dma_irq);
            if (HAL_DMA_Abort(&(uart->dma_rx.handle)) != HAL_OK)
            {
                RT_ASSERT(0);
            }

            if (HAL_DMA_DeInit(&(uart->dma_rx.handle)) != HAL_OK)
            {
                RT_ASSERT(0);
            }
        }
        else if(ctrl_arg == RT_DEVICE_FLAG_DMA_TX)
        {
            __HAL_UART_DISABLE_IT(&(uart->handle), UART_IT_TC);

            HAL_NVIC_DisableIRQ(uart->config->dma_tx->dma_irq);
            if (HAL_DMA_DeInit(&(uart->dma_tx.handle)) != HAL_OK)
            {
                RT_ASSERT(0);
            }
        }
#endif /* RT_SERIAL_USING_DMA */
        break;
    /* 设置并开启中断 */
    case RT_DEVICE_CTRL_SET_INT:

        HAL_NVIC_SetPriority(uart->config->irq_type, 1, 0);
        HAL_NVIC_EnableIRQ(uart->config->irq_type);

        if (ctrl_arg == RT_DEVICE_FLAG_INT_RX)
            __HAL_UART_ENABLE_IT(&(uart->handle), UART_IT_RXNE);
        else if (ctrl_arg == RT_DEVICE_FLAG_INT_TX)
            __HAL_UART_ENABLE_IT(&(uart->handle), UART_IT_TXE);
        break;
    /* 配置设备 */
    case RT_DEVICE_CTRL_CONFIG:
        if (ctrl_arg & (RT_DEVICE_FLAG_DMA_RX | RT_DEVICE_FLAG_DMA_TX))
        {
/* DMA 配置，可结合 2.6 节内容进行理解 */
#ifdef RT_SERIAL_USING_DMA
            stm32_dma_config(serial, ctrl_arg);
#endif
        }
        else
            stm32_control(serial, RT_DEVICE_CTRL_SET_INT, (void *)ctrl_arg);
        break;
    /* 检查设备操作模式 */
    case RT_DEVICE_CHECK_OPTMODE:
        {
            if (ctrl_arg & RT_DEVICE_FLAG_DMA_TX)
                /* 在 DMA 模式下，不需要额外提供缓存 */
```

```
                    return RT_SERIAL_TX_BLOCKING_NO_BUFFER;
                else
                    return RT_SERIAL_TX_BLOCKING_BUFFER;
        }
    /* 关闭设备（注销设备）*/
    case RT_DEVICE_CTRL_CLOSE:
        if (HAL_UART_DeInit(&(uart->handle)) != HAL_OK )
        {
            RT_ASSERT(0)
        }
        break;
    }
    return RT_EOK;
}
```

2.3.3   putc：发送一个字符

操作方法 putc 用于发送一个字符的数据，其原型如下所示。

```
int (*putc)(struct rt_serial_device *serial, char c);
```

putc 方法的参数及返回值如表 2-3 所示。
我们看一个具体的 putc 方法的示例代码，STM32 串口驱动中 putc 方法实现的部分代码如下所示。

表 2-3   putc 方法的参数及返回值

参数	描述	返回值
serial	串口设备句柄	❑ 1：成功
c	待发送字符	❑ 其他错误码：失败

```
static int stm32_putc(struct rt_serial_device *serial, char c)
{
    struct stm32_uart *uart;
    RT_ASSERT(serial != RT_NULL);

    uart = rt_container_of(serial, struct stm32_uart, serial);
    /* 等待数据发送完成 */
    while (__HAL_UART_GET_FLAG(&(uart->handle), UART_FLAG_TC) == RESET);
    UART_INSTANCE_CLEAR_FUNCTION(&(uart->handle), UART_FLAG_TC);
    /* 向寄存器写入待发送的数据 */
    UART_SET_TDR(&uart->handle, c);

    return 1;
}
```

在示例代码中，先利用接口 rt_container_of 获取到 STM32 的 UART 设备模型，然后等待上一次数据发送完成后再向硬件寄存器发送一个字符数据。这里需要注意，在 UART 设备驱动 drv_usart_v2.h 中，已经定义了向寄存器写入数据的宏 UART_SET_TDR，供驱动开发者使用：

```
#define UART_SET_TDR(__HANDLE__, __DATA__)  ((__HANDLE__)->Instance->TDR = (__
    DATA__))
// 或者
#define UART_SET_TDR(__HANDLE__, __DATA__)  ((__HANDLE__)->Instance->DR = (__
    DATA__))
```

2.3.4　getc：接收一个字符

操作方法 getc 用于从硬件寄存器中接收一个字符数据，其原型如下所示。

```
int (*getc)(struct rt_serial_device *serial);
```

getc 方法的参数及返回值如表 2-4 所示。

我们看一个具体的 getc 方法的示例代码，STM32 串口驱动中 getc 方法实现的部分代码如下所示。

表 2-4　getc 方法的参数及返回值

参数	描述	返回值
serial	串口设备句柄	□ 接收到的字符

```
/* 根据一帧数据的字长和是否有奇偶校验位，获得相应的掩码 */
rt_uint32_t stm32_uart_get_mask(rt_uint32_t word_length, rt_uint32_t parity)
{
    rt_uint32_t mask;
    if (word_length == UART_WORDLENGTH_8B)
    {
        if (parity == UART_PARITY_NONE)
        {
            mask = 0x00FFU ;
        }
        else
        {
            mask = 0x007FU ;
        }
    }
#ifdef UART_WORDLENGTH_9B
    else if (word_length == UART_WORDLENGTH_9B)
    {
        ...
    return mask;
}

static int stm32_getc(struct rt_serial_device *serial)
{
    int ch;
    struct stm32_uart *uart;
    RT_ASSERT(serial != RT_NULL);
    uart = rt_container_of(serial, struct stm32_uart, serial);

    ch = -1;
    if (__HAL_UART_GET_FLAG(&(uart->handle), UART_FLAG_RXNE) != RESET)
        /* 获取寄存器数据 */
        ch = UART_GET_RDR(&uart->handle, stm32_uart_get_mask(uart->handle.Init.
            WordLength, uart->handle.Init.Parity));
    return ch;
}
```

在示例代码中，同样先获取 STM32 的 UART 设备模型 uart，然后利用 UART_GET_RDR 宏从硬件寄存器中读取一个字符的数据。其中，UART 设备驱动 drv_usart_v2.h 定义了获取寄存器数据的宏 UART_GET_RDR，供驱动开发者使用：

```
#define UART_GET_RDR(__HANDLE__, MASK)  ((__HANDLE__)->Instance->RDR & MASK)
// 或者
#define UART_GET_RDR(__HANDLE__, MASK)  ((__HANDLE__)->Instance->DR & MASK)
```

2.3.5 transmit：数据发送

操作方法 transmit 一般用于中断和 DMA 的数据发送，其原型如下所示。

```
rt_size_t (*transmit)(struct rt_serial_device *serial,
                      rt_uint8_t        *buf,
                      rt_size_t         size,
                      rt_uint32_t       tx_flag);
```

transmit 方法的参数及返回值如表 2-5 所示。

其中参数 tx_flag 可取值如下，驱动开发者可以根据以下两种情况完成驱动：

```
#define  RT_DEVICE_FLAG_INT_TX
    0x400  /**< 中断模式发送 */
#define  RT_DEVICE_FLAG_DMA_TX
    0x800  /**< DMA 发送 */
```

表 2-5 transmit 方法的参数及返回值

参数	描述	返回值
serial	串口设备句柄	☐ size：发送的数据长度
buf	发送缓冲区	
size	发送的数据长度	
tx_flag	发送标志	

我们来看一个在 STM32 上实现串口 transmit 方法的示例代码：

```
static rt_size_t stm32_transmit(struct rt_serial_device    *serial,
                                rt_uint8_t                 *buf,
                                rt_size_t                  size,
                                rt_uint32_t                tx_flag)
{
    struct stm32_uart *uart;

    RT_ASSERT(serial != RT_NULL);
    RT_ASSERT(buf != RT_NULL);
    uart = rt_container_of(serial, struct stm32_uart, serial);

    /* RT_DEVICE_FLAG_DMA_TX: 进行 DMA 数据发送，可参考 2.6 节 */
    if (uart->uart_dma_flag & RT_DEVICE_FLAG_DMA_TX)
    {
        HAL_UART_Transmit_DMA(&uart->handle, buf, size);
        return size;
    }
    /* 其他 flag 则默认为 RT_DEVICE_FLAG_INT_TX 中断方式发送，通过 control 设置串口中断模
       式，详见 2.3.2 节的代码实现示例 */
    stm32_control(serial, RT_DEVICE_CTRL_SET_INT, (void *)tx_flag);

    return size;
}
```

在示例代码中，首先检测是否使用 DMA 发送数据，然后直接调用了 STM32 HAL 库提供的 DMA 传输接口，完成了数据的发送。

2.4　注册 UART 设备

UART 设备的操作方法实现后需要注册设备到操作系统，注册 UART 设备的 rt_hw_serial_register 接口如下所示：

```
rt_err_t rt_hw_serial_register(struct rt_serial_device *serial,
                               const char              *name,
                               rt_uint32_t              flag,
                               void                    *data);
```

rt_hw_serial_register 接口的参数及返回值如表 2-6 所示。

表 2-6　rt_hw_serial_register 接口的参数及返回值

参数	描述	返回值
serial	串口设备句柄	
name	串口设备名称	❑ RT_EOK：成功
flag	串口设备支持的数据收发方式标志	❑ -RT_ERROR：失败
data	用户数据	

其中，flag 参数支持下列取值（可以采用"按位或"的方式支持多种操作）：

```
#define RT_DEVICE_FLAG_RDONLY    0x001    /* 只读 */
#define RT_DEVICE_FLAG_WRONLY    0x002    /* 只写 */
#define RT_DEVICE_FLAG_RDWR      0x003    /* 读写 */
#define RT_DEVICE_FLAG_STREAM    0x040    /* 流模式 */
/* 接收模式参数 */
#define RT_DEVICE_FLAG_INT_RX    0x100    /* 中断接收模式 */
#define RT_DEVICE_FLAG_DMA_RX    0x200    /* DMA 接收模式 */
/* 发送模式参数 */
#define RT_DEVICE_FLAG_INT_TX    0x400    /* 中断发送模式 */
#define RT_DEVICE_FLAG_DMA_TX    0x800    /* DMA 发送模式 */
```

注意：RT_DEVICE_FLAG_STREAM 流模式主要是当串口外设作为控制台时才会使用，该模式用来解决用户回车换行的问题，在正常的串口外设通信场景中一般不会使用该模式。

在注册 UART 设备之前，需要根据 struct rt_uart_ops 的定义创建一个全局的 ops 结构体变量 stm32_uart_ops。stm32_uart_ops 将在注册 UART 设备时赋值给 UART 设备的 ops 参数。在 STM32 中注册设备的代码如下所示。

```
static const struct rt_uart_ops stm32_uart_ops =
{
    .configure = stm32_configure,
    .control = stm32_control,
    .putc = stm32_putc,
    .getc = stm32_getc,
    .transmit = stm32_transmit
};
int rt_hw_usart_init(void)
{
    rt_err_t result = 0;
    rt_size_t obj_num = sizeof(uart_obj) / sizeof(struct stm32_uart);
```

```
    stm32_uart_get_config();
    for (int i = 0; i < obj_num; i++)
    {
        /* 初始化串口对象 */
        uart_obj[i].config = &uart_config[i];
        /* 初始化操作方法 */
        uart_obj[i].serial.ops = &stm32_uart_ops;
        /* 注册串口设备 */
        result = rt_hw_serial_register(&uart_obj[i].serial,
                                   uart_obj[i].config->name,
                                   RT_DEVICE_FLAG_RDWR,
                                   NULL);
        RT_ASSERT(result == RT_EOK);
    }
    return result;
}
```

在示例代码中，因为 STM32 串口驱动只实现了中断接收、DMA 接收及轮询发送的模式，所以注册设备时 flag 参数取值为 RT_DEVICE_FLAG_RDWR、RT_DEVICE_FLAG_INT_RX、RT_DEVICE_FLAG_DMA_RX，表示串口设置支持读写、中断接收及 DMA 接收模式，轮询发送模式不需要置标志位。

stm32_uart_ops 中的 stm32_configure 是操作方法对应的函数名，即函数指针，函数需要按照 rt_uart_ops 结构中的 configure 原型实现，并赋值给各个相应的成员，剩余其他操作方法的函数也一样。操作方法的名称可以自定义，但不要脱离实际意义，并且需要遵循代码规范。所有的操作方法的函数都属于内部函数，在函数实现时，需要使用 static 进行修饰。

2.5　UART 设备中断处理

UART 设备驱动需要将对应的中断事件通知给 UART 设备驱动框架，让驱动框架完成后续的数据收发处理等事情。UART 设备中断处理需要使用 UART 设备驱动库的中断处理函数调用 RT-Thread UART 设备驱动框架提供的 rt_hw_serial_isr 函数，从而通知 UART 设备驱动框架对应中断的发生。rt_hw_serial_isr() 中断处理函数的原型如下所示：

表 2-7　rt_hw_serial_isr 中断处理函数的参数

```
void rt_hw_serial_isr(struct rt_serial_device
    *serial, int event);
```

参数	描述
serial	串口设备句柄
event	中断事件

rt_hw_serial_isr 中断处理函数的参数如表 2-7 所示。根据不同的中断事件，event 可取以下值：

```
#define RT_SERIAL_EVENT_RX_IND      0x01    /* 接收一个字节数据 */
#define RT_SERIAL_EVENT_TX_DONE     0x02    /* 一个字节数据发送完成 */
#define RT_SERIAL_EVENT_RX_DMADONE  0x03    /* DMA 接收完成 */
#define RT_SERIAL_EVENT_TX_DMADONE  0x04    /* DMA 发送完成 */
```

来看一个 STM32 UART 设备中断处理示例。在如下所示的代码中，使用 STM32 UART

驱动库的中断处理函数 USARTx_IRQHandler 调用 RT-Thread UART 设备驱动框架提供的 rt_hw_serial_isr 中断处理函数, 以完成中断的对接, 且在进入与退出中断时需要调用中断进入和中断退出函数。

```c
#if defined(BSP_USING_UART1)
/* 串口 1 的中断处理函数 */
void USART1_IRQHandler(void)
{
    /* 进入中断 */
    rt_interrupt_enter();

    /* 中断处理 */
    uart_isr(&(uart_obj[UART1_INDEX].serial));

    /* 退出中断 */
    rt_interrupt_leave();
}
#endif /* BSP_USING_UART1 */

/* 根据实际情况, 可以增加串口 2、3、4 等的中断处理函数 */
...

/* 中断处理, uart_isr 调用串口设备驱动框架层的 rt_hw_serial_isr, 通知上层中断已经发生 */
static void uart_isr(struct rt_serial_device *serial)
{
    struct stm32_uart *uart;

    RT_ASSERT(serial != RT_NULL);
    uart = rt_container_of(serial, struct stm32_uart, serial);
    /* 如果读数据寄存器不为空, 且 RXNE 为中断使能状态 */
    if ((__HAL_UART_GET_FLAG(&(uart->handle), UART_FLAG_RXNE) != RESET) &&
            (__HAL_UART_GET_IT_SOURCE(&(uart->handle), UART_IT_RXNE) != RESET))
    {
        struct rt_serial_rx_fifo *rx_fifo;
        rx_fifo = (struct rt_serial_rx_fifo *) serial->serial_rx;
        RT_ASSERT(rx_fifo != RT_NULL);

        rt_ringbuffer_putchar(&(rx_fifo->rb), UART_GET_RDR(&uart->handle, stm32_
            uart_get_mask(uart->handle.Init.WordLength, uart->handle.Init.
            Parity)));

        /* 调用 UART 设备驱动框架提供的中断处理函数 rt_hw_serial_isr */
        rt_hw_serial_isr(serial, RT_SERIAL_EVENT_RX_IND);
    }
    /* 如果读数据寄存器不为空, 且 TXE 为中断使能状态 */
    else if ((__HAL_UART_GET_FLAG(&(uart->handle), UART_FLAG_TXE) != RESET) &&
                (__HAL_UART_GET_IT_SOURCE(&(uart->handle), UART_IT_TXE)) !=
                    RESET)
    {
        struct rt_serial_tx_fifo *tx_fifo;
        tx_fifo = (struct rt_serial_tx_fifo *) serial->serial_tx;
        RT_ASSERT(tx_fifo != RT_NULL);

        rt_uint8_t put_char = 0;
```

```
        if (rt_ringbuffer_getchar(&(tx_fifo->rb), &put_char))
        {
            UART_SET_TDR(&uart->handle, put_char);
        }
        ...
    }
    else if (__HAL_UART_GET_FLAG(&(uart->handle), UART_FLAG_TC) &&
            (__HAL_UART_GET_IT_SOURCE(&(uart->handle), UART_IT_TC) != RESET))
    {
        if (uart->uart_dma_flag & RT_DEVICE_FLAG_DMA_TX)
        {
            /* The HAL_UART_TxCpltCallback will be triggered */
            HAL_UART_IRQHandler(&(uart->handle));
        }
        else
        {
            /* 关闭传输，完成中断 */
            __HAL_UART_DISABLE_IT(&(uart->handle), UART_IT_TC);
            /* 调用 UART 设备驱动框架提供的中断处理函数 rt_hw_serial_isr */
            驱动 rt_hw_serial_isr(serial, RT_SERIAL_EVENT_TX_DONE);
        }
        /* 清除传输完成标志 */
        UART_INSTANCE_CLEAR_FUNCTION(&(uart->handle), UART_FLAG_TC);
    }
/* 可结合 2.6 节内容进行理解 */
#ifdef RT_SERIAL_USING_DMA
    else if ((uart->uart_dma_flag) && (__HAL_UART_GET_FLAG(&(uart->handle),
        UART_FLAG_IDLE) != RESET)
            && (__HAL_UART_GET_IT_SOURCE(&(uart->handle), UART_IT_IDLE) !=
                RESET))
    {
        dma_recv_isr(serial, UART_RX_DMA_IT_IDLE_FLAG);
        __HAL_UART_CLEAR_IDLEFLAG(&uart->handle);
    }
#endif /* RT_SERIAL_USING_DMA */
    else
    {
        if (__HAL_UART_GET_FLAG(&(uart->handle), UART_FLAG_ORE) != RESET)
        {
            LOG_E("(%s) serial device Overrun error!", serial->parent.parent.
                name);
            __HAL_UART_CLEAR_OREFLAG(&uart->handle);
        }
        if (__HAL_UART_GET_FLAG(&(uart->handle), UART_FLAG_NE) != RESET)
        {
            __HAL_UART_CLEAR_NEFLAG(&uart->handle);
        }
        ...
        /* 清除其他异常 Flag */
    }
}
```

2.6 增加 DMA 模式

DMA（Direct Memory Access，直接存储器访问）是现代处理器的特色功能，用于提供外设和存储器或者存储器和存储器之间的高速数据传输。DMA 模式的数据传输，在 CPU 初始化完成这个传输动作之后，由 DMA 控制器直接将数据从一个地址空间复制到另一个地址空间，而不用 CPU 参与传输过程，这大大提高了 CPU 的运行效率。如果硬件 MCU UART 支持 DMA 模式的数据收发，则可实现该功能。每个串口设备都有自己的 DMA 配置参数，比如使用的硬件 DMA 控制器、DMA 通道等。

　　增加 UART 设备 DMA 模式，需要首先对每个 UART 的 DMA 进行配置，接着进行 DMA 初始化和中断处理，最后完成 DMA 发送。以下是 DMA 配置代码。

```
struct dma_config {
    DMA_INSTANCE_TYPE *Instance;        /* 硬件 DMA 控制器 */
    rt_uint32_t dma_rcc;                /* DMA RX/TX RCC */
    IRQn_Type dma_irq;                  /* DMA 中断号 */

#if defined(SOC_SERIES_STM32F2) || defined(SOC_SERIES_STM32F4) || defined(SOC_
    SERIES_STM32F7)|| defined(SOC_SERIES_STM32F3)
    rt_uint32_t channel;                /* DMA 通道 */
#endif

#if defined(SOC_SERIES_STM32L4) || defined(SOC_SERIES_STM32WL)  || defined(SOC_
    SERIES_STM32G0) || defined(SOC_SERIES_STM32G4)\
    || defined(SOC_SERIES_STM32H7) || defined(SOC_SERIES_STM32MP1) ||
        defined(SOC_SERIES_STM32WB)
    rt_uint32_t request;                /* DMA 请求 */
#endif
};

/* 串口 1 的 DMA 配置参数，可根据实际情况完成其他串口的 DMA 配置 */
#if defined(BSP_UART1_RX_USING_DMA)
#ifndef UART1_DMA_RX_CONFIG
#define UART1_DMA_RX_CONFIG                     \
    {                                          \
        .Instance = UART1_RX_DMA_INSTANCE,    \
        .request  = UART1_RX_DMA_REQUEST,     \
        .dma_rcc  = UART1_RX_DMA_RCC,         \
        .dma_irq  = UART1_RX_DMA_IRQ,         \
    }
#endif /* UART1_DMA_RX_CONFIG */
#endif /* BSP_UART1_RX_USING_DMA */

#if defined(BSP_UART1_TX_USING_DMA)
#ifndef UART1_DMA_TX_CONFIG
#define UART1_DMA_TX_CONFIG                     \
    {                                          \
        .Instance = UART1_TX_DMA_INSTANCE,    \
        .request  = UART1_TX_DMA_REQUEST,     \
        .dma_rcc  = UART1_TX_DMA_RCC,         \
        .dma_irq  = UART1_TX_DMA_IRQ,         \
    }
#endif /* UART1_DMA_TX_CONFIG */
#endif /* BSP_UART1_TX_USING_DMA */
```

DMA 基础配置完成之后，可以开始实现 DMA 的初始化、DMA 中断处理以及 DMA 发送相关的代码。

1. DMA 初始化

增加串口 DMA 模式需对串口 DMA 进行初始化。stm32_control 接口会调用 stm32_dma_config 初始化 DMA，主要是完成串口 DMA 句柄的初始化及对应中断的配置，DMA 初始化的部分代码如下所示。

```c
#ifdef RT_SERIAL_USING_DMA
static void stm32_dma_config(struct rt_serial_device *serial, rt_ubase_t flag)
{
    struct rt_serial_rx_fifo *rx_fifo;
    DMA_HandleTypeDef *DMA_Handle;
    struct dma_config *dma_config;
    struct stm32_uart *uart;

    RT_ASSERT(serial != RT_NULL);
    uart = rt_container_of(serial, struct stm32_uart, serial);

    if (RT_DEVICE_FLAG_DMA_RX == flag)
    {
        DMA_Handle = &uart->dma_rx.handle;
        dma_config = uart->config->dma_rx;
    }
    else if (RT_DEVICE_FLAG_DMA_TX == flag)
    {
        DMA_Handle = &uart->dma_tx.handle;
        dma_config = uart->config->dma_tx;
    }
    {
        rt_uint32_t tmpreg = 0x00U;
#if defined(SOC_SERIES_STM32F1) || defined(SOC_SERIES_STM32F0) || ...
        /* enable DMA clock && Delay after an RCC peripheral clock enabling*/
        SET_BIT(RCC->AHBENR, dma_config->dma_rcc);
        tmpreg = READ_BIT(RCC->AHBENR, dma_config->dma_rcc);
#elif defined(SOC_SERIES_STM32F4) || defined(SOC_SERIES_STM32F7)
        ...
        /* 其他芯片操作的具体寄存器不太相同 */
#endif

        UNUSED(tmpreg);    /* To avoid compiler warnings */
    }

    if (RT_DEVICE_FLAG_DMA_RX == flag)
    {
        __HAL_LINKDMA(&(uart->handle), hdmarx, uart->dma_rx.handle);
    }
    else if (RT_DEVICE_FLAG_DMA_TX == flag)
    {
        __HAL_LINKDMA(&(uart->handle), hdmatx, uart->dma_tx.handle);
    }

#if defined(SOC_SERIES_STM32F1) || defined(SOC_SERIES_STM32F0) || defined(SOC_
    SERIES_STM32L0)
    DMA_Handle->Instance                        = dma_config->Instance;
```

```c
#elif defined(SOC_SERIES_STM32F4) || ...
    /* 其他芯片操作的具体寄存器不太相同 */
#endif
    DMA_Handle->Init.PeriphInc          = DMA_PINC_DISABLE;
    DMA_Handle->Init.MemInc             = DMA_MINC_ENABLE;
    DMA_Handle->Init.PeriphDataAlignment = DMA_PDATAALIGN_BYTE;
    DMA_Handle->Init.MemDataAlignment   = DMA_MDATAALIGN_BYTE;

    if (RT_DEVICE_FLAG_DMA_RX == flag)
    {
        DMA_Handle->Init.Direction      = DMA_PERIPH_TO_MEMORY;
        DMA_Handle->Init.Mode           = DMA_CIRCULAR;
    }
    else if (RT_DEVICE_FLAG_DMA_TX == flag)
    {
        DMA_Handle->Init.Direction      = DMA_MEMORY_TO_PERIPH;
        DMA_Handle->Init.Mode           = DMA_NORMAL;
    }

    DMA_Handle->Init.Priority           = DMA_PRIORITY_MEDIUM;
    ...
    if (HAL_DMA_Init(DMA_Handle) != HAL_OK)
    {
        RT_ASSERT(0);
    }

    /* 开启 DMA 接收模式 */
    if (flag == RT_DEVICE_FLAG_DMA_RX)
    {
        rx_fifo = (struct rt_serial_rx_fifo *)serial->serial_rx;
        RT_ASSERT(rx_fifo != RT_NULL);
        /* 开始 DMA 传输 */
        if (HAL_UART_Receive_DMA(&(uart->handle), rx_fifo->buffer, serial-
            >config.rx_bufsz) != HAL_OK)
        {
            /* 接收失败 */
            RT_ASSERT(0);
        }
        CLEAR_BIT(uart->handle.Instance->CR3, USART_CR3_EIE);
        __HAL_UART_ENABLE_IT(&(uart->handle), UART_IT_IDLE);
    }

    /* 开启 DMA 中断 */
    HAL_NVIC_SetPriority(dma_config->dma_irq, 0, 0);
    HAL_NVIC_EnableIRQ(dma_config->dma_irq);

    HAL_NVIC_SetPriority(uart->config->irq_type, 1, 0);
    HAL_NVIC_EnableIRQ(uart->config->irq_type);

    ...
}
#endif   /* RT_SERIAL_USING_DMA */
```

2. DMA 中断处理

为 UART 设备增加 DMA 模式需要进行 DMA 中断处理，DMA 中断处理包含 DMA 中断接收处理与发送处理。STM32 串口 DMA 中断接收与发送的代码如下所示，该代码实现了 DMA 相应中断以及回调函数。进入与退出中断时，需要调用中断进入和中断退出函数。

```c
#if defined(BSP_USING_UART1)
/* DMA 中断接收与发送处理 */
#if defined(RT_SERIAL_USING_DMA) && defined(BSP_UART1_RX_USING_DMA)
void UART1_DMA_RX_IRQHandler(void)
{
    /* 进入中断 */
    rt_interrupt_enter();

    HAL_DMA_IRQHandler(&uart_obj[UART1_INDEX].dma_rx.handle);

    /* 退出中断 */
    rt_interrupt_leave();
}
#endif /* defined(RT_SERIAL_USING_DMA) && defined(BSP_UART1_RX_USING_DMA) */
#if defined(RT_SERIAL_USING_DMA) && defined(BSP_UART1_TX_USING_DMA)
void UART1_DMA_TX_IRQHandler(void)
{
    /* 进入中断 */
    rt_interrupt_enter();

    HAL_DMA_IRQHandler(&uart_obj[UART1_INDEX].dma_tx.handle);

    /* 退出中断 */
    rt_interrupt_leave();
}
#endif /* defined(RT_SERIAL_USING_DMA) && defined(BSP_UART1_TX_USING_DMA) */
#endif /* BSP_USING_UART1 */

/* 根据实际情况，可以增加串口 2、3、4 等的 DMA 中断处理函数 */
...
```

STM32 的 DMA 中断回调函数如下所示：

```c
#ifdef RT_SERIAL_USING_DMA

void HAL_UART_RxCpltCallback(UART_HandleTypeDef *huart)
{
    struct stm32_uart *uart;
    RT_ASSERT(huart != NULL);
    uart = (struct stm32_uart *)huart;
    dma_recv_isr(&uart->serial, UART_RX_DMA_IT_TC_FLAG);
}

void HAL_UART_RxHalfCpltCallback(UART_HandleTypeDef *huart)
{
    struct stm32_uart *uart;
    RT_ASSERT(huart != NULL);
    uart = (struct stm32_uart *)huart;
    dma_recv_isr(&uart->serial, UART_RX_DMA_IT_HT_FLAG);
}

void HAL_UART_TxCpltCallback(UART_HandleTypeDef *huart)
```

```
{
    struct stm32_uart *uart;
    struct rt_serial_device *serial;
    rt_size_t trans_total_index;
    rt_base_t level;

    RT_ASSERT(huart != NULL);
    uart = (struct stm32_uart *)huart;
    serial = &uart->serial;
    RT_ASSERT(serial != RT_NULL);

    level = rt_hw_interrupt_disable();
    trans_total_index = __HAL_DMA_GET_COUNTER(&(uart->dma_tx.handle));
    rt_hw_interrupt_enable(level);

    if (trans_total_index) return;

    rt_hw_serial_isr(serial, RT_SERIAL_EVENT_TX_DMADONE);

}
#endif  /* RT_SERIAL_USING_DMA */
```

3. DMA 发送

最后完成 DMA 发送，DMA 发送是基于 transmit 方法实现的，以下是在 STM32 中的实现，即在 transmit 操作方法中增加对 DMA 标志的判断，从而进行 DMA 发送。

```
static rt_size_t stm32_transmit(struct rt_serial_device    *serial,
                                rt_uint8_t                 *buf,
                                rt_size_t                  size,
                                rt_uint32_t                tx_flag)
{
        ...
    if (uart->uart_dma_flag & RT_DEVICE_FLAG_DMA_TX)
    {
        HAL_UART_Transmit_DMA(&uart->handle, buf, size);
        return size;
    }
        ...
}
```

2.7　驱动配置

RT-Thread 使用 SCons 构建工程，使用基于 Kconfig 机制的 menuconfig 工具配置工程。因此不仅要实现驱动，还要实现驱动相关的配置选项：一是 Kconfig 配置，配置好的配置文件将会在 menuconfig 工具中形成对应的配置界面；二是进行 SConscript 配置，配置好后，相应的驱动文件将会被添加到工程中。后面各章的驱动相关配置选项与此类似，如无特殊配置将不再赘述。

1. Kconfig 配置

下面参考 bsp/stm32/stm32f407-atk-explorer/board/Kconfig 文件配置串口驱动的相关选项，如下所示：

```
menuconfig BSP_USING_UART
    bool "Enable UART"
    default y
    select RT_USING_SERIAL
    if BSP_USING_UART
        config BSP_USING_UART1
            bool "Enable UART1"
            default y

        config BSP_UART1_RX_USING_DMA
            bool "Enable UART1 RX DMA"
            depends on BSP_USING_UART1 && RT_SERIAL_USING_DMA
            default n
    endif
```

代码段中相关宏的说明如下所示。

❑ BSP_USING_UART：串口驱动代码对应的宏定义，这个宏控制串口驱动相关代码是否会添加到工程中。

❑ RT_USING_SERIAL：串口驱动框架代码对应的宏定义，这个宏控制串口驱动框架的相关代码是否会添加到工程中。

❑ BSP_USING_UART1：串口设备 1 对应的宏定义，这个宏控制串口设备 1 是否会注册到系统中。

❑ BSP_UART1_RX_USING_DMA：串口设备 1 使用 DMA 接收数据。

2. SConscript 配置

在 HAL_Drivers/SConscript 文件中为串口驱动添加判断选项，代码如下所示。这是一段 Python 代码，表示如果定义了宏 BSP_USING_UART，则 drv_uart.c 会被添加到工程的源文件中。

```
if GetDepend('BSP_USING_UART'):
src += ['drv_uart.c']
```

2.8 驱动验证

注册设备之后，UART 设备将以字符设备的形式在 I/O 设备管理器中存在。系统启动并开始运行后，可以在终端使用 list_device 命令看到注册的设备包含了 UART 设备，之后则可以使用 UART 设备驱动框架提供的统一 API 对 UART 设备进行操作。

```
msh >list_device
device          type          ref count
```

```
--------  --------------------  ----------
uart1     Character Device      2
```

串口收发的验证方法是：可以使用 TTL 转串口工具将开发板上 UART 对应的 TX、RX 引脚连接到 PC 电脑上，然后通过调用下面的示例代码查看串口终端有没有输出。

```
#define SAMPLE_UART_NAME          "uart2"      /* 串口设备名称 */
static rt_device_t serial;                     /* 串口设备句柄 */
char str[] = "Hello RT-Thread!\r\n";
struct serial_configure config = RT_SERIAL_CONFIG_DEFAULT; /* 配置参数 */
/* 查找串口设备 */
    serial = rt_device_find(SAMPLE_UART_NAME);
    /* 以非阻塞接收和阻塞发送模式打开串口设备 */
    rt_device_open(serial, RT_DEVICE_FLAG_RX_NON_BLOCKING | RT_DEVICE_FLAG_TX_
        BLOCKING);
    /* 发送字符串 */
rt_device_write(serial, 0, str, (sizeof(str) - 1));
```

注意：一般情况下，在打开串口时，我们会选择发送阻塞模式以及接收非阻塞模式来进行开发，即：

```
rt_device_open(dev, RT_DEVICE_FLAG_RX_NON_BLOCKING | RT_DEVICE_FLAG_TX_
    BLOCKING); /* 串口设备使用模式为发送阻塞、接收非阻塞模式 */
```

还有其他的可配置模式，驱动开发者可以根据需要选用，具体如下所示。

```
/* 接收模式参数 */
#define RT_DEVICE_FLAG_RX_BLOCKING      0x1000   /* 接收阻塞模式 */
#define RT_DEVICE_FLAG_RX_NON_BLOCKING  0x2000   /* 接收非阻塞模式 */

/* 发送模式参数 */
#define RT_DEVICE_FLAG_TX_BLOCKING      0x4000   /* 发送阻塞模式 */
#define RT_DEVICE_FLAG_TX_NON_BLOCKING  0x8000   /* 发送非阻塞模式 */
#define RT_DEVICE_FLAG_STREAM           0x040    /* 流模式 */
```

注意，RT_DEVICE_FLAG_STREAM 流模式在串口外设作为控制台时才会使用，该模式用来解决用户回车换行的问题，在正常的串口外设通信场景中一般不会使用该模式。

2.9　本章小结

本章讲解了如何开发 UART 设备驱动、如何将 UART 设备对接到设备驱动框架、如何验证 UART 设备驱动是否可用。

在 RT-Thread 中，将 UART 外设抽象为 UART 设备，并结合 UART 设备的通用操作方法与驱动框架思想设计出 UART 设备驱动框架，这为开发者提供了更便利的设备控制方式。同时，这使基于 UART 设备编写出来的应用代码更具兼容性与通用性。

开发者还需要注意以下两点。

1）操作方法的名称可以自定义，但不要脱离实际意义，并且需要遵守代码规范。所有的操作方法 / 函数都属于内部函数，在函数实现时，需要使用 static 进行修饰。**本条注意事**

项对每种驱动都适用，后面章节将不再赘述。

2）在进入与退出中断时，需要调用中断进入和中断退出函数，如下所示。**本条注意事项对每种驱动都适用，后面章节将不再赘述。**

```
void USART1_IRQHandler(void)
{
    /* 进入中断函数 */
    rt_interrupt_enter();

    /* 中断处理 */
    uart_isr(&(uart_obj[UART1_INDEX].serial));

    /* 退出中断函数 */
    rt_interrupt_leave();
}
```

第 3 章
PIN 设备驱动开发

PIN 设备又称 GPIO（General Purpose Input Output，通用输入 / 输出）设备，又简称为 I/O 口，指 MCU 上的 I/O 引脚。RT-Thread 将通用 I/O 抽象为 PIN 设备，以实现通用 I/O 口的功能。MCU 的通用 I/O 一般用于读取引脚的输入电平或者控制引脚的输出电平，进而控制 MCU 的外围电路。常用硬件连接图如图 3-1 所示，图中 MCU 外接的是 LED 和 KEY。

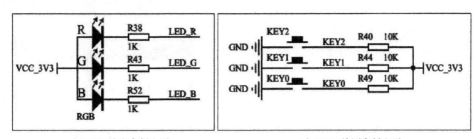

a）MCU 输出高低电平　　　　　　　　　　　b）MCU 检测高低电平

图 3-1　LED/KEY 的硬件连接图

在图 3-1 中，LED_R/G/B、KEY0/1/2 均直连 MCU GPIO 口。图 3-1a 所示为 MCU 输出高低电平，以控制 LED 亮灭；图 3-1b 所示为 MCU 检测高低电平，以判断按键是否按下。RT-Thread 的 PIN 设备抽象了 I/O 口的基本功能，而 I/O 口的基本功能如下。

1）通过读取引脚的电平检测引脚外部输入情况，输入情况分为输入浮空、输入上拉、输入下拉、模拟输入。

2）设置引脚输出电平，输出情况分为开漏输出、推挽式输出。

3）检测外部中断：当 I/O 外部输入的电平变化时，可以触发给 I/O 引脚设置的中断。

以上 I/O 基本操作均被抽象为 PIN 设备。除了通用 I/O 之外，片上外设复用功能被 RT-Thread 抽象为其他外设，如第 2 章的 UART 设备，以及后续章节讲解的其他外设。

3.1　PIN 层级结构

PIN 的层级结构如图 3-2 所示。

1）应用层一般是由开发者编写的业务代码，通过调用 PIN 设备框架提供的统一接口完成具体的业务代码编写，如 LED、蜂鸣器的驱动代码。

2）PIN 设备驱动框架层和平台无关，是通用的软件层，向应用层提供统一的接口供应用层调用。PIN 设备驱动框架源码是 pin.c，位于 RT-Thread 源码的 components\drivers\misc 文件夹中，PIN 设备驱动框架的功能有以下两点。

① PIN 设备驱动框架向应用层提供 PIN 设备管理接口，即 rt_pin_read、rt_pin_write、rt_pin_mode 等（接口名均使用 rt_ 前缀），应用程序使用这些接口来操作硬件引脚。

② PIN 设备驱动框架向 PIN 设备驱动提供 PIN 设备操作方法接口 struct rt_pin_ops（具体 如 pin_get、pin_mode、pin_write、pin_read、pin_attach_irq、pin_detach_irq、pin_irq_enable），PIN 设备驱动需要实现这些接口。除此之外，该层还向 PIN 设备驱动提供 PIN 设备注册接口 rt_device_pin_register，PIN 设备驱动需要调用该接口进行设备注册。

3）PIN 设备驱动层的实现与具体硬件平台相关，通过调用厂商提供的库函数或寄存器来操作具体的硬件 GPIO 口。PIN 设备驱动源码文件 drv_gpio.c 放置在具体的 BSP 目录下，与 BSP 相关。PIN 设备驱动需要实现 PIN 设备的操作方法接口 struct rt_pin_ops，这些操作方法提供了访问和控制 PIN 硬件的能力。该驱动也负责调用 rt_device_pin_register 函数来注册 PIN 设备到操作系统中。

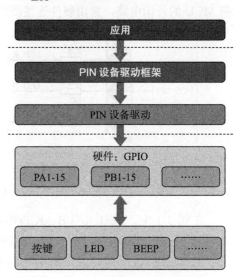

4）最下面一层是与硬件 GPIO 口相连接的常用模块，有 LED、按键、蜂鸣器等。

我们再来看一下 PIN 设备驱动的具体开发步骤。PIN 设备驱动开发主要任务是实现 PIN 设备操作方法 rt_pin_ops，然后注册 PIN 设备。驱动文件一般命名为 drv_gpio.c。本章将会以 STM32 的 PIN 设备驱动为例讲解 PIN 驱动的具体实现。

图 3-2 PIN 层级结构图

3.2 实现 PIN 设备的操作方法

1. 操作方法原型

PIN 设备的操作方法 rt_pin_ops 定义在 PIN 设备框架中，包含了和硬件相关的操作方法，其结构体原型如下：

```
struct rt_pin_ops
{
    void (*pin_mode)(struct rt_device *device, rt_base_t pin, rt_base_t mode);
    void (*pin_write)(struct rt_device *device, rt_base_t pin, rt_base_t value);
    int (*pin_read)(struct rt_device *device, rt_base_t pin);

    rt_err_t (*pin_attach_irq)(struct rt_device *device,
                        rt_int32_t pin,
```

```
                        rt_uint32_t mode,
                        void (*hdr)(void *args),
                        void *args);
    rt_err_t (*pin_detach_irq)(struct rt_device *device, rt_int32_t pin);
    rt_err_t (*pin_irq_enable)(struct rt_device *device, rt_base_t pin,
                        rt_uint32_t enabled);

    rt_base_t (*pin_get)(const char *name);
};
```

（1）成员说明

1）pin_get：获取某个 PIN 的引脚编号。

2）pin_mode：将某个引脚初始化为对应的工作模式。

3）pin_write：设置某个引脚的输出电平。

4）pin_read：读取某个引脚的电平。

5）pin_attach_irq：中断操作，为某个引脚绑定一个中断回调函数，使能中断后，当中断到来时调用该函数。

6）pin_irq_enable：中断操作，开启或关闭中断。

7）pin_detach_irq：中断操作，脱离某个引脚的中断回调函数。

（2）引脚编号的作用

不同厂商对引脚的定义不相同，确定一个引脚所需的参数也不同，举例如下。

1）ST：引脚由 PORT 名和 PIN 名组成，PORT 名为英文字母 A ～ Z，PIN 名为数字 0 ～ 15，如 PA0、PB5。如果使用 STM32 的 HAL 库来控制某一个引脚，需要提供如下类型的参数组合：(GPIO_TypeDef* GPIOx, uint16_t GPIO_Pin)。

2）NXP：LPC 系列引脚名也是由 PORT 名和 PIN 名组成，但是 PORT 名由数字组成，如 PIO0_0、PIO2_15。如果使用其提供的库函数来控制某一个引脚，需要提供的参数组合为 (GPIO_Type *base, uint32_t port, uint32_t pin)。

若是在应用层直接使用各厂商提供的写法，则应用层代码不可能具有良好的通用性。为了使基于 PIN 设备驱动框架开发的应用代码兼容各个硬件平台，于是给每个引脚进行编号（0、1、2……），每个编号代表唯一一个引脚，这样基于 PIN 设备驱动框架开发的代码就有了良好的通用性。引脚编号可以直接使用 MCU 的引脚编号，也可以自定义一个引脚编号表，自定义编号表的编号顺序不一定和 MCU 引脚编号相同。

2. 为设备定义操作方法

驱动开发者需要在驱动文件中实现这些操作方法。以 STM32 为例，首先使用 struct rt_pin_ops 实例化一个如下所示的结构，然后实现对应的函数。

```
/* 保存 PIN 操作方法的函数指针 */
const static struct rt_pin_ops _stm32_pin_ops =
{
    _pin_mode,
    _pin_write,
    _pin_read,
```

```
    _pin_attach_irq,
    _pin_dettach_irq,
    _pin_irq_enable,
    _pin_get,
};
```

3. pin_get：获取引脚编号

操作方法 pin_get 是用于获取某个 PIN 引脚编号的接口，其原型如下所示：

```
rt_base_t (*pin_get)(const char *name);
```

pin_get 方法的参数及返回值如表 3-1 所示。

表 3-1 pin_get 方法的参数及返回值

参数	描述	返回值
name	name 是引脚名称，形式一般为:" P(port).(pin)"。 示例：PA0 表示为 "PA.0"，PIO0_1 表示为 "P0.1"	❑ 正数值：表示正确获取相应的引脚编号 ❑ 其他负数值：错误

注意，用户对 PIN 设备的操作主要是通过引脚编号，不同厂商为芯片引脚定义的名称不同，如 ST 的是 PA0，NXP 的是 PIO0_0，在 RT-Thread 中，使用 "."作为 PORT 名与 PIN 名的分割，将它们统一为 PA.0、P0.0。

驱动开发者在实现该操作方法时，需要根据传入的 name 参数，返回匹配的引脚编号数值。

我们来看一个获取引脚编号的示例，以下是 STM32 PIN 设备实现的 pin_get 接口的部分代码，我们可通过 MCU 引脚排列规律得出引脚编号。

```
static rt_base_t _pin_get(const char *name)
{
    ...
    /* 通过 name 解析出硬件 port 和硬件 pin 值 */
    if ((name[1] >= 'A') && (name[1] <= 'Z'))
    {
        hw_port_num = (int)(name[1] - 'A');
    }
    else
    {
        return -RT_EINVAL;
    }
    hw_pin_num = ...;

    /* 通过传入硬件 port 和 pin 值，获取 pin 编号并返回 */
    pin = PIN_NUM(hw_port_num, hw_pin_num);

    return pin;
}
```

4. pin_mode：设置引脚工作模式

操作方法 pin_mode 是用于设置引脚工作模式的接口，如上 / 下拉模式或输入 / 输出模式，其原型如下所示：

```
void (*pin_mode)(struct rt_device *device, rt_base_t pin, rt_base_t mode);
```

pin_mode 方法的参数如表 3-2 所示。

其中，参数 device 表示 PIN 的设备句柄，因为 PIN 设备在实现时每一个引脚都会由引脚编号进行代替，所以 device 参数目前不再使用。

在表 3-2 中，mode 的取值如下所示。驱动需要根据指定的模式对 MCU 的引脚进行相应的配置。驱动框架提供的模式有以下几种：

表 3-2　pin_mode 方法的参数

参数	描述
device	PIN 设备句柄，不再使用
pin	引脚编号
mode	引脚工作模式

```
#define PIN_MODE_OUTPUT            0x00    /* 输出 */
#define PIN_MODE_INPUT            0x01    /* 输入 */
#define PIN_MODE_INPUT_PULLUP     0x02    /* 上拉输入 */
#define PIN_MODE_INPUT_PULLDOWN   0x03    /* 下拉输入 */
#define PIN_MODE_OUTPUT_OD        0x04    /* 开漏输出 */
```

需要注意的是，mode 参数会从应用层传入，驱动层需要根据以上 mode 的值完成对应的操作。

如下是设置引脚工作模式的示例，可根据上面的 5 种模式对引脚进行设置，即 STM32 PIN 驱动的 pin_mode 接口实现。

```
static void _pin_mode(rt_device_t dev, rt_base_t pin, rt_base_t mode)
{
    ...
    /* 根据引脚编号获取引脚编号映射表的索引 */
    index = get_pin(pin);
    ...
    /* 配置 GPIO_InitStructure */
    GPIO_InitStruct.Pin = index->pin;
    ...
    if (mode == PIN_MODE_OUTPUT)
    {
        /* 输出设置 */
        GPIO_InitStruct.Mode = GPIO_MODE_OUTPUT_PP;
        GPIO_InitStruct.Pull = GPIO_NOPULL;
    }
    else if (mode == PIN_MODE_INPUT_PULLUP)
    {
    ...
    }
    ...
    /* 初始化引脚 */
    HAL_GPIO_Init(index->gpio, &GPIO_InitStruct);
}
```

其他芯片的驱动可以参考如上代码完成 pin_mode 这个操作方法。

5. pin_write：设置引脚电平

操作方法 pin_write 是用于设置引脚的电平状态的接口，通过传入的引脚编号和引脚电平状态，对引脚进行设置，其原型如下所示：

```
void (*pin_write)(struct rt_device *device, rt_base_t pin, rt_base_t value);
```

pin_write 方法的参数如表 3-3 所示。

我们来看一个在 STM32 上实现 pin_write 接口的示例代码，首先根据引脚编号获取引脚编号映射表的索引，索引包含引脚的端口信息和引脚信息，之后调用库函数修改引脚电平状态。

表 3-3 pin_write 方法的参数

参数	描述
device	PIN 设备句柄，不再使用
pin	引脚编号
value	引脚电平状态，可取 2 种宏定义值：PIN_LOW（低电平）、PIN_HIGH（高电平）

```
static void _pin_write(rt_device_t dev, rt_
    base_t pin, rt_base_t value)
{
    const struct pin_index *index;
    /* 根据引脚编号获取引脚编号映射表的索引 */
    index = get_pin(pin);
    ...
    /* 修改引脚电平状态 */
    HAL_GPIO_WritePin(index->gpio, index->pin, (GPIO_PinState)value);
}
```

6. pin_read：读取引脚电平

操作方法 pin_read 是用于读取引脚电平状态的接口，通过传入的引脚编号获取该引脚的状态，并将状态返回，其原型如下所示：

```
int (*pin_read)(struct rt_device *device, rt_base_t pin);
```

pin_read 方法的参数及返回值如表 3-4 所示。

表 3-4 pin_read 方法的参数及返回值

参数	描述	返回值
device	PIN 设备句柄，不再使用	❑ 引脚电平状态：高电平 1 或者低电平 0
pin	引脚编号	

我们来看一个在 STM32 上实现 pin_read 方法的示例，首先根据引脚编号获取引脚编号映射表的索引，索引包含引脚的端口信息和引脚信息，之后调用库函数读取引脚电平状态，最后返回该状态。

```
static int _pin_read(rt_device_t dev, rt_base_t pin)
{
    int value;
    const struct pin_index *index;

    value = PIN_LOW;
    /* 根据引脚编号获取引脚编号映射表的索引 */
    index = get_pin(pin);
    ...
    value = HAL_GPIO_ReadPin(index->gpio, index->pin);
```

```
        return value;
}
```

7. pin_attach_irq：引脚绑定中断

操作方法 pin_attach_irq 用于给某一个引脚绑定中断回调函数，该方法在实现时需要根据中断触发方式实现中断功能，触发方式有上升沿触发、下降沿触发等，还需绑定引脚中断回调函数，用于触发中断之后执行的动作，其原型如下所示：

```
rt_err_t (*pin_attach_irq)(struct rt_device *device,
                          rt_int32_t pin,
                          rt_uint32_t mode,
                          void (*hdr)(void *args),
                          void *args);
```

pin_attach_irq 方法的参数及返回值如表 3-5 所示。

表 3-5　pin_attach_irq 方法的参数及返回值

参数	描述	返回值
device	PIN 设备句柄，不再使用	
pin	引脚编号	❑ RT_EOK：绑定成功
mode	引脚中断触发模式	❑ 其他错误码：绑定失败
hdr	绑定的中断回调函数	
args	中断回调函数的参数	

在表 3-5 中，引脚中断触发模式有 5 种宏定义值，若遇到芯片不支持的模式，在驱动中直接返回错误即可。

```
#define PIN_IRQ_MODE_RISING         0x00   /* 上升沿触发 */
#define PIN_IRQ_MODE_FALLING        0x01   /* 下降沿触发 */
#define PIN_IRQ_MODE_RISING_FALLING 0x02   /* 边沿触发 */
#define PIN_IRQ_MODE_HIGH_LEVEL     0x03   /* 高电平触发 */
#define PIN_IRQ_MODE_LOW_LEVEL      0x04   /* 低电平触发 */
```

回调函数指针 hdr 需要被保存起来，例如保存在一张中断回调函数表中（方法不限于此），与引脚编号和中断触发模式等属性一一对应，待中断触发时，通过查表调用绑定的回调函数，完成中断的执行，以下是中断回调函数表。

```
/* 实现该中断回调函数表 */
static struct rt_pin_irq_hdr pin_irq_hdr_tab[] ={};

/*
 * 注意：struct rt_pin_irq_hdr 会在驱动框架中提供给驱动开发人员，
 * 结构体成员如下（保存了 pin_attach_irq 接口的几个入参）
 */
struct rt_pin_irq_hdr
{
    rt_int16_t         pin;        /* pin 引脚编号 */
    rt_uint16_t        mode;       /* 中断触发模式 */
    void (*hdr)(void *args);       /* 中断回调函数 */
```

```
    void              *args;        /* 中断回调函数参数 */
};
```

除此之外，驱动开发人员需完成相应的中断处理函数。以 CORTEX-M 为例，若 PA0
引脚开启外部中断，并进行外部触发，则需实现如下类似代码：

```
/* 重新实现中断回调函数 */
void EXTI0_IRQHandler(void)
{
    rt_interrupt_enter();  /* 进入中断时必须调用 */
    /* 通过传入的 pin，在中断回调函数表中进行查询，获取到用户设置的回调函数 hdr 并调用 */
    hdr();
    rt_interrupt_leave();  /* 退出中断时必须调用 */
}
```

下面以 STM32 PIN 为例讲解引脚绑定中断。

1）实现中断回调函数表（方法不限于此），如 STM32 最多有 16 条外部中断线，即最多
可同时打开 16 个外部中断，所以中断回调函数表初始化如下所示：

```
static struct rt_pin_irq_hdr pin_irq_hdr_tab[] =
{
    {-1, 0, RT_NULL, RT_NULL}, /* 表索引为 0 的元素，表示第一组中断，可以管理 GPIOA0-
        GPIOI0，对应外部中断线 0 */
    {-1, 0, RT_NULL, RT_NULL}, /* 表索引为 1 的元素，表示第二组中断，可以管理 GPIOA1-
        GPIOI1，对应外部中断线 1 */
    ...
};
```

2）STM32 PIN 驱动 pin_attach_irq 接口的部分代码如下所示，首先根据 pin 引脚编号
获取到中断回调函数表的索引，然后为回调表对应索引的元素赋值。

```
static rt_err_t _pin_attach_irq(struct rt_device *device,
                                rt_int32_t pin,
                                rt_uint32_t mode,
                                void (*hdr)(void *args), void *args)
{
    ...
    /* 根据引脚编号获取引脚编号映射表的索引 index */
    index = get_pin(pin);
    /* 根据 index 获取中断回调函数表的索引 irqindex */
    irqindex = bit2bitno(index->pin);

    level = rt_hw_interrupt_disable();
    ...
    /* 给中断回调函数表的各成员赋值 */
    pin_irq_hdr_tab[irqindex].pin = pin;
    pin_irq_hdr_tab[irqindex].hdr = hdr;
    pin_irq_hdr_tab[irqindex].mode = mode;
    pin_irq_hdr_tab[irqindex].args = args;
    rt_hw_interrupt_enable(level);

    return RT_EOK;
}
```

当使能中断，触发外部中断时，进入中断并调用回调函数。需要注意的是，进出中断时必须分别调用 rt_interrupt_enter() 和 rt_interrupt_leave()。

```
/* 中断触发时调用 GPIO_PIN 0 ISR  */
void EXTI0_IRQHandler(void)
{
    rt_interrupt_enter();  /* 进入中断 */
    /* 查找并调用用户设置的回调函数 */
    pin_irq_hdr(bit2bitno(GPIO_PIN_0));
    rt_interrupt_leave(); /* 退出中断 */
}
...
/* 查找回调函数并调用 */
rt_inline void pin_irq_hdr(int irqno)
{
    if (pin_irq_hdr_tab[irqno].hdr)
    {
        pin_irq_hdr_tab[irqno].hdr(pin_irq_hdr_tab[irqno].args);
    }
}
```

8. pin_irq_enable：引脚中断使能控制

操作方法 pin_irq_enable 用于设置引脚的中断开关状态，其原型如下所示：

```
rt_err_t (*pin_irq_enable)(struct rt_device *device, rt_base_t pin, rt_uint32_t
    enabled);
```

pin_irq_enable 方法的参数及返回值如表 3-6 所示。

表 3-6　pin_irq_enable 方法的参数及返回值

参数	描述	返回值
device	PIN 设备句柄，不再使用	❑ RT_EOK：操作成功 ❑ 其他错误码：操作失败
pin	引脚编号	
enabled	中断开关状态，可取 2 种值：PIN_IRQ_ENABLE（开启）、PIN_IRQ_DISABLE（关闭）	

来看一个引脚中断使能控制的示例，PIN 驱动根据参数 enabled 开启或者关闭引脚中断。STM32 PIN 驱动 pin_irq_enable 方法的部分代码如下所示。

```
static rt_err_t _pin_irq_enable(struct rt_device *device,
                                rt_base_t pin,
                                rt_uint32_t enabled)
{
    ...
    if (enabled == PIN_IRQ_ENABLE)
    {
        irqindex = bit2bitno(PIN_STPIN(pin));
        ...
        irqmap = &pin_irq_map[irqindex];

        /* 配置 GPIO 初始化结构体 */
        GPIO_InitStruct.Pin = PIN_STPIN(pin);
```

```
        ...
        switch (pin_irq_hdr_tab[irqindex].mode)
        {
        case PIN_IRQ_MODE_RISING:
            GPIO_InitStruct.Pull = GPIO_PULLDOWN;
            GPIO_InitStruct.Mode = GPIO_MODE_IT_RISING;
            break;
        case PIN_IRQ_MODE_FALLING:
            ...
        }
        HAL_GPIO_Init(PIN_STPORT(pin), &GPIO_InitStruct);

        HAL_NVIC_SetPriority(irqmap->irqno, 5, 0);
        HAL_NVIC_EnableIRQ(irqmap->irqno);
        pin_irq_enable_mask |= irqmap->pinbit;

    }
    else if (enabled == PIN_IRQ_DISABLE)
    {
        irqmap = get_pin_irq_map(PIN_STPIN(pin));
        ...

        HAL_GPIO_DeInit(PIN_STPORT(pin), PIN_STPIN(pin));

        pin_irq_enable_mask &= ~irqmap->pinbit;

        if ((irqmap->pinbit >= GPIO_PIN_5) && (irqmap->pinbit <= GPIO_PIN_9))
        {
            if (!(pin_irq_enable_mask & (GPIO_PIN_5 | GPIO_PIN_6 | GPIO_PIN_7 |
                GPIO_PIN_8 | GPIO_PIN_9)))
            {
                HAL_NVIC_DisableIRQ(irqmap->irqno);
            }
        }
        else if ((irqmap->pinbit >= GPIO_PIN_10) && (irqmap->pinbit <= GPIO_
            PIN_15))
        ...
    }
    ...
    return RT_EOK;
}
```

9. pin_detach_irq: 引脚脱离中断

操作方法 pin_detach_irq 是用于脱离引脚绑定的中断回调函数的接口，该方法根据传入的引脚编号，脱离该引脚已经绑定的中断回调函数，其原型如下所示：

```
rt_err_t (*pin_detach_irq)(struct rt_device *device, rt_int32_t pin);
```

pin_detach_irq 方法的参数及返回值如表 3-7 所示。

表 3-7   pin_detach_irq 方法的参数及返回值

参数	描述	返回值
device	PIN 设备句柄，不再使用	❑ RT_EOK：解除绑定成功
pin	引脚编号	❑ 其他错误码：解除绑定失败

引脚脱离中断示例如下所示，PIN 驱动根据参数引脚编号，重置对应的引脚中断回调函数表。STM32 PIN 驱动的 pin_detach_irq 方法的部分代码如下所示。

```
static rt_err_t _pin_detach_irq(struct rt_device *device, rt_int32_t pin)
{
    ...
    /* 根据 PIN 号获取引脚中断回调函数表的索引 */
    irqindex = bit2bitno(PIN_STPIN(pin));
    ...
    level = rt_hw_interrupt_disable();
    ...
    /* 重置引脚编号映射表 */
    pin_irq_hdr_tab[irqindex].pin = -1;
    pin_irq_hdr_tab[irqindex].hdr = RT_NULL;
    pin_irq_hdr_tab[irqindex].mode = 0;
    pin_irq_hdr_tab[irqindex].args = RT_NULL;

    rt_hw_interrupt_enable(level);

    return RT_EOK;
}
```

3.3　注册 PIN 设备

PIN 设备的操作方法都实现后，需要注册设备到操作系统，注册时提供 PIN 设备的名称和操作方法作为入参，注册 PIN 设备的接口原型如下所示：

```
int rt_device_pin_register(const char *name,
                  const struct rt_pin_ops *ops,
                  void *user_data);
```

rt_device_pin_register 接口的参数与返回值如表 3-8 所示。

表 3-8　rt_device_pin_register 接口的参数与返回值

参数	描述	返回值
name	PIN 设备名称	❑ RT_EOK：成功
ops	PIN 设备的操作方法	
user_data	用户数据，一般置为 RT_NULL	

STM32 PIN 驱动注册 PIN 设备的代码片段如下所示。

```
/* 注册 PIN 设备 */
int rt_hw_pin_init(void)
{
    ...
    /* 注册 PIN 设备，设备名称为 pin */
    return rt_device_pin_register("pin", &_stm32_pin_ops, RT_NULL);
}
```

其中，stm32_pin_ops 是在 3.2 节实现设备的操作方法时定义的，保存了 PIN 所有操作方法的函数指针。

3.4　驱动配置

下面是具体的驱动配置细节。

1. Kconfig 配置

下面参考 bsp/stm32/stm32f407-atk-explorer/board/Kconfig 文件对 PIN 驱动进行相关配置，如下所示：

```
config BSP_USING_GPIO
    bool "Enable GPIO"
    select RT_USING_PIN
    default y
```

我们来看看一些关键字段的意义。

❏ BSP_USING_GPIO：PIN 驱动代码对应的宏定义，这个宏控制决定 PIN 驱动相关代码是否会添加到工程中。

❏ RT_USING_PIN：PIN 驱动框架代码对应的宏定义，这个宏控制 PIN 驱动框架的相关代码是否会添加到工程中。

❏ default y：BSP_USING_GPIO 宏默认打开。

2. SConscript 配置

HAL_Drivers/SConscript 文件给出了 PIN 驱动添加情况的判断选项，代码如下所示。这是一段 Python 代码，表示如果定义了宏 BSP_USING_GPIO，drv_gpio.c 会被添加到工程的源文件中。

```
if GetDepend('BSP_USING_GPIO'):
    src += ['drv_gpio.c']
```

3.5　驱动验证

驱动开发者完成驱动的编写后，还需进行驱动的验证，保证编写的驱动可以正常使用，PIN 驱动验证流程如下所示。

编写的驱动会将 PIN 设备注册到系统中，此时 PIN 设备将在 I/O 设备管理器中存在。验证设备功能时，我们需要运行代码，将代码编译下载到开发板中，然后在控制台中使用 list_device 命令查看已注册的设备，此时已经包含 PIN 设备，如下所示。

```
msh >list_device
device          type                 ref count
--------        --------------------- ----------
uart1     Character Device     2
```

```
pin         Miscellaneous Device 0
```

之后则可以使用 PIN 设备驱动框架层提供的统一 API 对 PIN 进行操作了。

若开发板上有按键或者 LED 灯，可以编写简单的测试代码来对驱动进行测试验证。如 ART-Pi 开发板上有两个 LED 灯，其中蓝灯 D2 连接在 PE4 引脚上，可以使用 PIN 框架提供的 API 来控制 PE4 引脚的电平状态，从而控制 LED 灯的亮灭了，测试代码如下：

```c
#include <rtthread.h>
#include <rtdevice.h>

void main(void)
{
    rt_base_t pin_num = 0;

    pin_num = rt_pin_get("PE.4");

    rt_pin_mode(pin_num, PIN_MODE_OUTPUT);

    while(1)
    {
        rt_thread_mdelay(500);
        rt_pin_write(pin_num, PIN_HIGH);
        rt_thread_mdelay(500);
        rt_pin_write(pin_num, PIN_LOW);
    }
}
```

代码运行效果：开发板上的蓝灯 D2 会周期性闪烁。

3.6　本章小结

本章讲解了如何开发 PIN 设备驱动、如何将 PIN 设备对接到设备驱动框架、如何验证 PIN 设备驱动是否可用。

第 4 章

I2C 总线设备驱动开发

I2C 总线是 PHILIPS 公司开发的一种半双工、双向二线制同步串行总线。本章将带领读者了解 I2C 总线设备驱动的开发，分为硬件 I2C 总线和软件 I2C 总线两部分。

I2C 是以主从的方式工作的，I2C 主从连接图如图 4-1 所示。其中，Vdd 表示电源，R_p 表示上拉电阻。在总线上有 2 个主设备（Master）和 3 个从设备（Slave），主设备是两个 MCU，从设备分别为 I2C 接口的一些模块或器件，如 LCD、EEPROM、A/D 转换器。I2C 允许同时有多个主设备存在，例如图中的 2 个主设备。每个连接到总线上的器件都有唯一的地址，如 3 个从设备都有自己的地址。主设备通过从设备的地址来选择要通信的对象。主设备启动数据传输并产生时钟信号，对从设备进行寻址，但是同一时刻只允许有一个主设备。

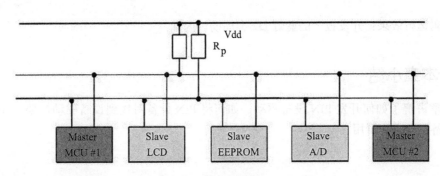

图 4-1 I2C 主从连接图

在嵌入式领域中，一般将 MCU 作为主设备，通过 I2C 总线与其他从设备进行通信。MCU 内部一般会内置 I2C 硬件控制器，用来控制 I2C 总线并与从设备通信。RT-Thread 将这种能够控制 I2C 总线的外设抽象为 I2C 总线设备。一个 I2C 总线设备对应一条 I2C 总线，也对应着一个 I2C 硬件控制器。

I2C 总线传输数据时只需两根信号线：一根是双向数据线 SDA（Serial Data），另一根是 I2C 主设备产生的时钟线 SCL（Serial Clock）。这两根信号线的时序可以由 I2C 硬件控制器产生，也可以由 GPIO 模拟产生，所以 I2C 总线设备驱动将以这两种类型为基础进行讲解。

4.1　I2C 层级结构

I2C 层级结构如图 4-2 所示。

1）应用层一般是由开发者编写的业务代码，这一层处于 I2C 设备驱动框架层之上，通过调用 I2C 设备驱动框架提供的统一接口完成具体业务代码的编写，如 EEPROM、I2C 液晶屏等的驱动代码。

2）I2C 设备驱动框架层是抽象出的通用的软件层，和平台无关，向应用层提供统一的接口供应用层调用。I2C 设备驱动框架源码位于 components\drivers\i2c 中，包含以下文件。

① i2c_core.c/i2c_dev.c：I2C 核心代码，包含为应用层提供的 I2C 收发通用通信接口 rt_i2c_transfer，为总线驱动层提供的 I2C 总线设备结构 struct rt_i2c_bus_device，为硬件 I2C 总线设备驱动提供的操作方法

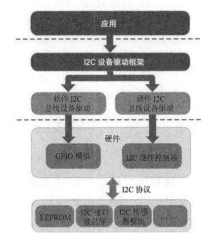

图 4-2　I2C 层级结构图

struct rt_i2c_bus_device_ops，以及注册接口 rt_i2c_bus_device_register。

② i2c-bit-ops.c：软件 I2C 总线设备框架，实现时序控制、发送和接收框架、操作方法 struct rt_i2c_bit_ops，以及注册接口 rt_i2c_bit_add_bus。

3）I2C 总线设备驱动层的实现与平台相关，分为硬件 I2C 驱动和 GPIO 模拟 I2C 驱动。源码位于具体 bsp 目录下，与 bsp 相关，下面是两种驱动的操作方法。

①软件 I2C 总线设备驱动：需要实现软件 I2C 总线设备的操作方法 struct rt_i2c_bit_ops，实例化软件 I2C 总线设备，然后调用 rt_i2c_bit_add_bus 注册 I2C 总线设备。

②硬件 I2C 总线设备驱动：需要实现硬件 I2C 总线设备的操作方法 struct rt_i2c_bus_device_ops，实例化硬件 I2C 总线设备，然后调用 rt_i2c_bus_device_register 注册 I2C 总线设备。

4）最下面一层是使用 I2C 接口的硬件模块，如 I2C 接口的液晶屏、传感器等。这些模块通过 I2C 通信协议与 MCU 进行通信。

4.2　I2C 总线设备结构

总线设备结构 struct rt_i2c_bus_device 的实现如下所示，该设备结构也将作为硬件 I2C 总线设备与软件 I2C 总线设备的基类使用。

```
struct rt_i2c_bus_device
{
    struct rt_device parent;                    /* 设备基类 device */
    const struct rt_i2c_bus_device_ops *ops;    /* I2C 操作方法 */
    rt_uint16_t  flags;                         /* I2C 读写标志等 */
```

```
    struct rt_mutex lock;                       /* 互斥锁，保证多线程访问安全 */
    rt_uint32_t  timeout;                        /* 超时时间 */
    rt_uint32_t  retries;                        /* 调用次数 */
    void *priv;                                  /* 私有数据 */
};
```

其中大部分参数仅供设备框架内部使用，只有 ops 参数定义了和硬件相关的操作方法。ops 也常被称作操作方法。下面分别讲述硬件与软件 I2C 总线设备的驱动实现。

4.3 硬件 I2C 总线设备驱动开发

一款芯片可以选择实现硬件 I2C 总线设备驱动，也可以选择实现软件 I2C 总线设备驱动，这取决于项目需求以及使用便利程度。硬件 I2C 总线设备驱动开发，向上对接 I2C 设备驱动框架，向下可调用厂商提供的 I2C 库函数进行数据的传输。我们先了解硬件 I2C 总线设备驱动开发步骤，之后学习如何实例化一个硬件 I2C 总线设备。

（1）硬件 I2C 总线设备驱动开发步骤

硬件 I2C 总线设备驱动开发的主要任务是实例化一个或者多个 I2C 总线设备，实现 I2C 总线设备操作方法，然后注册 I2C 总线设备。驱动文件一般命名为 drv_hw_i2c.c。本章将会以 NXP lpc54114 为例，讲解硬件 I2C 总线设备驱动的具体实现。

（2）实例化设备

硬件 I2C 总线实例化设备除了定义 struct rt_i2c_bus_device 之外，还需要包含 MCU 厂商自定义的 I2C 结构，我们在注册时还需要传入 I2C bus name，所以需要结合 rt_i2c_bus_device 结构根据实际情况进行扩充，以下是针对 LPC 芯片的硬件 I2C 总线设备结构：

```
/* 针对 LPC 芯片的硬件 I2C 设备结构 */
struct lpc_i2c
{
    struct rt_i2c_bus_device bus;     /* 继承 I2C 设备 */
    I2C_Type *base;                   /* 增加 MCU I2C 结构 */
    char *device_name;                /* 增加名称 */
};

/* 定义 1 个 I2C bus 设备 */
static struct lpc_i2c i2c4 = {0};
```

以下示例代码仅实现了 1 个 I2C 总线设备对象，当需要实现多个对象时，需要增加 I2C 总线设备对象表，如下所示：

```
/* 示例：定义多个 I2C 总线设备时，需增加 I2C 对象表进行存储 */
struct lpc_i2c hardware_i2c_bus[] =
{
#ifdef BSP_USING_I2C1
    {
        .base = I2C1,
        .device_name = "i2c1",
    },
```

```
#endif
#ifdef BSP_USING_I2C2
    {
        .I2C = I2C2,
        .device_name = "i2c2",
    },
#endif
...

};
```

在实例化硬件 I2C 总线设备之后，接下来按照驱动开发步骤进行该驱动的开发。

4.3.1　实现设备的操作方法

I2C 总线设备的 rt_i2c_bus_device_ops 参数定义了和硬件相关的操作方法，其结构体原型如下。

```
struct rt_i2c_bus_device_ops
{
    rt_size_t (*master_xfer)(struct rt_i2c_bus_device *bus,
                             struct rt_i2c_msg msgs[],
                             rt_uint32_t num);
    rt_size_t (*slave_xfer)(struct rt_i2c_bus_device *bus,
                            struct rt_i2c_msg msgs[],
                            rt_uint32_t num);
    rt_err_t (*i2c_bus_control)(struct rt_i2c_bus_device *bus,
                                rt_uint32_t,
                                rt_uint32_t);
};
```

下面将介绍相关操作方法的作用和实现方法。

1. 为设备定义操作方法

驱动开发者需要在驱动文件中实现这些操作方法。如下所示为 I2C 总线设备定义的操作方法，在硬件驱动中只需要完成 I2C 的传输。首先使用 struct rt_i2c_bus_device_ops 实例化一个如下所示的结构，然后实现对应的函数。

```
static const struct rt_i2c_bus_device_ops ops =
{
    _i2c_master_xfer,
    RT_NULL,      /* ops slave_xfer 不用实现 */
    RT_NULL,      /* ops i2c_bus_control 不用实现 */
};
```

2. master_xfer：总线数据传输

操作方法 master_xfer 是负责硬件 I2C 总线数据传输的接口，其原型如下所示：

```
rt_size_t (*master_xfer)(struct rt_i2c_bus_device *bus,
                 struct rt_i2c_msg msgs[],
                 rt_uint32_t num);
```

master_xfer 方法通过对硬件 I2C 总线控制器的控制，完成 num 个消息的传输。master_xfer 方法的参数及返回值如表 4-1 所示。

其中，msgs 参数存储了需要传输的消息，其结构原型 struct rt_i2c_msg 在驱动框架中的定义如下所示。其结构中包含了 I2C 总线设备上挂载的从设备地址、读写标志位、需要读写的数据长度和读写数据的存储地址。

表 4-1 master_xfer 方法的参数及返回值

参数	描述	返回值
bus	I2C 总线设备句柄	❑ rt_size_t：成功传输的 msgs 的个数
msgs	需要传输的消息	
num	传输消息的个数	

```c
struct rt_i2c_msg
{
    rt_uint16_t addr;        /* I2C 从设备地址 */
    rt_uint16_t flags;       /* 读写标志 */
    rt_uint16_t len;         /* 待传输数据的长度 */
    rt_uint8_t  *buf;        /* 待传输数据的指针 */
};
```

我们来看操作方法 master_xfer 的实现示例。在实现此操作方法时，需要根据传入的参数 num 获取传输消息的个数，然后循环调用厂商的库函数提供的 I2C 传输接口，将需要传输的消息一一传输出去，示例代码如下所示。

```c
static rt_size_t _i2c_master_xfer(struct rt_i2c_bus_device *bus, struct rt_i2c_
    msg msgs[], rt_uint32_t num)
{
    rt_size_t ret = (0);

    rt_uint32_t index = 0;
    struct lpc_i2c *lpc_i2c = RT_NULL;
    struct rt_i2c_msg *msg = RT_NULL;
    i2c_direction_t direction;
    status_t result = kStatus_Success;

    RT_ASSERT(bus != RT_NULL);

    lpc_i2c = (struct lpc_i2c *)bus;

    for(index = 0; index < num; index++)
    {
        msg = &msgs[index];
        direction = ((msg->flags & RT_I2C_RD) ? kI2C_Read : kI2C_Write);

        if (!(msg->flags & RT_I2C_NO_START))
        {
            /* 发送起始信号和从设备地址 */
            result = I2C_MasterStart(lpc_i2c->base, msg->addr, direction);
        }

        if (result == kStatus_Success)
        {
            if (direction == kI2C_Write)
```

```
        {
            /* 传输数据 */
            result = I2C_MasterWriteBlocking(lpc_i2c->base, msg->buf, msg-
                >len, kI2C_TransferDefaultFlag);
        }
        else
        {
            /* 接收数据 */
            result = I2C_MasterReadBlocking(lpc_i2c->base, msg->buf, msg-
                >len, kI2C_TransferDefaultFlag);
        }
    }
}

    if (result == kStatus_Success)
    {
        ret = index;
    }

    I2C_MasterStop(lpc_i2c->base);
    return ret;
}
```

4.3.2　注册设备

I2C 总线设备的操作方法实现后需要注册设备到操作系统，注册硬件 I2C 总线设备的接口为 rt_i2c_bus_device_register，其原型如下所示：

```
rt_err_t rt_i2c_bus_device_register(struct rt_i2c_bus_device *bus,
                        const char *bus_name)
```

rt_i2c_bus_device_register 接口的参数及返回值如表 4-2 所示。

我们来看一个硬件 I2C 设备实现 rt_hw_i2c_init 的示例代码，以实现时钟初始化、总线设备初始化、硬件 I2C 初始化、总线设备注册。

表 4-2　rt_i2c_bus_device_register 接口的参数及返回值

参数	描述	返回值
bus	I2C 总线设备句柄	❑ RT_EOK：成功
bus_name	I2C 总线设备名称	❑ −RT_ERROR：失败

```
int rt_hw_i2c_init(void)
{
    i2c_master_config_t masterConfig;

    /* 时钟初始化 */
    CLOCK_EnableClock(kCLOCK_Iocon);

#if defined(BSP_USING_I2C4)
    /* 外设时钟初始化 */
    CLOCK_AttachClk(kFRO12M_to_FLEXCOMM4);
    RESET_PeripheralReset(kFC4_RST_SHIFT_RSTn);

    /* 总线设备 i2c4 初始化 */
    i2c4.base = I2C4;               /* 在 MCU 中定义 I2C 控制器：I2C4 */
```

```
    i2c4.device_name = "i2c4";    /* 总线设备名 */
    i2c4.bus.ops = &ops;          /* 为设备定义的操作方法 */

    /* 硬件引脚初始化 */
    IOCON_PinMuxSet(IOCON, 1, 1, IOCON_MODE_PULLUP | IOCON_FUNC5 | IOCON_DIGITAL_
        EN | IOCON_INPFILT_OFF);
    IOCON_PinMuxSet(IOCON, 1, 2, IOCON_MODE_PULLUP | IOCON_FUNC5 | IOCON_DIGITAL_
        EN | IOCON_INPFILT_OFF);
    /* 配置 I2C 参数 */
    I2C_MasterGetDefaultConfig(&masterConfig);
    masterConfig.baudRate_Bps = 100*1000U;
    /* 硬件 I2C 初始化 */
    I2C_MasterInit(I2C4, &masterConfig, get_i2c_freq(I2C4));
    /* 注册 I2C 总线 */
    rt_i2c_bus_device_register(&i2c4.bus, i2c4.device_name);
#endif

    return RT_EOK;
}
INIT_BOARD_EXPORT(rt_hw_i2c_init);
```

4.3.3　驱动配置

下面讲解具体的驱动配置细节。

1. Kconfig 配置

下面参考 bsp\lpc54114-lite\drivers\Kconfig 文件配置 I2C 总线设备驱动的相关选项，如下所示：

```
config BSP_USING_I2C4
    bool "Enable I2C4"
    select RT_USING_I2C
    default y
```

我们来看看一些关键字段的意义。

1）BSP_USING_I2C4：I2C 总线设备驱动代码对应的宏定义，这个宏控制 I2C 总线设备驱动相关代码是否会添加到工程中。

2）RT_USING_I2C：I2C 驱动框架代码对应的宏定义，这个宏控制 I2C 驱动框架的相关代码是否会添加到工程中。

3）default y：表示默认打开 BSP_USING_I2C4。

2. SConscript 配置

在 bsp\lpc54114-lite\drivers\SConscript 文件给出了 I2C 总线设备驱动添加情况下的判断选项，代码如下所示。这是一段 Python 代码，表示如果定义了宏 BSP_USING_I2C4，则 drv_hw_i2c.c 会被添加到工程的源文件中。

```
if GetDepend('BSP_USING_I2C4'):
    src = src + ['drv_hw_i2c.c']
```

4.3.4　驱动验证

注册设备之后，I2C 总线设备将被注册到 I/O 设备管理器中。在进行驱动验证时需要先查看该驱动是否注册成功，可以编译下载运行添加了驱动的 RT_Thread 代码，在控制台界面使用 list_device 命令查看已注册的设备是否包含了 I2C 总线设备。

```
msh >list_device
device          type            ref count
--------  ---------------  -----------
uart1     Character Device     2
i2c4      I2C Bus Device       0
```

若包含 I2C 总线设备，则表明注册成功，之后可以使用 I2C 设备驱动框架层提供的统一 API 对 I2C 总线设备进行操作。

4.4　软件 I2C 总线设备驱动开发

软件 I2C 总线设备驱动使用 GPIO 模拟时序实现，时序已经在框架 i2c-bit-ops.c 中实现了，在驱动中只需要实现对应 SCL 与 SDA 引脚的设置及获取，并注册为 I2C 总线设备即可。

软件 I2C 总线设备驱动开发的主要任务就是实例化一个 I2C 总线设备，实现 I2C 总线设备操作方法，然后注册 I2C 总线设备。驱动文件一般命名为 drv_sw_i2c.c，驱动开发人员可以按照如下步骤进行。

1）实例化软件 I2C 总线设备。

2）实现 I2C 总线设备的操作方法 struct rt_i2c_bus_device_ops。

3）使用 rt_i2c_bus_device_register 注册软件 I2C 总线设备。

4）驱动配置。

5）驱动验证。

本节将以 STM32 的软件 I2C 总线设备驱动为例讲解 I2C 总线设备驱动的具体实现。

软件 I2C 总线设备继承了 I2C 总线设备基类 struct rt_i2c_bus_device，但实例化软件 I2C 还需存储 SDA、SCL、设备名称等信息，并对 SDA、SCL 引脚执行相应的操作。所以增加 struct rt_i2c_bit_ops 结构体成员，在其中存储以上所述信息。

```
/* 为 STM32 定义软件 I2C 设备结构 */
struct stm32_i2c
{
    struct rt_i2c_bit_ops ops;      /* 软件 I2C 的操作方法，其定义详见后续内容 */
    struct rt_i2c_bus_device i2c_bus;      /* I2C 设备基类 */
};
```

每个 MCU 都可定义多个软件 I2C 总线设备实例，例如 static struct stm32_i2c i2c_obj[6] 定义了 6 个软件 I2C 总线设备对象。

4.4.1 实现设备的操作方法

软件 I2C 总线设备的操作方法结构体原型如下：

```
struct rt_i2c_bit_ops
{
    void *data;  /* 私有数据类型 */
    void (*set_sda)(void *data, rt_int32_t state); /* 设置软件 I2C SDA 引脚电平 */
    void (*set_scl)(void *data, rt_int32_t state); /* 设置软件 I2C SCL 引脚电平 */
    rt_int32_t (*get_sda)(void *data);             /* 读取软件 I2C SDA 引脚电平 */
    rt_int32_t (*get_scl)(void *data);             /* 读取软件 I2C SCL 引脚电平 */
    void (*udelay)(rt_uint32_t us);                /* 软件 I2C 时序延迟时间 */
    rt_uint32_t delay_us;                          /* 设置 SCL 和 SDA 信号线延迟 */
    rt_uint32_t timeout;                           /* 超时时间，单位：tick */
};
```

1. 为设备定义操作方法

rt_i2c_bit_ops 为 STM32 软件 I2C 总线设备定义了操作方法，其实现如下所示，操作方法的名字可以自定义：

```
static const struct rt_i2c_bit_ops stm32_bit_ops_default =
{
    .data     = RT_NULL,
    .set_sda  = stm32_set_sda,
    .set_scl  = stm32_set_scl,
    .get_sda  = stm32_get_sda,
    .get_scl  = stm32_get_scl,
    .udelay   = stm32_udelay,
    .delay_us = 1,
    .timeout  = 100
};
```

在上述结构体中，data 元素用来存储 SDA 引脚、SCL 引脚、设备名称等硬件相关信息，在默认情况下配置为 RT_NULL，在实际使用过程中根据具体的设备重新赋值，参见下文。stm32_set_sda、stm32_set_scl 是设置 SDA、SCL 引脚电平的操作方法名，stm32_get_sda、stm32_get_scl 是获取 SDA、SCL 引脚电平的操作方法名，delay_us 是软件 I2C 时序延时使用的，用于设置 SDA/SCL 微秒级别的延时时间段。timeout 是超时时间，单位是一个系统时钟，用于判断 SCL 信号线是否在规定时间内满足起始条件和终止条件，默认值为 100。

接下来，我们先实现 data 元素，再定义设备对象，最后分别实现这些操作方法。

rt_i2c_bit_ops 中的 data 需要保存 SDA 引脚编号、SCL 引脚编号以及设备名称，这样在执行 set_sda 与 get_sda 时，才能通过 data 元素找到 SDA 引脚并对其进行操作，SCL 也相同。

STM32 data 元素的实现示例如下：

```
struct stm32_soft_i2c_config
{
    rt_uint8_t scl;              /* SCL 引脚编号 */
    rt_uint8_t sda;              /* SDA 引脚编号 */
    const char *bus_name;        /* 设备名称 */
```

```
};
```

多设备私有数据 data 的实现可参考如下代码：

```
/* 定义各个设备的 data 参数, 即 config 信息  */
#ifdef BSP_USING_I2C1
#define I2C1_BUS_CONFIG                             \
    {                                               \
        .scl = BSP_I2C1_SCL_PIN,                    \
        .sda = BSP_I2C1_SDA_PIN,                    \
        .bus_name = "i2c1",                         \
    }

#endif
...

/* 保存上述各个设备的配置信息 */
static const struct stm32_soft_i2c_config soft_i2c_config[] =
{
#ifdef BSP_USING_I2C1
    I2C1_BUS_CONFIG,
#endif
#ifdef BSP_USING_I2C2
    I2C2_BUS_CONFIG,
#endif
#ifdef BSP_USING_I2C3
    I2C3_BUS_CONFIG,
#endif
    ...
};
```

soft_i2c_config 包含各个 I2C 总线设备的配置信息，在设备注册时，该 soft_i2c_config 将赋值给私有数据 data 元素。

根据 soft_i2c_config 计算设备数量，并申请 i2c_obj 数组，以定义多个软件 I2C 总线设备对象，如下所示：

```
static struct stm32_i2c i2c_obj[sizeof(soft_i2c_config) / sizeof(soft_i2c_
    config[0])];
```

2. set_sda：设置 SDA 引脚电平

操作方法 set_sda 的作用是设置 SDA 引脚电平，其原型如下所示：

```
void (*set_sda)(void *data, rt_int32_t state);
```

set_sda 方法的参数如表 4-3 所示。

表 4-3　set_sda 方法的参数

参数	描述
data	保存着某个设备的配置信息，如 I2C1_BUS_CONFIG
state	设置该引脚为高电平或低电平

以下示例代码是 STM32 I2C 总线设备的操作方法 set_sda 的实现，先获取 SDA 引脚对

应的引脚号，然后操作对应的引脚，完成 SDA 引脚电平的设置。

```c
static void stm32_set_sda(void *data, rt_int32_t state)
{
    /* 获取该 I2C BUS 的配置信息 */
    struct stm32_soft_i2c_config* cfg = (struct stm32_soft_i2c_config*)data;

    /* 通过 state 参数设置引脚电平 */
    if (state)
    {
        rt_pin_write(cfg->sda, PIN_HIGH);
    }
    else
    {
        rt_pin_write(cfg->sda, PIN_LOW);
    }
}
```

3. set_scl：设置 SCL 引脚电平

操作方法 set_scl 是用于设置 SCL 引脚电平的接口，其原型如下所示：

```c
void (*set_scl)(void *data, rt_int32_t state);
```

set_scl 方法的参数如表 4-4 所示。

以下示例代码是 STM32 I2C 总线设备的操作方法 set_scl 的实现，先获取 SCL 对应的引脚号，然后设置对应的引脚电平，完成 SCL 引脚电平的设置。

表 4-4 set_scl 方法的参数

参数	描述
data	保存着某个设备的配置信息，如 I2C1_BUS_CONFIG
state	设置该引脚为高电平或低电平

```c
static void stm32_set_scl(void *data, rt_
    int32_t state)
{
    /* 获取该 I2C BUS 的配置信息 */
    struct stm32_soft_i2c_config* cfg = (struct stm32_soft_i2c_config*)data;
    /* 通过 state 参数设置引脚电平 */
    if (state)
    {
        rt_pin_write(cfg->scl, PIN_HIGH);
    }
    else
    {
        rt_pin_write(cfg->scl, PIN_LOW);
    }
}
```

4. get_sda：获取 SDA 引脚电平

操作方法 get_sda 的作用是获取 SDA 引脚电平，其原型如下所示：

```c
rt_int32_t (*get_sda)(void *data);
```

get_sda 方法的参数如表 4-5 所示。

表 4-5 get_sda 方法的参数

参数	描述
data	保存着某个设备的 config 信息，如 I2C1_BUS_CONFIG

以下示例代码是 STM32 I2C 总线设备的操作方法 get_data 的实现，首先拿到 SDA 引脚，然后读取该引脚的电平。

```
static rt_int32_t stm32_get_sda(void *data)
{
    struct stm32_soft_i2c_config* cfg = (struct stm32_soft_i2c_config*)data;
    return rt_pin_read(cfg->sda);
}
```

5. get_scl：获取 SCL 引脚电平

操作方法 get_scl 的作用是获取 SCL 引脚电平，其接口原型如下所示：

```
rt_int32_t (*get_scl)(void *data);
```

其中参数 data 存储着设备的 config 信息，通过 data 参数可以获取 SCL 引脚号，进而获取对应的引脚电平。

以下示例代码是 STM32 I2C 总线设备的操作方法 get_scl 的实现，首先拿到 SCL 引脚，然后读取该引脚的电平。

```
static rt_int32_t stm32_get_scl(void *data)
{
    struct stm32_soft_i2c_config* cfg = (struct stm32_soft_i2c_config*)data;
    return rt_pin_read(cfg->scl);
}
```

6. udelay：延时函数

操作方法 udelay 的作用是提供微秒级延时，用于设置 I2C 总线设备的时序延时，udelay 接口参数 us 表示延时时间，函数原型如下所示。

```
void (*udelay)(rt_uint32_t us);
```

I2C 时序延时不能使用 RT-Thread 提供的 rt_thread_delay 这类函数，这类函数是会进行线程挂起和恢复的，并且其延时单位较大，一般在毫秒级别。而 I2C 的时序延时时间在微秒级别，且不能被线程打断，所以需要使用硬件定时器实现微秒级别的延时。

在 STM32 中使用 SysTick 实现 udelay 函数微秒级延时的示例如下所示。

```
static void stm32_udelay(rt_uint32_t us)
{
    rt_uint32_t ticks;
    rt_uint32_t told, tnow, tcnt = 0;
    rt_uint32_t reload = SysTick->LOAD;

    ticks = us * reload / (1000000 / RT_TICK_PER_SECOND);
    told = SysTick->VAL;
    while (1)
    {
        tnow = SysTick->VAL;
        if (tnow != told)
        {
            if (tnow < told)
```

```
        {
            tcnt += told - tnow;
        }
        else
        {
            tcnt += reload - tnow + told;
        }
        told = tnow;
        if (tcnt >= ticks)
        {
            break;
        }
    }
  }
}
```

4.4.2　注册设备

接下来需要注册软件 I2C 总线设备到操作系统，注册接口如下所示：

```
rt_err_t rt_i2c_bit_add_bus(struct rt_i2c_bus_device *bus,
                            const char  *bus_name)
```

rt_i2c_bit_add_bus 接口的参数及返回值如表 4-6 所示。

STM32 注册软件 I2C 总线设备的部分代码如下。

表 4-6　rt_i2c_bit_add_bus 接口的参数及返回值

参数	描述	返回值
bus	I2C 总线设备句柄	❏ RT_EOK：成功
bus_name	I2C 总线设备名称	

```
int rt_hw_i2c_init(void)
{
    rt_size_t obj_num = sizeof(i2c_obj) / sizeof(struct stm32_i2c);

    for (int i = 0; i < obj_num; i++)
    {
        /* 保存 ops 函数指针 */
        i2c_obj[i].ops = stm32_bit_ops_default;
        /* 保存私有数据，即各个设备的配置数据 */
        i2c_obj[i].ops.data = (void*)&soft_i2c_config[i];
        /*I2C 设备模型私有数据赋值 */
        i2c_obj[i].i2c_bus.priv = &i2c_obj[i].ops;
        /* 软件 I2C 引脚 SCL/SDA 初始化 */
        stm32_i2c_gpio_init(&i2c_obj[i]);
        /* 设备注册 */
        rt_i2c_bit_add_bus(&i2c_obj[i].i2c_bus, soft_i2c_config[i].bus_name);

        /* 解锁 I2C 总线设备 */
        stm32_i2c_bus_unlock(&soft_i2c_config[i]);
    }
    return RT_EOK;
}
INIT_BOARD_EXPORT(rt_hw_i2c_init);  /* 自动初始化 */
```

软件 I2C 总线设备驱动配置与验证和硬件 I2C 总线设备驱动配置与验证相似，不再赘述。需要注意的是，在访问 I2C 从设备时，从设备的地址需要去掉读写位。

4.5　本章小结

本章讲解了 I2C 总线设备驱动开发，分为硬件 I2C 总线驱动和软件 I2C 总线驱动两部分。

1）硬件 I2C 总线驱动是直接驱动 I2C 硬件控制器，需要实现总线数据传输函数。

2）软件 I2C 总线驱动是不使用 MCU 中的 I2C 硬件控制器，而是使用 GPIO 对 I2C 的时序进行模拟，需要完成 I2C 时序中一些拉高 / 拉低电平的动作，即 SDA 与 SCL 引脚电平的设置和获取。

在具体实现 I2C 总线设备驱动时，只需要根据硬件资源或项目需求选择其中一种方式实现即可。

第 5 章
SPI/QSPI 总线设备驱动开发

SPI（Serial Peripheral Interface，串行外围接口），是由 Motorola 首先提出的全双工同步串行总线外围接口，常用于短距离通信，主要应用于 EEPROM、Flash、实时时钟、AD 转换器，还有数字信号处理器和数字信号解码器之间。SPI 一般使用 4 根线通信，如图 5-1 所示。

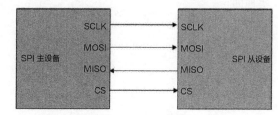

图 5-1　SPI 连接方式

其中：

1）MOSI 是主设备输出 / 从设备输入数据线（SPI Bus Master Output/Slave Input）。

2）MISO 是主设备输入 / 从设备输出数据线（SPI Bus Master Input/Slave Output）。

3）SCLK 是串行时钟线（Serial Clock），主设备输出时钟信号到从设备。

4）CS 是从设备选择线（Chip Select），也叫 SS、CSB、CSN、EN 等，主设备输出片选信号到从设备。

SPI 以主从方式工作，通常有一个主设备和一个或多个从设备。通信由主设备发起，主设备通过 CS 选择要通信的从设备，然后通过 SCLK 给从设备提供时钟信号，数据通过 MOSI 输出给从设备，同时通过 MISO 接收从设备发送的数据。如图 5-2 所示，MCU 作为 SPI 主设备，挂载在总线上的外接模块（dev0、dev1 等）作为 SPI 从设备。在图 5-2 中，MCU 有 2 个 SPI 控制器，SPI 控制器被抽象为 RT-Thread 中的 SPI 总线设备，每个 SPI 控制器可以连接多个 SPI 从设备。挂载在同一个 SPI 控制器上的从设备共享 3 个信号引脚：SCK、MISO、MOSI，但每个从设备的 CS 引脚是相互独立的。

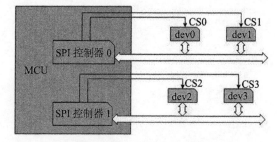

图 5-2　SPI 主从连接方式

主设备通过控制 CS 引脚对从设备进行片选，一般为低电平有效。任何时刻，一个 SPI 主设备上只有一个 CS 引脚处于有效状态，此有效 CS 引脚连接的从设备此时可以与主设备通信。

从设备的时钟由主设备通过 SCLK 提供，MOSI、MISO 则基于此时钟完成数据传输。SPI 的工作时序模式由 CPOL（clock polarity，时钟极性）和 CPHA（clock phase，时钟相位）之间的相位关系决定。CPOL 表示时钟信号的初始电平的状态：CPOL 为 0，表示时钟信号初始状态为低电平；为 1 表示时钟信号的初始电平是高电平。CPHA 表示在哪个时钟变化沿采样数据：CPHA 为 0，表示在首个时钟变化沿采样数据；CPHA 为 1，表示在第二个时钟变化沿采样数据。根据 CPOL 和 CPHA 的不同组合，共有 4 种工作时序模式：① CPOL=0，CPHA=0；② CPOL=0，CPHA=1；③ CPOL=1，CPHA=0；④ CPOL=1，CPHA=1。4 种工作时序模式如图 5-3 所示。

以上描述针对的是标准 SPI，除此之外还有 QSPI（Queued SPI 的简写）协议。QSPI 是对标准 SPI 接口的扩展，比 SPI 应用更加广泛。在 SPI 协议的基础上，Motorola 公司对其功能进行了增强，增加了队列传输机制，推出了队列串行外围接口协议（即 QSPI 协议）。使用该接口，用户可以一次性最多传输 16 个 8 位或 16 位的数据传输队列。一旦传输启动，直到传

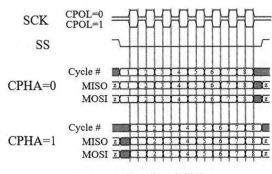

图 5-3　4 种工作时序模式

输结束，都不需要 CPU 干预，极大地提高了传输效率。与 SPI 相比，QSPI 的最大结构特点是以 80 字节的 RAM 代替了 SPI 的发送和接收数据寄存器。

Flash 作为 SPI 的常用外设模块，有标准 SPI、Dual SPI 和 Quad SPI 三种类型的工作接口，每种接口下使用的数据线数量不一样，所以传输速率也不一样。在相同时钟下，线数越多传输速率越高。

1）标准 SPI：有 4 根引脚信号，分别是 CLK、CS、MOSI、MISO，一个时钟周期发送 1 个 bit。

2）Dual SPI：因为 SPI Flash 不常用全双工，可以发送一个命令字节进入 Dual 模式，让它工作在半双工模式，用以加倍数据传输。这样 MOSI 变成 SIO0（Serial IO 0），MISO 变成 SIO1（Serial IO 1），即 4 根引脚信号，分别是 CLK、CS、SIO0、SIO1，一个时钟周期发送 2 个 bit 数据，数据传输速率加倍。

3）Quad SPI：与 Dual SPI 类似，Quad SPI Flash 增加了两根 I/O 线（SIO2、SIO3），即 6 根引脚信号，分别是 CLK、CS、SIO0、SIO1、SIO2、SIO3，一个时钟内传输 4 个 bit 数据。

5.1　SPI/QSPI 层级结构

SPI/QSPI 的层级结构如图 5-4 所示。

1）应用层一般是由开发者编写的业务代码，这一层处于 SPI/QSPI 设备驱动框架层之

上，通过调用 SPI/QSPI 设备驱动框架提供的统一接口，完成具体的业务代码的编写，如
SPI/QSPI Flash、SPI 接口传感器或网络模块等的驱
动代码。

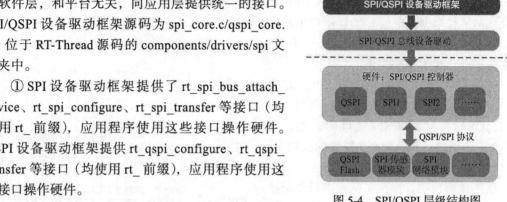

2）SPI/QSPI 设备驱动框架层是抽象出的一层通
用软件层，和平台无关，向应用层提供统一的接口。
SPI/QSPI 设备驱动框架源码为 spi_core.c/qspi_core.
c，位于 RT-Thread 源码的 components/drivers/spi 文
件夹中。

① SPI 设备驱动框架提供了 rt_spi_bus_attach_
device、rt_spi_configure、rt_spi_transfer 等接口（均
使用 rt_ 前缀），应用程序使用这些接口操作硬件。
QSPI 设备驱动框架提供 rt_qspi_configure、rt_qspi_
transfer 等接口（均使用 rt_ 前缀），应用程序使用这
些接口操作硬件。

图 5-4　SPI/QSPI 层级结构图

②设备驱动框架层为 SPI/QSPI 总线设备驱动提
供设备操作方法与注册接口，操作方法定义在 struct rt_spi_ops 中，注册接口为 rt_spi_bus_
register/rt_qspi_bus_register。

3）SPI/QSPI 总线设备驱动层是针对具体硬件平台实现的，其与具体的硬件平台相关，
是硬件平台和 SPI/QSPI 总线设备驱动框架之间的桥梁。SPI/QSPI 总线设备驱动源码位于具
体 bsp 目录下，一般命名为 drv_spi.c、drv_qspi.c。SPI/QSPI 设备驱动需要实现访问和控制
SPI/QSPI 设备的操作方法 struct rt_spi_ops，以及注册 SPI/QSPI 总线设备到操作系统。

4）最后一层是外接硬件模块，例如 Flash 模块、传感器模块、网络模块等。应用开发
者使用设备驱动框架层提供的接口对外接的 SPI 模块进行初始化读写控制，从而实现 MCU
和模块之间的通信。

需要注意的是，RT-Thread 目前只支持 MCU SPI/QSPI 作为主设备，不支持作为从设备。

SPI 总线设备驱动开发的主要任务就是实现 SPI 总线设备操作方法 struct rt_spi_ops，然
后注册 SPI 总线设备。QSPI 总线设备驱动开发与 SPI 总线设备驱动开发步骤相同，下面我
们将会以 STM32 的 SPI 总线设备驱动为例讲解 SPI 总线设备驱动的具体实现。

5.2　SPI 总线设备驱动开发

我们先来创建 SPI 总线设备。

5.2.1　创建 SPI 总线设备

本节介绍如何创建 SPI 总线设备。对 SPI 总线设备来说，在驱动开发时首先需要从
struct rt_spi_bus 结构中派生出新的 SPI 总线设备模型，并根据自己的设备类型定义私有数

据域。特别是在可能有多个类似设备的情况下（例如 SPI 总线设备 1/2），SPI 总线设备可以共用同一套接口，不同的只是各自的数据域（例如寄存器基地址）。

我们看一下 STM32 中 SPI 总线设备的创建方法。STM32 的 SPI 总线设备模型从 struct rt_spi_bus 进行派生，并增加了私有数据，STM32 的 SPI 总线设备模型代码如下所示：

```c
struct stm32_spi
{
    SPI_HandleTypeDef handle;            /* STM32 SPI 控制块 */
    struct stm32_spi_config *config;     /* SPI 配置参数 */

    struct
    {
        DMA_HandleTypeDef handle_rx;     /* STM32 DMA 接收控制块 */
        DMA_HandleTypeDef handle_tx;     /* STM32 DMA 发送控制块 */
    } dma;

    rt_uint8_t spi_dma_flag;             /* DMA 使用标志 */
    struct rt_spi_bus spi_bus;           /* 继承自 SPI 总线设备 */
};

struct stm32_spi_config
{
    SPI_TypeDef *Instance;               /* SPI 外设 */
    char *bus_name;                      /* SPI 总线设备名称 */
    struct dma_config *dma_rx, *dma_tx;  /* DMA 发送及接收配置参数 */
};
```

SPI 总线设备驱动根据此类型定义 SPI 总线设备对象并初始化相关变量。一般 MCU 都支持多个 SPI 总线控制器，SPI 总线设备驱动也可以支持多个 SPI 总线设备。

```c
/* SPI 总线设备 1 的名称和寄存器地址 */
#define SPI1_BUS_CONFIG                                 \
    {                                                   \
        .Instance = SPI1,                               \
        .bus_name = "spi1",                             \
    }
...

static struct stm32_spi_config spi_config[] =
{
#ifdef BSP_USING_SPI1
    SPI1_BUS_CONFIG,
#endif

#ifdef BSP_USING_SPI2
    SPI2_BUS_CONFIG,
#endif
...
};

...

/* 定义 SPI 总线对象 */
```

```
static struct stm32_spi spi_bus_obj[sizeof(spi_config) / sizeof(spi_config[0])]
    = {0};
```

5.2.2 实现 SPI 总线设备的操作方法

SPI 总线设备的操作方法定义在 SPI 总线设备框架中，其结构体原型如下：

```
struct rt_spi_ops
{
    rt_err_t (*configure)(struct rt_spi_device *device, struct rt_spi_
        configuration *configuration);
    rt_uint32_t (*xfer)(struct rt_spi_device *device, struct rt_spi_message
        *message);
};
```

SPI 总线设备框架定义了两个操作方法：configure 和 xfer，具体的实现方式及参数的意义会在后面详细介绍。

1. configure：配置 SPI 总线

操作方法 configure 的作用是根据 SPI 总线设备的配置参数 configuration 配置 SPI 总线设备传输的数据宽度、时钟极性、时钟相位和总线速率等，最后初始化 SPI 总线控制器。原型如下所示：

```
rt_err_t (*configure)(struct rt_spi_device *device, struct rt_spi_configuration
    *configuration);
```

configure 方法的参数及返回值如表 5-1 所示。

表 5-1 configure 方法的参数及返回值

参数	描述	返回值
device	SPI 总线设备句柄	❑ RT_EOK：成功
configuration	SPI 总线设备的配置参数	❑ 其他错误码：失败

参数 configuration 的结构原型为 struct rt_spi_configuration，该结构包含配置一个 SPI 总线的必要参数，其中成员 mode 可配参数为 MSB/LSB、主从模式、时序模式等，代码如下所示。其中，MSB（Most Significant Bit）代表一组二进制中的最高有效位，LSB（Least Significant Bit）代表二进制中的最低有效位。

```
/* 设置数据传输顺序，即 MSB（最高位）在前还是 LSB（最低位）在前 */
#define RT_SPI_LSB      (0<<2)              /* bit[2]: 0-LSB */
#define RT_SPI_MSB      (1<<2)              /* bit[2]: 1-MSB */

/* 设置 SPI 的主从模式 */
#define RT_SPI_MASTER   (0<<3)              /* SPI 做主设备 */
#define RT_SPI_SLAVE    (1<<3)              /* SPI 做从设备 */

/* 设置时钟极性和时钟相位 */
#define RT_SPI_MODE_0   (0 | 0)             /* CPOL = 0, CPHA = 0 */
#define RT_SPI_MODE_1   (0 | RT_SPI_CPHA)   /* CPOL = 0, CPHA = 1 */
```

```
#define RT_SPI_MODE_2   (RT_SPI_CPOL | 0)             /* CPOL = 1, CPHA = 0 */
#define RT_SPI_MODE_3   (RT_SPI_CPOL | RT_SPI_CPHA)   /* CPOL = 1, CPHA = 1 */

#define RT_SPI_CS_HIGH  (1<<4)                        /* 片选高电平有效 */
#define RT_SPI_NO_CS    (1<<5)                        /* 不使用片选 */
#define RT_SPI_3WIRE    (1<<6)                        /* MOSI 和 MISO 共用一根数据线 */
#define RT_SPI_READY    (1<<7)                        /* 从设备拉低暂停 */
```

我们看一下 STM32 中 SPI 总线设备驱动实现 configure 方法的代码。在 STM32 的驱动代码中封装了一个 SPI 的配置函数 stm32_spi_init，根据传入的 cfg 参数对 HAL 库对应的 SPI 控制句柄进行配置，然后调用 HAL 库提供的 SPI 初始化函数完成对 SPI 控制器的配置。具体代码如下所示。

```
static rt_err_t spi_configure(struct rt_spi_device *device,
                        struct rt_spi_configuration *configuration)
{
    RT_ASSERT(device != RT_NULL);
    RT_ASSERT(configuration != RT_NULL);

    struct stm32_spi *spi_drv =  rt_container_of(device->bus, struct stm32_spi,
        spi_bus);
    spi_drv->cfg = configuration;

    return stm32_spi_init(spi_drv, configuration);
}

static rt_err_t stm32_spi_init(struct stm32_spi *spi_drv, struct rt_spi_
    configuration *cfg)
{
    RT_ASSERT(spi_drv != RT_NULL);
    RT_ASSERT(cfg != RT_NULL);

    SPI_HandleTypeDef *spi_handle = &spi_drv->handle;
    /* 主从模式 */
    if (cfg->mode & RT_SPI_SLAVE)
    {
        spi_handle->Init.Mode = SPI_MODE_SLAVE;
    }
    ...
    /* 传输模式 */
    if (cfg->mode & RT_SPI_3WIRE)
    {
        spi_handle->Init.Direction = SPI_DIRECTION_1LINE;
    }
    ...
    /* 数据宽度 */
    if (cfg->data_width == 8)
    {
        spi_handle->Init.DataSize = SPI_DATASIZE_8BIT;
        spi_handle->TxXferSize = 8;
        spi_handle->RxXferSize = 8;
    }
    ...
    /* 初始化 SPI 总线控制器 */
```

```
    if (HAL_SPI_Init(spi_handle) != HAL_OK)
    {
        return -RT_EIO;
    }
    /* 使能 SPI 总线控制器 */
    __HAL_SPI_ENABLE(spi_handle);

    return RT_EOK;
}
```

2. xfer: 传输数据

操作方法 xfer 的作用是将待发送的数据发送给从设备的接口，其原型如下所示：

```
rt_uint32_t (*xfer)(struct rt_spi_device *device, struct rt_spi_message
    *message);
```

xfer 方法的参数及返回值如表 5-2 所示。

xfer 方法通过对 SPI 总线控制器的控制，完成一条 message 的传输。参数 message 原型如下所示，message 结构体包含发送缓冲区

表 5-2　xfer 方法的参数及返回值

参数	描述	返回值
device	SPI 总线设备句柄	□ 传输数据的长度
message	待发送的消息指针	

send_buf、接收缓冲区 recv_buf、数据长度 length、下一条消息指针 next，以及 CS 引脚的状态。xfer 方法会把待发送的数据发送给从设备，同时把接收到的数据保存到接收缓冲区。

```
struct rt_spi_message
{
    const void *send_buf;            /* 发送缓冲区指针 */
    void *recv_buf;                  /* 接收缓冲区指针 */
    rt_size_t length;                /* 发送 / 接收的数据字节数 */
    struct rt_spi_message *next;     /* 指向继续发送的下一条消息的指针 */

    unsigned cs_take    : 1;         /* 片选选中 */
    unsigned cs_release : 1;         /* 释放片选 */
};
```

我们看一个 STM32 上 xfer 方法传输数据的示例。在示例代码中，先根据 message 中存储的 cs_take 拉低相对应的 CS 引脚，然后根据 message 中的 recv_buf 和 send_buf 判断是全双工的发送 / 接收数据，还是只发送或者只接收数据。进而调用对应的 HAL 库函数控制对应的 SPI 控制器完成数据的传输。最后根据 message 中存储的 cs_release，释放对应的 CS 引脚。

```
static rt_uint32_t spixfer(struct rt_spi_device *device, struct rt_spi_message
    *message)
{
    HAL_StatusTypeDef state;
    rt_size_t message_length, already_send_length;
    rt_uint16_t send_length;
    rt_uint8_t *recv_buf;
    const rt_uint8_t *send_buf;

    RT_ASSERT(device != RT_NULL);
```

```
RT_ASSERT(device->bus != RT_NULL);
RT_ASSERT(device->bus->parent.user_data != RT_NULL);
RT_ASSERT(message != RT_NULL);

struct stm32_spi *spi_drv =  rt_container_of(device->bus, struct stm32_spi,
    spi_bus);
SPI_HandleTypeDef *spi_handle = &spi_drv->handle;
struct stm32_hw_spi_cs *cs = device->parent.user_data;

if (message->cs_take)
{
    /* 拉低 CS 引脚 */
    HAL_GPIO_WritePin(cs->GPIOx, cs->GPIO_Pin, GPIO_PIN_RESET);
}

message_length = message->length;
recv_buf = message->recv_buf;
send_buf = message->send_buf;
while (message_length)
{
    ...
    /* 双工模式，同时接收和发送 */
    if (message->send_buf && message->recv_buf)
    {
            ...
        else
        {
            state = HAL_SPI_TransmitReceive(spi_handle, (uint8_t *)send_buf,
                (uint8_t *)recv_buf, send_length, 1000);
        }
    }
    else if (message->send_buf)  /* 只发送 */
    {
        ...
        else
        {
            state = HAL_SPI_Transmit(spi_handle, (uint8_t *)send_buf, send_
                length, 1000);
        }
    }
    else    /* 只接收 */
    {
        memset((uint8_t *)recv_buf, 0xff, send_length);
        ...
        else
        {
            state = HAL_SPI_Receive(spi_handle, (uint8_t *)recv_buf, send_
                length, 1000);
        }
    }
...

if (message->cs_release)
{
    /* 拉高 CS 引脚 */
```

```
        HAL_GPIO_WritePin(cs->GPIOx, cs->GPIO_Pin, GPIO_PIN_SET);
    }

    return message->length;
}
```

为了驱动的功能更加完善，在处理 CS 引脚时需要注意 SPI 设备当前所处的工作模式以及 RT_SPI_NO_CS 和 RT_SPI_CS_HIGH 的设置，可以参考下面的代码做特殊处理：

```
if (message->cs_take && !(device->config.mode & RT_SPI_NO_CS))
{
    if (device->config.mode & RT_SPI_CS_HIGH)
        GPIO_Output(cs_pin, 1);
    else
        GPIO_Output(cs_pin, 0);
}
```

5.2.3　注册 SPI 总线设备

注册 SPI 总线设备到操作系统，注册 SPI 总线设备到操作系统的接口如下所示。

```
rt_err_t rt_spi_bus_register(struct rt_spi_bus     *bus,
                    const char          *name,
                    const struct rt_spi_ops *ops);
```

rt_spi_bus_register 接口的参数及返回值如表 5-3 所示。

在注册 SPI 总线设备之前，还需要根据 struct rt_spi_ops 的定义创建一个全局的 ops 结构体变量 stm_spi_ops。stm_spi_ops 将在初始化时通过注册接口中的 ops 参数，添加到 SPI 总线设备基类结构中。在 STM32 中注册 SPI 总线设备的代码如下所示。

表 5-3　rt_spi_bus_register 接口的参数及返回值

参数	描述	返回值
bus	SPI 总线设备句柄	□ RT_EOK：成功
name	SPI 总线设备名称	□ −RT_ERROR：失败
ops	SPI 总线设备的操作方法	

```
/* 保存 SPI 总线设备的操作方法函数指针 */
static const struct rt_spi_ops stm_spi_ops =
{
    .configure = spi_configure,
    .xfer = spixfer,
};
...

int rt_hw_spi_init(void)
{
    stm32_get_dma_info();
    return rt_hw_spi_bus_init();
}

static int rt_hw_spi_bus_init(void)
{
    rt_err_t result;
```

```
        for (int i = 0; i < sizeof(spi_config) / sizeof(spi_config[0]); i++)
        {
            spi_bus_obj[i].config = &spi_config[i];
            spi_bus_obj[i].spi_bus.parent.user_data = &spi_config[i];
            spi_bus_obj[i].handle.Instance = spi_config[i].Instance;
            ...

            result = rt_spi_bus_register(&spi_bus_obj[i].spi_bus, spi_config[i].bus_
                name, &stm_spi_ops);
            RT_ASSERT(result == RT_EOK);
        }

        return result;
    }
```

5.2.4　增加 DMA 功能

如果 SPI 支持 DMA 数据收发，可增加 SPI 总线设备驱动的 DMA 数据收发功能。每个 SPI 总线设备都有自己的 DMA 配置参数，比如 DMA 设备、DMA 通道等。STM32 SPI 总线设备的 DMA 配置参数包含在结构体 dma_config 中，各个 SPI DMA 收发参数将基于该结构定义。

```
struct dma_config
{
    DMA_INSTANCE_TYPE *Instance;  /* DMA 设备 */
    IRQn_Type dma_irq;            /* DMA 中断号 */

    rt_uint32_t channel;          /* DMA 通道 */
    rt_uint32_t request;          /* DMA 请求 */
};

/* SPI 总线设备 1 的 DMA 发送配置参数 */
#define SPI1_TX_DMA_CONFIG                              \
    {                                                   \
        .dma_rcc = SPI1_TX_DMA_RCC,                     \
        .Instance = SPI1_TX_DMA_INSTANCE,              \
        .channel = SPI1_TX_DMA_CHANNEL,                \
        .dma_irq = SPI1_TX_DMA_IRQ,                     \
    }
/* SPI 总线设备 1 的 DMA 接收配置参数 */
#define SPI1_RX_DMA_CONFIG                              \
    {                                                   \
        .dma_rcc = SPI1_RX_DMA_RCC,                     \
        .Instance = SPI1_RX_DMA_INSTANCE,              \
        .channel = SPI1_RX_DMA_CHANNEL,                \
        .dma_irq = SPI1_RX_DMA_IRQ,                     \
    }
```

1. DMA 初始化

DMA 初始化其实就是将 SPI 总线相对应的 DMA 控制器及参数赋值给特定的 SPI 总线控制块。在 STM32 的 SPI 总线初始化函数中包含了 DMA 初始化的示例代码，如下所示。

```
static int rt_hw_spi_bus_init(void)
{
    rt_err_t result;
    for (int i = 0; i < sizeof(spi_config) / sizeof(spi_config[0]); i++)
    {
        spi_bus_obj[i].config = &spi_config[i];
        spi_bus_obj[i].spi_bus.parent.user_data = &spi_config[i];
        spi_bus_obj[i].handle.Instance = spi_config[i].Instance;

        if (spi_bus_obj[i].spi_dma_flag & SPI_USING_RX_DMA_FLAG)
        {
            /* 配置 DMA 接收 */
            spi_bus_obj[i].dma.handle_rx.Instance = spi_config[i].dma_rx-
                >Instance;
            spi_bus_obj[i].dma.handle_rx.Init.Channel = spi_config[i].dma_rx-
                >channel;
            spi_bus_obj[i].dma.handle_rx.Init.Direction = DMA_PERIPH_TO_MEMORY;
            spi_bus_obj[i].dma.handle_rx.Init.PeriphInc = DMA_PINC_DISABLE;
            ...
        }

        if (spi_bus_obj[i].spi_dma_flag & SPI_USING_TX_DMA_FLAG)
        {
            /* 配置 DMA 发送 */
            spi_bus_obj[i].dma.handle_tx.Instance = spi_config[i].dma_tx-
                >Instance;
            spi_bus_obj[i].dma.handle_tx.Init.Request = spi_config[i].dma_tx-
                >request;
            spi_bus_obj[i].dma.handle_tx.Init.Direction = DMA_MEMORY_TO_PERIPH;
            spi_bus_obj[i].dma.handle_tx.Init.PeriphInc = DMA_PINC_DISABLE;
            ...
        }

        result = rt_spi_bus_register(&spi_bus_obj[i].spi_bus, spi_config[i].bus_
                            name, &stm_spi_ops);
    }

    return result;
}
```

2. DMA 传输

DMA 传输就是在使用 xfer 方法传输 SPI 数据时，使用 DMA 的机制发送 / 接收。来看一个在 STM32 中实现 DMA 传输的示例，在 xfer 方法中增加 DMA 模式的检测，并调用 HAL 库提供的 DMA 机制完成 DMA 模式的数据传输，具体代码如下所示。

```
static rt_uint32_t spixfer(struct rt_spi_device *device, struct rt_spi_message
    *message)
{
    ...

    if (message->cs_take)
    {
        /* 拉低 CS 引脚 */
        HAL_GPIO_WritePin(cs->GPIOx, cs->GPIO_Pin, GPIO_PIN_RESET);
```

```
    }

    message_length = message->length;
    recv_buf = message->recv_buf;
    send_buf = message->send_buf;
    while (message_length)
    {
        ...

        /* 双工模式, 同时接收和发送 */
        if (message->send_buf && message->recv_buf)
        {
            if ((spi_drv->spi_dma_flag & SPI_USING_TX_DMA_FLAG) && (spi_drv-
                >spi_dma_flag & SPI_USING_RX_DMA_FLAG))
            {
                /* DMA 模式收发 */
                state = HAL_SPI_TransmitReceive_DMA(spi_handle, (uint8_t *)send_
                    buf, (uint8_t *)recv_buf, send_length);
            }
            ...
        }
        else if (message->send_buf)   /* 只发送 */
        {
            if (spi_drv->spi_dma_flag & SPI_USING_TX_DMA_FLAG)
            {
                state = HAL_SPI_Transmit_DMA(spi_handle, (uint8_t *)send_buf,
                    send_length);
            }
            ...
        }
        else      /* 只接收 */
        {
            memset((uint8_t *)recv_buf, 0xff, send_length);
            if (spi_drv->spi_dma_flag & SPI_USING_RX_DMA_FLAG)
            {
                state = HAL_SPI_Receive_DMA(spi_handle, (uint8_t *)recv_buf,
                    send_length);
            }
            ...
        }
    ...

    if (message->cs_release)
    {
        /* 拉高 CS 引脚 */
        HAL_GPIO_WritePin(cs->GPIOx, cs->GPIO_Pin, GPIO_PIN_SET);
    }

    return message->length;
}
```

5.2.5　实现挂载 SPI 从设备功能

为了方便应用开发者使用 SPI 总线设备框架，一般驱动层都会提供一个用于挂载 SPI 从设备的函数供应用开发者使用。挂载 SPI 从设备的函数名是由驱动开发者自定义的，参考命名为 xxx_spi_device_attach。首先在 xxx_spi_device_attach 中完成 CS 引脚的初始化，然后定义一个 SPI 从设备（struct rt_spi_device），最后调用 SPI 设备驱动框架中的 rt_spi_bus_attach_device 将从设备挂载到对应的 SPI 总线设备上。

xxx_spi_device_attach 函数需要由驱动开发者实现，可参考的参数及返回值如表 5-4 所示，返回值为 rt_err_t 类型。

表 5-4　xxx_spi_device_attach 函数的参数及返回值

参数	描述	返回值
const char *bus_name	SPI 总线名称	
const char *device_name	SPI 从设备名称，可自定义	
[GOIO PORT]	SPI 从设备 CS 引脚的 port 口，根据 MCU 定义的不同，设定对应的参数类型	❑ RT_EOK：成功 ❑ 其他错误码：失败
[GPIO PIN]	SPI 从设备 CS 引脚的 PIN 号，根据 MCU 定义的不同，设定对应的参数类型	

下面是 STM32 中定义的 xxx_spi_device_attach 函数，CS 引脚相关的参数定义需要基于 STM32 MCU 的定义。

```
rt_err_t rt_hw_spi_device_attach(const char *bus_name, const char *device_name,
    GPIO_TypeDef *cs_gpiox, uint16_t cs_gpio_pin)
```

在 STM32 中定义挂载 SPI 从设备的函数：首先初始化 CS 引脚，然后定义一个 SPI 从设备（struct rt_spi_device），最后调用 rt_spi_bus_attach_device 进行设备挂载。

```
rt_err_t rt_hw_spi_device_attach(const char *bus_name, const char *device_name,
    GPIO_TypeDef *cs_gpiox, uint16_t cs_gpio_pin)
{
    RT_ASSERT(bus_name != RT_NULL);
    RT_ASSERT(device_name != RT_NULL);

    rt_err_t result;
    struct rt_spi_device *spi_device;
    struct stm32_hw_spi_cs *cs_pin;

    /* 初始化 CS 引脚 */
    GPIO_InitTypeDef GPIO_Initure;
    GPIO_Initure.Pin = cs_gpio_pin;
    GPIO_Initure.Mode = GPIO_MODE_OUTPUT_PP;
    GPIO_Initure.Pull = GPIO_PULLUP;
    GPIO_Initure.Speed = GPIO_SPEED_FREQ_HIGH;
    HAL_GPIO_Init(cs_gpiox, &GPIO_Initure);
    HAL_GPIO_WritePin(cs_gpiox, cs_gpio_pin, GPIO_PIN_SET);

    /* 挂载 CS 引脚到 SPI 总线上 */
```

```
spi_device = (struct rt_spi_device *)rt_malloc(sizeof(struct rt_spi_device));
RT_ASSERT(spi_device != RT_NULL);
cs_pin = (struct stm32_hw_spi_cs *)rt_malloc(sizeof(struct stm32_hw_spi_
    cs));
RT_ASSERT(cs_pin != RT_NULL);
cs_pin->GPIOx = cs_gpiox;
cs_pin->GPIO_Pin = cs_gpio_pin;
result = rt_spi_bus_attach_device(spi_device, device_name, bus_name, (void *)
    cs_pin);

...
return result;
}
```

5.2.6　SPI 总线设备驱动配置

下面介绍 SPI 总线设备驱动配置细节。

1. Kconfig 配置

下面参考 bsp/stm32/stm32f407-atk-explorer/board/Kconfig 文件配置 SPI 总线设备驱动
的相关选项，如下所示：

```
menuconfig BSP_USING_SPI
    bool "Enable SPI BUS"
    default n
    select RT_USING_SPI
    if BSP_USING_SPI
        config BSP_USING_SPI1
            bool "Enable SPI1 BUS"
            default n

        config BSP_SPI1_TX_USING_DMA
            bool "Enable SPI1 TX DMA"
            depends on BSP_USING_SPI1
            default n

        config BSP_SPI1_RX_USING_DMA
            bool "Enable SPI1 RX DMA"
            depends on BSP_USING_SPI1
            select BSP_SPI1_TX_USING_DMA
            default n

    endif
```

我们来看一下此配置文件中的一些关键字段的意义。

❑ RT_USING_SPI：SPI 设备驱动框架代码对应的宏定义，该宏控制 SPI 设备驱动框架
　的相关代码是否会添加到工程中。

❑ BSP_USING_SPI：SPI 总线设备驱动代码对应的宏定义，该宏控制 SPI 总线设备驱
　动相关代码是否会添加到工程中。

❑ BSP_USING_SPI1：SPI 总线设备 1 对应的宏定义，该宏控制 SPI 总线设备 1 是否会
　注册到系统。

❑ BSP_SPI1_TX_USING_DMA：SPI 总线设备 1 使用 DMA 发送数据。

❑ BSP_SPI1_RX_USING_DMA：SPI 总线设备 1 使用 DMA 接收数据。

2. SConscript 配置

HAL_Drivers/SConscript 文件为 SPI 总线设备驱动添加了判断选项，代码如下所示。这是一段 Python 代码，表示如果定义了宏 RT_USING_SPI，drv_spi.c 会被添加到工程的源文件中。

```
if  GetDepend('RT_USING_SPI'):
    src += ['drv_spi.c']
```

5.2.7　驱动验证

注册设备之后，SPI 总线设备将在 I/O 设备管理器中存在。运行代码后，可以使用 list_device 命令查看到注册的设备已包含 SPI 总线设备：

```
msh >list_device
device          type                 ref count
--------  --------------------  ----------
uart1     Character Device      2
spi1      SPI Bus               0
```

系统中存在 SPI 总线设备之后，可以借助 5.2.5 节实现的挂载 SPI 从设备的接口，通过 rt_hw_spi_device_attach 挂载一个 SPI 外设（SPI 从设备），例如从设备名为 spi10，则挂载成功之后，系统中应该有 SPI 总线设备和 SPI 从设备：

```
msh >list_device
device          type                 ref count
--------  --------------------  ----------
uart1     Character Device      2
spi1      SPI Bus               0
spi10     SPI Device            0
```

之后则可以使用 SPI 设备驱动框架层提供的统一 API 对 SPI 从设备进行操作了。详细的使用方法可以参考《嵌入式实时操作系统：RT-Thread 设计与实现》中 14.3.4 节的内容。如果有 SPI Flash，则可以借助 SPI 设备驱动框架层提供的统一 API 对 SPI Flash 进行读、写、擦操作。如下测试代码为读取 SPI Flash（W25QXX 系列）设备 ID 的代码：

```
#include <rtthread.h>
#include <rtdevice.h>

#define W25Q_SPI_DEVICE_NAME        "spi10"

void spi_w25q_sample(void)
{
    struct rt_spi_device *spi_dev_w25q;
    rt_uint8_t w25x_read_id = 0x90;
    rt_uint8_t id[5] = {0};
```

```
    /* 查找 SPI 设备并获取设备句柄 */
    spi_dev_w25q = (struct rt_spi_device *)rt_device_find(W25Q_SPI_DEVICE_NAME);
    if (!spi_dev_w25q)
    {
        rt_kprintf("spi sample run failed! can't find %s device!\n", name);
    }
    else
    {
        /* 使用 rt_spi_send_then_recv() 发送命令读取 ID */
        rt_spi_send_then_recv(spi_dev_w25q, &w25x_read_id, 1, id, 5);
        rt_kprintf("use rt_spi_send_then_recv() read w25q ID is:%x%x\n", id[3],
            id[4]);
    }
}
```

这段示例代码将会访问 spi10 从设备，调用 rt_spi_send_then_recv 接口向 SPI Flash 发送读取设备 ID 的命令，然后打印接收到的数据。如果程序正常运行，终端窗口中将会打印出 SPI Flash 的设备 ID。

5.3　QSPI 总线设备驱动开发

QSPI 总线设备驱动和 SPI 总线设备驱动开发步骤是类似的，主要任务就是创建一个 QSPI 总线设备，实现 QSPI 总线设备操作方法接口 struct rt_qspi_ops，然后注册 QSPI 总线设备。

5.3.1　创建 QSPI 总线设备

类似 SPI 的操作，对 QSPI 总线设备来说，在驱动开发时也需要先从 struct rt_spi_bus 结构中派生出新的 SPI 总线设备模型。STM32 的 QSPI 总线设备对象的相关代码如下所示：

```
struct stm32_qspi_bus
{
    QSPI_HandleTypeDef QSPI_Handler;        /* STM32 QSPI 控制块 */
    char *bus_name;                          /* STM32 QSPI 总线设备名称 */
#ifdef BSP_QSPI_USING_DMA
    DMA_HandleTypeDef hdma_quadspi;          /* DMA 控制块 */
#endif
};

struct rt_spi_bus _qspi_bus1;               /* QSPI 总线设备 */
struct stm32_qspi_bus _stm32_qspi_bus;      /* STM32 QSPI 设备私有数据对象 */
```

总线设备对象里面包含了 SPI 总线的基类设备 rt_spi_bus，也包含 STM32 设备驱动的一些私有数据，如 HAL 库提供的 QSPI 控制块、DMA 控制块以及一些其他私有数据。后面在实现 QSPI 操作方法时，将会使用到此 QSPI 总线设备。

5.3.2　实现 QSPI 总线设备的操作方法

QSPI 总线设备的操作方法和 SPI 总线设备相同，操作方法接口原型详见 5.2.2 节，下面将介绍在 QSPI 模式下如何实现 configure 和 xfer 两个操作方法。

1. configure：配置 QSPI 总线

操作方法 configure 已介绍过了，不再赘述。这里只讲解 QSPI 设备如何实现该 configure 方法。在 QSPI 设备驱动实现的 configure 中，需要完成对 QSPI 总线设备的配置，如果设备支持 DMA 模式，也包括对 DMA 模式的配置。

来看一个 STM32 上 QSPI configure 方法的代码示例。STM32 的 QSPI 总线设备驱动封装了 QSPI 的配置函数 stm32_qspi_init，完成了 QSPI 总线设备模式的配置，并调用 HAL 库提供的 QSPI 的配置 API 完成了 STM32 QSPI 的配置。同时，如果驱动开启了 DMA 的支持，这里也会对 DMA 进行相应的初始化，包括中断和时钟的配置，最后调用 HAL 库提供的 DMA 的配置 API 完成了 QSPI DMA 的配置。

```
static rt_err_t qspi_configure(struct rt_spi_device *device, struct rt_spi_
    configuration *configuration)
{
    RT_ASSERT(device != RT_NULL);
    RT_ASSERT(configuration != RT_NULL);

    struct rt_qspi_device *qspi_device = (struct rt_qspi_device *)device;
    return stm32_qspi_init(qspi_device, &qspi_device->config);
}

static int stm32_qspi_init(struct rt_qspi_device *device, struct rt_qspi_
    configuration *qspi_cfg)
{
    int result = RT_EOK;
    unsigned int i = 1;

    RT_ASSERT(device != RT_NULL);
    RT_ASSERT(qspi_cfg != RT_NULL);

    struct rt_spi_configuration *cfg = &qspi_cfg->parent;
    struct stm32_qspi_bus *qspi_bus = device->parent.bus->parent.user_data;
    rt_memset(&qspi_bus->QSPI_Handler, 0, sizeof(qspi_bus->QSPI_Handler));
    ...
    /* 配置 QSPI 模式 */
    if (!(cfg->mode & RT_SPI_CPOL))
    {
        /* QSPI MODE0 */
        qspi_bus->QSPI_Handler.Init.ClockMode = QSPI_CLOCK_MODE_0;
    }
    ...

    /* Flash 大小 */
    qspi_bus->QSPI_Handler.Init.FlashSize = POSITION_VAL(qspi_cfg->medium_size)
        - 1;
    /* 初始化 QSPI 总线控制器 */
    result = HAL_QSPI_Init(&qspi_bus->QSPI_Handler);
```

```
    ...
#ifdef BSP_QSPI_USING_DMA
    /* DMA 模式下的相关中断配置 */
    HAL_NVIC_SetPriority(QSPI_IRQn, 0, 0);
    HAL_NVIC_EnableIRQ(QSPI_IRQn);
    HAL_NVIC_SetPriority(QSPI_DMA_IRQ, 0, 0);
    HAL_NVIC_EnableIRQ(QSPI_DMA_IRQ);

    /* 初始化 DMA 时钟 */
    if(QSPI_DMA_RCC  == RCC_AHB1ENR_DMA1EN)
    {
        __HAL_RCC_DMA1_CLK_ENABLE();
    }
    else
    {
        __HAL_RCC_DMA2_CLK_ENABLE();
    }
    /* 初始化 DMA */
    if (HAL_DMA_Init(&qspi_bus->hdma_quadspi) != HAL_OK)
    {
        LOG_E("qspi dma init failed (%d)!", result);
    }

    __HAL_LINKDMA(&qspi_bus->QSPI_Handler, hdma, qspi_bus->hdma_quadspi);
#endif /* BSP_QSPI_USING_DMA */

    return result;
}
```

2. xfer：传输数据

这里的 xfer 方法原型以及参数和 5.2.2 节一样，入参是 SPI 设备句柄和消息参数 message，用于返回数据长度。其中，message 包含诸多信息，如发送数据缓冲区 recv_buf、接收数据缓冲区 recv_buf、数据长度 length 等。

我们看一个在 STM32 上实现的 QSPI xfer 方法的示例。在 QSPI 设备驱动实现的 xfer 方法中，包含了对软件 CS 引脚的处理：首先完成片选拉低，准备数据传输，然后传输数据参数 message，再释放片选即可。如果不是软件 CS 引脚，则无须对 CS 引脚进行处理，只需要发送数据即可。

需要注意的是，在传输时需要将 rt_spi_message 转换为 rt_qspi_message，然后进行发送。

```
static rt_uint32_t qspixfer(struct rt_spi_device *device, struct rt_spi_message
    *message)
{
    rt_size_t len = 0;

    RT_ASSERT(device != RT_NULL);
    RT_ASSERT(device->bus != RT_NULL);

    /* 将 rt_spi_message 转换为 rt_qspi_message，发送数据时使用 */
    struct rt_qspi_message *qspi_message = (struct rt_qspi_message *)message;
    struct stm32_qspi_bus *qspi_bus = device->bus->parent.user_data;
```

```c
    struct stm32_hw_spi_cs *cs = device->parent.user_data; /* 仅软件 CS 使用 */

    const rt_uint8_t *sndb = message->send_buf;
    rt_uint8_t *rcvb = message->recv_buf;
    rt_int32_t length = message->length;

    if (message->cs_take) /* 仅软件 CS 使用 */
    {
        /* 拉低引脚 */
        rt_pin_write(cs->pin, 0);
    }

    /* 发送数据 */
    if (sndb)
    {
        qspi_send_cmd(qspi_bus, qspi_message);
        if (qspi_message->parent.length != 0)
        {
            if (HAL_QSPI_Transmit(&qspi_bus->QSPI_Handler, (rt_uint8_t *)sndb,
                5000) == HAL_OK)
            {
                len = length;
            }
            ...
        }
        ...
    }
    else if (rcvb) /* 接收数据 */
    {
        qspi_send_cmd(qspi_bus, qspi_message);
#ifdef BSP_QSPI_USING_DMA
        /* 以 DMA 模式接收数据 */
        if (HAL_QSPI_Receive_DMA(&qspi_bus->QSPI_Handler, rcvb) == HAL_OK)
#else
        if (HAL_QSPI_Receive(&qspi_bus->QSPI_Handler, rcvb, 5000) == HAL_OK)
#endif
        {
            len = length;
#ifdef BSP_QSPI_USING_DMA
            while (qspi_bus->QSPI_Handler.RxXferCount != 0);
#endif
        }
        ...
    }

__exit:
    if (message->cs_release) /* 仅软件 CS 使用 */
    {
        /* 拉高片选 */
        rt_pin_write(cs->pin, 1);
    }
    return len;
}
```

5.3.3　注册 QSPI 总线设备

注册 QSPI 总线设备到操作系统的接口如下所示。

```
rt_err_t rt_qspi_bus_register(struct rt_spi_bus     *bus,
                const char             *name,
                const struct rt_spi_ops *ops);
```

rt_qspi_bus_register 接口的参数及返回值如表 5-5 所示。

在注册 QSPI 总线设备之前，还需要根据 struct rt_spi_ops 的定义创建一个全局的 ops 结构体变量 stm_qspi_ops。stm_qspi_ops 将在初始化时通过注册接口中的 ops 参数添加到 QSPI 总线设备基类结构中。在 STM32 中注册 QSPI 总线设备的代码如下所示。

表 5-5　rt_qspi_bus_register 接口的参数及返回值

参数	描述	返回值
bus	SPI 总线设备句柄	❑ RT_EOK：成功 ❑ −RT_ERROR：失败
name	SPI 总线设备名称	
ops	SPI 总线设备的操作方法	

```
/* 保存 QSPI 总线设备的操作方法的函数指针 */
static const struct rt_spi_ops stm32_qspi_ops =
{
    .configure = qspi_configure,
    .xfer = qspixfer,
};

struct stm32_qspi_bus _stm32_qspi_bus;
static int rt_hw_qspi_bus_init(void)
{
    return stm32_qspi_register_bus(&_stm32_qspi_bus, "qspi1");
}
INIT_BOARD_EXPORT(rt_hw_qspi_bus_init);

struct rt_spi_bus _qspi_bus1;
static int stm32_qspi_register_bus(struct stm32_qspi_bus *qspi_bus, const char
    *name)
{
    RT_ASSERT(qspi_bus != RT_NULL);
    RT_ASSERT(name != RT_NULL);

    _qspi_bus1.parent.user_data = qspi_bus;
    return rt_qspi_bus_register(&_qspi_bus1, name, &stm32_qspi_ops);
}
```

5.3.4　实现挂载 QSPI 从设备功能

为了方便开发者的使用，QSPI 一般也需要实现一个挂载 QSPI 从设备功能的 API。挂载 QSPI 从设备的接口名是自定义的，参考命名为 xxx_qspi_device_attach。

在实现此接口时，首先需要在 xxx_qspi_device_attach 中完成 CS 引脚的初始化，然后定义一个 QSPI 从设备（struct rt_qspi_device），接着对 QSPI 的成员进行初始化（如将进入 QSPI 模式和退出 QSPI 模式的函数赋值到对应的成员中），最后调用 SPI 总线设备驱动框架中的 rt_spi_bus_attach_device 进行设备挂载。

xxx_qspi_device_attach 接口请读者自行实现，可参考表 5-6 所示参数，返回值类型为 rt_err_t。

表 5-6 xxx_qspi_device_attach 接口的参数及返回值

参数	描述	返回值
const char *bus_name	QSPI 总线名称	
const char *device_name	QSPI 从设备名称	
pin	QSPI 从设备 CS 引脚编号，若是使用普通 I/O 模拟 CS 引脚，则使用 rt_pin_xx 进行初始化并设置初始值	□ RT_EOK：成功 □ 其他错误码：失败
data_line_width	设置 QSPI 数据宽度，例如 1、2、4 等	
enter_qspi_mode	进入 QSPI 模式的函数	
exit_qspi_mode	退出 QSPI 模式的函数	

以下是在 STM32 中实现的，我们将一个 QSPI 从设备挂载到总线的接口：

```
rt_err_t stm32_qspi_bus_attach_device(const char *bus_name,
                    const char *device_name,
                    rt_uint32_t pin,
                    rt_uint8_t data_line_width,
                    void (*enter_qspi_mode)(),
                    void (*exit_qspi_mode)())
```

在 STM32 中挂载 QSPI 从设备的接口实现如下所示。首先初始化 CS 引脚，然后定义一个 QSPI 从设备（qspi_device），接着将进入 QSPI 模式和退出 QSPI 模式的函数赋值到 qspi_device 对应的成员中，最后调用 rt_spi_bus_attach_device 进行从设备挂载。

```
rt_err_t stm32_qspi_bus_attach_device(const char *bus_name, const char *device_
    name, rt_uint32_t pin, rt_uint8_t data_line_width, void (*enter_qspi_mode)(),
    void (*exit_qspi_mode)())
{
    struct rt_qspi_device *qspi_device = RT_NULL;
    struct stm32_hw_spi_cs *cs_pin = RT_NULL;
    rt_err_t result = RT_EOK;
    ...
    qspi_device = (struct rt_qspi_device *)rt_malloc(sizeof(struct rt_qspi_
        device));
    ...
    cs_pin = (struct stm32_hw_spi_cs *)rt_malloc(sizeof(struct stm32_hw_spi_
        cs));
    ...

    qspi_device->enter_qspi_mode = enter_qspi_mode;
    qspi_device->exit_qspi_mode = exit_qspi_mode;
    qspi_device->config.qspi_dl_width = data_line_width;

    cs_pin->pin = pin;
#ifdef BSP_QSPI_USING_SOFTCS
    rt_pin_mode(pin, PIN_MODE_OUTPUT);
    rt_pin_write(pin, 1);
```

```
#endif

    result = rt_spi_bus_attach_device(&qspi_device->parent, device_name, bus_
        name, (void *)cs_pin);

__exit:
...
    return  result;
}
```

5.3.5　QSPI 总线设备驱动配置

下面介绍 QSPI 总线设备驱动配置细节。

1. Kconfig 配置

下面参考 bsp/stm32/stm32l475-atk-pandora/board/Kconfig 文件，对 QSPI 总线设备驱动进行相关配置，如下所示。

```
config BSP_USING_QSPI
    bool "Enable QSPI BUS"
    select RT_USING_QSPI
    select RT_USING_SPI
    default n

config BSP_QSPI_USING_DMA
    bool "Enable QSPI DMA support"
    default n
```

我们来看一下此配置文件中一些关键字段的意义。

❏ BSP_USING_QSPI：QSPI 总线设备驱动代码对应的宏定义，该宏控制 QSPI 总线设备驱动相关代码是否会添加到工程中。

❏ RT_USING_QSPI：QSPI 总线设备驱动框架代码对应的宏定义，该宏控制 QSPI 总线设备驱动框架的相关代码是否会添加到工程中。注意，QSPI 的功能也依赖 SPI，所以需要同时将宏 RT_USING_SPI 选中，确保将 QSPI 依赖的相关驱动框架以及驱动添加到工程中。

❏ BSP_QSPI_USING_DMA：QSPI 总线设备 DMA 功能对应宏定义。

2. SConscript 配置

HAL_Drivers/SConscript 文件为 QSPI 总线设备驱动添加了判断选项，代码如下所示。这是一段 Python 代码，表示如果定义了宏 RT_USING_QSPI，则 drv_qspi.c 会被添加到工程的源文件中。

```
if  GetDepend('RT_USING_QSPI'):
    src += ['drv_qspi.c']
```

5.3.6　驱动验证

QSPI 驱动验证方法类似 SPI 总线设备驱动验证方法。如果有 QSPI Flash，则可以借助

QSPI Flash 验证 QSPI 总线设备驱动能否正常工作。首先注册 QSPI 总线设备驱动，然后根据 QSPI Flash 对应的 CS 引脚挂载一个 QSPI 从设备。然后就可以使用 QSPI 总线设备提供的统一 API 对 QSPI Flash 进行读、写、擦操作了。

5.4　本章小结

本章讲解了 SPI 总线设备与 QSPI 总线设备的驱动开发方法，阅读完本章内容之后，读者应当具备开发 SPI 与 QSPI 总线设备驱动的能力。

第 6 章
HWTIMER 设备驱动开发

HWTIMER（Hardware Timer，硬件定时器）设备及其驱动框架是 RT-Thread 基于 MCU 的定时器功能抽象而来的，用来满足开发者对高精度定时的需求。定时器是嵌入式开发中常用的功能，很多周期性的任务都需要借助定时器功能来实现，如定时关机、定时开关灯、定时备份数据等。

RT-Thread 将定时器分为硬件定时器与软件定时器，硬件定时器就是本章介绍的 HWTIMER，是和硬件 MCU 定时器一一绑定的，其可用的定时器数量受限于硬件 MCU 本身定时器的数量，一般在 3 ～ 15 个。RT-Thread 提供了软件定时器，软件定时器没有数量限制，只受限于 MCU 内存资源，但是软件定时器的精度会比硬件定时器低一些。开发者在使用过程中可以根据业务需要选择合适的定时器机制。

本章将带领读者了解 RT-Thread 上 HWTIMER 设备驱动的开发，主要工作就是将硬件 MCU 的定时器外设功能对接到设备框架。本章将讲解 HWTIMER 设备驱动的开发方法，包括如何实现 HWTIMER 设备的操作方法、设备的注册，以及驱动配置和驱动验证。

6.1　HWTIMER 层级结构

HWTIMER 设备驱动框架的层级结构如图 6-1 所示。

1）应用层主要是开发者需要编写的应用代码，这些应用代码通过调用 I/O 设备管理层提供的统一接口进行定时器的读写、控制操作，实现特定的业务功能。比如定时采集传感器数据、定时控制 LED 闪烁等。

2）I/O 设备管理层向应用层提供 rt_device_read、rt_device_write 等标准接口，应用层可以通过这些标准接口访问 HWTIMER 设备。I/O 设备管理层进而调用 HWTIMER 设备驱动框架层提供的接口，完成对应的操作。

3）HWTIMER 设备驱动框架层是一层通用的软件抽象层，驱动框架与具体的硬件平台无关。HWTIMER 设备驱动框架源码为 hwtimer.c，位于 RT-Thread 源码的

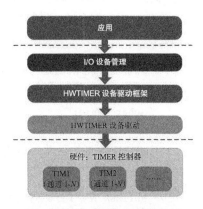

图 6-1　HWTIMER 层级结构图

components\drivers\hwtimer 文件夹中。HWTIMER 设备驱动框架提供了以下功能。

① 向 I/O 设备管理层提供统一的接口供其调用。

② HWTIMER 设备驱动框架向 HWTIMER 设备驱动层提供 HWTIMER 设备操作方法 struct rt_hwtimer_ops，包括 init、start、stop、count_get、control。驱动开发者需要实现这些方法。

③ 提供注册管理接口 rt_device_hwtimer_register，驱动开发者需要在注册设备时调用此接口。

4）HWTIMER 设备驱动层是针对具体的 MCU 硬件开发的驱动，以完成框架规定的操作。HWTIMER 设备驱动源码放置在具体的 bsp 目录下，一般命名为 drv_hwtimer.c。HWTIMER 设备驱动需要实现 HWTIMER 设备的操作方法 struct rt_hwtimer_ops，这些操作方法提供了访问和控制 MCU 定时器硬件的能力。该驱动也负责调用 rt_device_hwtimer_register 函数将 HWTIMER 设备注册到操作系统。

5）最下面一层就是具体的硬件了，主要是不同 MCU 上具体的 TIMER 控制器，不同的芯片厂商提供的库并不完全一样，会有细微差别，这些差别并不会影响驱动的对接。

HWTIMER 驱动开发的主要任务就是实现 HWTIMER 设备操作方法 rt_hwtimer_ops，然后注册 HWTIMER 设备。本章将会以 STM32 的 HWTIMER 设备驱动为例讲解 HWTIMER 驱动的具体实现。

6.2 创建 HWTIMER 设备

对 HWTIMER 设备来说，在驱动开发时需要先从 struct rt_hwtimer_device 结构中派生出新的 HWTIMER 设备模型，然后根据自己的设备类型定义私有数据域。特别是在可能有多个类似设备（例如 TIM1、TIM2）的情况下，操作方法可以共用，不同的只是各自的数据域（例如寄存器基地址）。

我们看一下 STM32 中 HWTIMER 设备的创建方法。STM32 的 HWTIMER 设备模型从 struct rt_hwtimer_device 进行派生，并增加了私有数据。部分代码如下所示：

```
struct stm32_hwtimer
{
    struct rt_hwtimer_device time_device; /* HWTIMER 设备基类 */
    TIM_HandleTypeDef tim_handle;         /* STM32 定时器控制句柄 */
    IRQn_Type tim_irqn;                   /* STM32 定时器中断类型 */
    char *name;                           /* STM32 定时器名称 */
};
```

HWTIMER 设备驱动根据此类型定义 HWTIMER 设备对象并初始化相关变量。一般 MCU 都支持多个 HWTIMER，HWTIMER 驱动也可以支持多个 HWTIMER 设备。

```
/* HWTIMER 设备 1 的名称和寄存器地址 */
#define TIM1_CONFIG                              \
    {                                            \
```

```
        .tim_handle.Instance    = TIM1,       \
        .tim_irqn               = TIM1_IRQn,   \
        .name                   = "timer1",    \
    }
...

static struct stm32_hwtimer stm32_hwtimer_obj[] =
{
#ifdef BSP_USING_TIM1
    TIM1_CONFIG,
#endif

#ifdef BSP_USING_TIM2
    TIM2_CONFIG,
#endif
...
};
```

注意：这里并未初始化 stm32_hwtimer_obj 对象的所有字段，剩余字段会在后续的开发过程中进行赋值。

6.3　实现 HWTIMER 设备的操作方法

HWTIMER 设备操作方法（即 HWTIMER 设备框架）是对 MCU 定时器基本功能的抽象。HWTIMER 设备的操作方法定义在 HWTIMER 设备框架中，其结构体原型如下所示：

```
struct rt_hwtimer_ops
{
    void (*init)(struct rt_hwtimer_device *timer, rt_uint32_t state);
    rt_err_t (*start)(struct rt_hwtimer_device *timer, rt_uint32_t cnt, rt_
        hwtimer_mode_t mode);
    void (*stop)(struct rt_hwtimer_device *timer);
    rt_uint32_t (*count_get)(struct rt_hwtimer_device *timer);
    rt_err_t (*control)(struct rt_hwtimer_device *timer, rt_uint32_t cmd, void
        *args);
};
```

这些方法的具体实现方式及参数的意义会在后面详细介绍。

6.3.1　init：初始化设备

操作方法 init 用于初始化 HWTIMER 设备，其原型如下所示：

```
void (*init)(struct rt_hwtimer_device *timer, rt_uint32_t state);
```

init 方法的参数如表 6-1 所示。

表 6-1　init 方法的参数

参数	描述
timer	rt_hwtimer_device 结构体的指针
state	值为 1：表示执行初始化操作；值为 0：表示执行反初始化操作

来看一个示例，STM32 HWTIMER 设备驱动初始化接口的部分代码如下所示。硬件定时器初始化函数通过入参 state 可以同时实现初始化和反初始化操作：当 state 为 1 时表示初始化该设备，将 timer 配置参数赋值给 STM32 HWTIMER 的句柄，然后对 HWTIMER 进行初始化操作；当 state 为 0 时表示进行硬件的反初始化操作，这部分是非必需的。

```c
static void timer_init(struct rt_hwtimer_device *timer, rt_uint32_t state)
{
    uint32_t prescaler_value = 0;
    TIM_HandleTypeDef *tim = RT_NULL;
    struct stm32_hwtimer *tim_device = RT_NULL;

    RT_ASSERT(timer != RT_NULL);
    if (state)
    {
        tim = (TIM_HandleTypeDef *)timer->parent.user_data;
        tim_device = (struct stm32_hwtimer *)timer;

        /* 定时器初始化 */
        prescaler_value = (uint32_t)(HAL_RCC_GetPCLK1Freq() * 2 / 10000) - 1;

        tim->Init.Period          = 10000 - 1;
        tim->Init.Prescaler       = prescaler_value;
        tim->Init.ClockDivision   = TIM_CLOCKDIVISION_DIV1;
        /* 定时器计数模式 */
        if (timer->info->cntmode == HWTIMER_CNTMODE_UP)
        {
            tim->Init.CounterMode   = TIM_COUNTERMODE_UP;
        }
        else
        {
            tim->Init.CounterMode   = TIM_COUNTERMODE_DOWN;
        }
        tim->Init.RepetitionCounter = 0;
#if defined(SOC_SERIES_STM32F1) || defined(SOC_SERIES_STM32L4) || defined(SOC_
    SERIES_STM32F0) || defined(SOC_SERIES_STM32G0)
        tim->Init.AutoReloadPreload = TIM_AUTORELOAD_PRELOAD_DISABLE;
#endif
        if (HAL_TIM_Base_Init(tim) != HAL_OK)
        {
            return;
        }
        else
        {
            /* 设置 TIMx 中断优先级 */
            HAL_NVIC_SetPriority(tim_device->tim_irqn, 3, 0);

            /* 使能 TIMx 中断 */
            HAL_NVIC_EnableIRQ(tim_device->tim_irqn);

            /* 清除 TIMx 更新标志 */
            __HAL_TIM_CLEAR_FLAG(tim, TIM_FLAG_UPDATE);
            /* 使能 TIMx 更新请求 */
```

```
            __HAL_TIM_URS_ENABLE(tim);
        }
    }
}
```

6.3.2　start：启动设备

操作方法 start 用于启动 HWTIMER 设备，其原型如下：

```
rt_err_t (*start)(struct rt_hwtimer_device *timer, rt_uint32_t cnt, rt_hwtimer_
    mode_t mode);
```

start 方法的参数与返回值如表 6-2 所示。

表 6-2　start 方法的参数与返回值

参数	描述	返回值
timer	rt_hwtimer_device 结构体的指针	☐ RT_EOK：成功
cnt	定时器自动重载值	☐ −RT_ERROR：失败
mode	定时器计数模式，支持单次定时和周期性定时	

需要注意的是，其中参数 mode 的取值有两种情况：单次定时模式（HWTIMER_MODE_ONESHOT）和周期性定时模式（HWTIMER_MODE_PERIOD）。需要在实现此方法的时候针对 mode 参数的取值分别处理。

我们来看一个 STM32 上启动 HWTIMER 的示例。STM32 HWTIMER 设备驱动启动接口的部分代码如下所示。代码先设置 HWTIMER 计数值、自动重载值等参数，然后调用 HAL 库提供的定时器启动函数来开启 HWTIMER。

```
static rt_err_t timer_start(struct rt_hwtimer_device *timer, rt_uint32_t t, rt_
    hwtimer_mode_t opmode)
{
    rt_err_t result = RT_EOK;
    TIM_HandleTypeDef *tim = RT_NULL;

    RT_ASSERT(timer != RT_NULL);

    tim = (TIM_HandleTypeDef *)timer->parent.user_data;

    /* 设置计数器值 */
    __HAL_TIM_SET_COUNTER(tim, 0);
    /* 设置自动重载值 */
    __HAL_TIM_SET_AUTORELOAD(tim, t - 1);

    if (opmode == HWTIMER_MODE_ONESHOT)
    {
        /* 设置定时器为单次计数模式 */
        tim->Instance->CR1 |= TIM_OPMODE_SINGLE;
    }
    else
    {
        tim->Instance->CR1 &= (~TIM_OPMODE_SINGLE);
```

```
}

/* 开启定时器 */
if (HAL_TIM_Base_Start_IT(tim) != HAL_OK)
{
    LOG_E("TIM start failed");
    result = -RT_ERROR;
}

return result;
}
```

6.3.3   stop：停止设备

操作方法 stop 的作用是停止 HWTIMER 设备，其原型如下：

```
void (*stop)(struct rt_hwtimer_device *timer);
```

stop 方法的参数如表 6-3 所示。

我们来看一个在 STM32 中停止 HWTIMER 的示例。stop 方法先从 timer 中获取硬件定时器的控制器句柄，然后调用 HAL 库函数操作定时器句柄来停止定时器。

表 6-3   stop 方法的参数

参数	描述
timer	rt_hwtimer_device 结构体的指针

```
static void timer_stop(struct rt_hwtimer_device *timer)
{
    TIM_HandleTypeDef *tim = RT_NULL;

    RT_ASSERT(timer != RT_NULL);
    /* 获取硬件定时器的控制器句柄 */
    tim = (TIM_HandleTypeDef *)timer->parent.user_data;

    /* 停止定时器 */
    HAL_TIM_Base_Stop_IT(tim);

    /* 设置计数器值 */
    __HAL_TIM_SET_COUNTER(tim, 0);
}
```

6.3.4   count_get：获取设备当前值

操作方法 count_get 的作用是获取 HWTIMER 设备的当前值，其原型如下所示：

```
rt_uint32_t (*count_get)(struct rt_hwtimer_device *timer);
```

count_get 方法的参数及返回值如表 6-4 所示。

表 6-4   count_get 方法的参数及返回值

参数	描述	返回值
timer	rt_hwtimer_device 结构体的指针	❏ 返回定时器计数值，表示成功

我们来看一个在 STM32 上获取设备当前计数值的示例，counter_get 方法先从 timer 中获取硬件定时器的控制器句柄，然后从控制器句柄中可以直接获得定时器当前的计数值。

```
static rt_uint32_t timer_counter_get(struct rt_hwtimer_device *timer)
{
    TIM_HandleTypeDef *tim = RT_NULL;

    RT_ASSERT(timer != RT_NULL);

    tim = (TIM_HandleTypeDef *)timer->parent.user_data;

    return tim->Instance->CNT;
}
```

6.3.5　control：控制设备

操作方法 control 的作用是控制 HWTIMER 设备，其原型如下所示：

```
rt_err_t (*control)(struct rt_hwtimer_device *timer, rt_uint32_t cmd, void
    *args);
```

control 方法的参数及返回值如表 6-5 所示。

表 6-5　control 方法的参数及返回值

参数	描述	返回值
timer	rt_hwtimer_device 结构体的指针	❑ RT_EOK：成功
cmd	命令控制字	❑ −RT_ENOSYS：失败
arg	控制的参数	

定时器的控制依靠 control 方法实现，该方法通过判断传入的命令字，然后执行不同的操作，cmd 目前支持以下命令字：

```
HWTIMER_CTRL_FREQ_SET = 0x01,    /* 设定计数的频率 */
HWTIMER_CTRL_STOP,               /* 停止定时器 */
HWTIMER_CTRL_INFO_GET,           /* 获取定时器的特性信息 */
HWTIMER_CTRL_MODE_SET            /* 设定定时模式：单次定时或周期性定时 */
```

在上述这些命令字中，只有 HWTIMER_CTRL_FREQ_SET 需要在驱动中处理，其他的命令字均由 HWTIMER 设备驱动框架处理。我们看一个在 STM32 上控制定时器设备的示例，在此方法内检测参数 cmd，进而设定定时器的计数频率。部分代码如下所示：

```
static rt_err_t timer_ctrl(struct rt_hwtimer_device *timer, rt_uint32_t cmd,
    void *arg)
{
    TIM_HandleTypeDef *tim = RT_NULL;
    rt_err_t result = RT_EOK;

    RT_ASSERT(timer != RT_NULL);
    RT_ASSERT(arg != RT_NULL);
```

```
    tim = (TIM_HandleTypeDef *)timer->parent.user_data;

    switch (cmd)
    {
    /* 设置定时器频率 */
    case HWTIMER_CTRL_FREQ_SET:
    {
        rt_uint32_t freq;
        rt_uint16_t val;
        /* 获取频率值 */
        freq = *((rt_uint32_t *)arg);

#if defined(SOC_SERIES_STM32L4)
        if (tim->Instance == TIM15 || tim->Instance == TIM16 || tim->Instance ==
            TIM17)
    val = HAL_RCC_GetPCLK2Freq() / freq;
#elif defined(...)
...
#endif

        __HAL_TIM_SET_PRESCALER(tim, val - 1);

        /* 更新定时器频率 */
        tim->Instance->EGR |= TIM_EVENTSOURCE_UPDATE;
    }
    break;
    default:
    {
        result = -RT_ENOSYS;
    }
    break;
    }

    return result;
}
```

6.4 注册 HWTIMER 设备

注册 HWTIMER 设备时需要提供设备句柄 timer、设备名称 name 等作为入参。HWTIMER 设备框架提供的注册接口如下所示：

```
rt_err_t rt_device_hwtimer_register(struct rt_hwtimer_device *timer, const char
    *name, void *user_data);
```

rt_device_hwtimer_register 接口的参数及返回值如表 6-6 所示。

表 6-6 rt_device_hwtimer_register 接口的参数及返回值

参数	描述	返回值
timer	rt_hwtimer_device 结构体的指针	❑ RT_EOK：成功
name	HWTIMER 设备名称	❑ −RT_ERROR：失败
user_data	私有数据域	

在注册 HWTIMER 设备之前，需要根据 struct rt_hwtimer_ops 的定义创建一个全局的 ops 结构体变量 _ops。在注册 HWTIMER 设备时，_ops 将为 HWTIMER 设备的 ops 参数赋值。在 STM32 中注册设备的具体代码如下所示。

```
static const struct rt_hwtimer_ops _ops =
{
    .init = timer_init,
    .start = timer_start,
    .stop = timer_stop,
    .count_get = timer_counter_get,
    .control = timer_ctrl,
};
static int stm32_hwtimer_init(void)
{
    int i = 0;
    int result = RT_EOK;

    for (i = 0; i < sizeof(stm32_hwtimer_obj) / sizeof(stm32_hwtimer_obj[0]);
        i++)
    {
        stm32_hwtimer_obj[i].time_device.info = &_info;
        stm32_hwtimer_obj[i].time_device.ops = &_ops;
        if (rt_device_hwtimer_register(&stm32_hwtimer_obj[i].time_device, stm32_
            hwtimer_obj[i].name, &stm32_hwtimer_obj[i].tim_handle) == RT_EOK)
        {
            LOG_D("%s register success", stm32_hwtimer_obj[i].name);
        }
        else
        {
            LOG_E("%s register failed", stm32_hwtimer_obj[i].name);
            result = -RT_ERROR;
        }
    }
    return result;
}
INIT_BOARD_EXPORT(stm32_hwtimer_init);
```

在示例代码中，为 HWTIMER 设备 info 参数赋值的结构体 _info 定义了硬件定时器的特性信息，如计数的最大频率、最小频率、最大计数值以及计数方向。其原型如下所示：

```
struct rt_hwtimer_info
{
    rt_int32_t maxfreq;      /* 定时器支持的计数最大频率 */
    rt_int32_t minfreq;      /* 定时器支持的计数最小频率 */
    rt_uint32_t maxcnt;      /* 最大计数值 */
    rt_uint8_t  cntmode;     /* 计数方向（递增或者递减）*/
};
```

在设备注册时，需要注意 struct rt_hwtimer_info 结构体的实现。

6.5　HWTIMER 设备中断处理

HWTIMER 设备驱动需要将定时时间导致的中断事件通知到 HWTIMER 设备驱动

框架，让驱动框架完成后续的处理并通知应用层。HWTIMER 设备中断处理需要使用 HWTIMER 设备驱动库的中断处理函数调用 rt_device_hwtimer_isr 函数（由 HWTIMER 设备驱动框架提供），从而通知 HWTIMER 设备驱动框架对应中断的发生。rt_device_hwtimer_isr 中断函数原型如下所示：

```
void rt_device_hwtimer_isr(rt_hwtimer_t *timer);
```

rt_device_hwtimer_isr 函数仅有一个入参，代表到达设定定时时间的定时器的句柄。下面我们看一下 STM32 对 HWTIMER 设备的中断处理。这里需要注意的是，在中断前后要分别加上 rt_interrupt_enter 和 rt_interrupt_leave 这两个函数。代码如下所示：

```
void TIM2_IRQHandler(void)
{
    /* 进入中断 */
    rt_interrupt_enter();

    HAL_TIM_IRQHandler(&stm32_hwtimer_obj[TIM2_INDEX].tim_handle);

    /* 离开中断 */
    rt_interrupt_leave();
}
...
void HAL_TIM_PeriodElapsedCallback(TIM_HandleTypeDef *htim)
{
#ifdef BSP_USING_TIM2
    if (htim->Instance == TIM2)
    {
        rt_device_hwtimer_isr(&stm32_hwtimer_obj[TIM2_INDEX].time_device);
    }
#endif
#ifdef BSP_USING_TIM3
    ...
#endif
...
}
```

在示例代码中可以看到，STM32 实现的 HWTIMER 设备驱动接管了定时器的中断回调函数 TIM2_IRQHandler，然后在中断回调函数内部调用了 HAL 库提供的中断处理回调函数 HAL_TIM_IRQHandler。这样 HAL 库就会判断并处理定时器中断，在定时器时间到达时调用 HAL_TIM_PeriodElapsedCallback，进而调用 RT-Thread HWTIMER 设备驱动框架提供的中断处理函数，通知设备框架相应的定时器定时时间到达了。

6.6　驱动配置

下面介绍驱动配置细节。

1. Kconfig 配置

下面参考 bsp/stm32/stm32f407-atk-explorer/board/Kconfig 文件配置 HWTIMER 驱动的

相关选项，如下所示：

```
menuconfig BSP_USING_TIM
    bool "Enable timer"
    default n
    select RT_USING_HWTIMER
    if BSP_USING_TIM
        config BSP_USING_TIM11
            bool "Enable TIM11"
            default n
    endif
```

我们来看看一些关键字段的意义。

❑ RT_USING_HWTIMER：HWTIMER 设备驱动框架代码对应的宏定义，这个宏控制 HWTIMER 驱动框架的相关代码是否会添加到工程中。

❑ BSP_USING_TIM：HWTIMER 设备驱动代码对应的宏定义，这个宏控制 HWTIMER 驱动相关代码是否会添加到工程中。

❑ BSP_USING_TIM11：使用定时器 11。

2. SConscript 配置

HAL_Drivers/SConscript 文件为 HWTIMER 驱动添加了判断选项，代码如下所示，这是一段 Python 代码，表示如果定义了宏 BSP_USING_HWTIMER，drv_hwtimer.c 会被添加到工程的源文件中。

```
if GetDepend(['BSP_USING_TIM']):
    src += ['drv_hwtimer.c']
```

6.7　驱动验证

注册设备之后，HWTIMER 设备将在 I/O 设备管理器中存在。运行代码，可以使用 list_device 命令查看到注册的设备已包含 HWTIMER 设备：

```
msh >list_device
device          type                 ref count
--------        --------------------  ----------
uart1     Character Device        2
timer13   Timer Device            0
```

读者可以参考官方文档中的"HWTIMER 设备"文档附带的示例进行测试。

6.8　本章小结

本章讲解了 HWTIMER 设备驱动开发的步骤：创建 HWTIMER 设备，实现设备的操作方法，最后对 HWTIMER 进行驱动配置与验证。开发者在看完本章内容之后应该具备了开发 HWTIMER 设备驱动的能力。

第 7 章
PWM 设备驱动开发

　　PWM（Pulse Width Modulation，脉冲宽度调制）是一种对模拟信号电平进行数字编码的方法。通过不同频率的脉冲方波，以及不同的占空比来对一个具体的模拟信号的电平进行编码，使输出端得到一系列幅值相等的脉冲，用这些脉冲来代替所需波形的设备。

　　在具体的芯片设计中，PWM 功能的实现一般与定时器绑定，借助定时器的计数功能和一个阈值配合达到控制占空比的效果。图 7-1 所示为一个简单的 PWM 原理示意图，假定定时器工作模式为向上计数，当计数值小于阈值时，则输出一种电平状态，比如高电平，当计数值大于阈值时则输出相反的电平状态，比如低电平。当计数值达到最大值时，计数器从 0 开始重新计数，又回到最初的电平状态。计数值从 0 增长到最大值的时间 $t2$，也就是输出脉冲方波的周期。高电平持续时间（脉冲宽度）和周期时间的比值就是占空比，范围为 $0 \sim 100\%$。图中高电平的持续时间刚好是周期时间的一半，我们占空比也就是 50%。我们通过控制定时器的最大值以及阈值就可以控制输出脉冲方波的频率和占空比了。

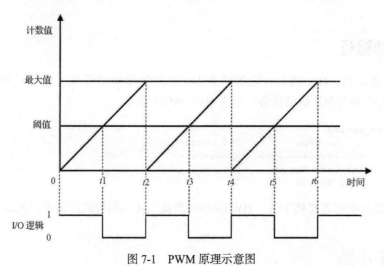

图 7-1　PWM 原理示意图

　　RT-Thread 为方便开发者使用 PWM，提供了 PWM 设备驱动框架，这是更便利的设备控制方式。市面上不同厂商的 PWM 设备都具有独特的使用特性，PWM 设备驱动框架针对常用的操作方式进行抽象，用于兼容不同厂商、不同平台的特性，以让开发者的应用程序具有更为广泛的通用性。

本章将讲解 PWM 设备驱动的开发，涵盖如何实现操作、注册 PWM 设备，以及其驱动配置和驱动验证。

7.1　PWM 层级结构

PWM 设备驱动框架在整个系统中的层级如图 7-2 所示。

下面结合 PWM 层次结构图进行分析。

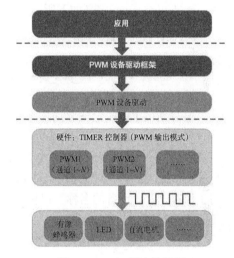

1）应用层主要是应用开发者编写的应用代码，处于 PWM 设备驱动框架之上，直接调用 PWM 设备驱动框架提供的统一接口实现业务逻辑，如驱动电机运转、实现呼吸灯效果等。

2）PWM 设备驱动框架层是一个通用的软件抽象层，驱动框架与具体的硬件平台不相关。PWM 设备驱动框架源码为 rt_drv_pwm.c，位于 components\drivers\misc 文件夹中。其向应用层提供 rt_pwm_enable、rt_pwm_disable、rt_pwm_set 接口，向 PWM 设备驱动提供 PWM 设备的操作方法 struct rt_pwm_ops，以及 PWM 设备的注册接口 rt_device_pwm_register，驱动开发者需要实现这些接口。

图 7-2　PWM 层次结构图

3）PWM 设备驱动层和具体的硬件平台相关。PWM 设备驱动源码位于具体的 bsp 目录下，一般命名为 drv_pwm.c。该层主要实现了 struct rt_pwm_ops 中定义的 PWM 设备操作接口，提供了访问和控制硬件 PWM 控制器的能力，并使用 rt_device_pwm_register 接口向 PWM 设备驱动框架注册 PWM 设备。

注意　在 RT-Thread 中，一般情况下 TIMER1 所对应的 PWM 设备会注册为 PWM1，与 TIMER 通道号对应，PWM1 CH1 对应 TIMER1 CH1，以此类推。特殊情况需特别处理，如华大 HC32F460 中有以 TimerA 命名的定时器，TimerA 中有 6 个单元，每个单元能输出 8 路 PWM，最多输出 48 路 PWM。

PWM 驱动开发的主要任务就是实现 PWM 设备操作方法 rt_pwm_ops，然后注册 PWM 设备。操作方法定义如下。在 PWM 设备驱动框架中定义的操作方法只有一个 control，会在 7.3 节详细介绍。

```
struct rt_pwm_ops
{
    rt_err_t (*control)(struct rt_device_pwm *device, int cmd, void *arg);
};
```

注意，驱动文件一般命名为 drv_pwm.c。本章将会以 STM32 的 PWM 设备驱动为例讲解 PWM 驱动的具体实现。

7.2　创建 PWM 设备

PWM 设备驱动框架定义了 PWM 设备基类结构 struct rt_device_pwm，它包含两个成员 parent 和 ops，parent 用于继承系统的设备基类对象，ops 则是需要实现的 PWM 设备操作方法。rt_device_pwm 定义如下所示：

```
struct rt_device_pwm
{
    struct rt_device parent;         /* device 基类 */
    const struct rt_pwm_ops *ops;   /* PWM 设备操作方法 */
};
```

编写新的 PWM 设备驱动需要基于 PWM 设备基类结构派生出新的 PWM 设备结构体，并且要符合 MCU 的芯片架构设计。以下是 STM32 的 PWM 设备结构体定义，其中包含 4 个成员变量：pwm_device 是 PWM 用于继承 PWM 设备驱动框架的基类对象；tim_handle 是 STM32 的 TIME 操作句柄；channel 是 PWM 设备对应硬件端口使用的通道编号；name 用于保存 PWM 设备的名称，以标识不同的 PWM 设备，方便应用层查找设备获取 PWM 设备的操作句柄。

```
struct stm32_pwm
{
    struct rt_device_pwm pwm_device;   /* PWM 设备基类 */
    TIM_HandleTypeDef    tim_handle;   /* TIME 句柄 */
    rt_uint8_t channel;                /* PWM 通道编号 */
    char *name;                        /* PWM 设备名称 */
};
```

因为一般芯片内部会包含多个具有 PWM 功能的外设，因此我们定义一个全局的 PWM 设备表来同时创建多个 PWM 设备，并为每个 PWM 设备添加默认配置。为简化代码，可以将各个设备的默认配置用宏定义表示：

```
static struct stm32_pwm stm32_pwm_obj[] =
{
#ifdef BSP_USING_PWM1
    PWM1_CONFIG,
#endif

#ifdef BSP_USING_PWM2
    PWM2_CONFIG,
#endif

...
};
```

具体的配置项根据 PWM 驱动中定义的 PWM 设备结构体来确定。PWM 设备的默认配置一般定义在单独的 config 头文件中。

```
#ifdef BSP_USING_PWM1
#ifndef PWM1_CONFIG
#define PWM1_CONFIG                       \
    {                                     \
        .tim_handle.Instance    = TIM1,   \
        .name                   = "pwm1", \
        .channel                = 0       \
    }
#endif /* PWM1_CONFIG */
#endif /* BSP_USING_PWM1 */

#ifdef BSP_USING_PWM2
#ifndef PWM2_CONFIG
#define PWM2_CONFIG                       \
    {                                     \
        .tim_handle.Instance    = TIM2,   \
        .name                   = "pwm2", \
        .channel                = 0       \
    }
#endif /* PWM2_CONFIG */
#endif /* BSP_USING_PWM2 */

...
```

7.3　实现 PWM 设备的操作方法

设备操作方法即 PWM 设备驱动框架层对 PWM 硬件的抽象，包含基本的功能操作。PWM 设备的操作方法定义在 PWM 设备驱动框架中，其结构体原型如下：

```
struct rt_pwm_ops
{
    rt_err_t (*control)(struct rt_device_pwm *device, int cmd, void *arg);
};
```

PWM 设备只有一个 control 方法，control 方法使用设备控制字 cmd 来区分操作。

操作方法 control 将根据 PWM 设备常见的操作方式实现对 PWM 设备的控制，包括设备的使能、关闭、设置参数、获取配置。应用对 PWM 设备的所有操作都会调用此接口。其原型如下所示：

```
rt_err_t (*control)(struct rt_device_pwm *device, int cmd, void *arg);
```

control 方法的参数及返回值如表 7-1 所示。

表 7-1　control 方法的参数及返回值

参数	描述	返回值
device	设备操作句柄，指向创建的 PWM 设备	❑ RT_EOK：成功
cmd	设备控制字，表示对设备的操作方式	❑ 其他错误码：失败
arg	设备驱动私有数据，根据 MCU 芯片架构自定义	

cmd 支持的操作方式类型如下所示。

```
#define PWM_CMD_ENABLE      (128 + 0)   /* 使能 PWM */
#define PWM_CMD_DISABLE     (128 + 1)   /* 关闭 PWM */
#define PWM_CMD_SET         (128 + 2)   /* 设置 PWM 数据，如频率 */
#define PWM_CMD_GET         (128 + 3)   /* 获取 PWM 数据，如频率 */
```

arg 是 PWM 设备的配置参数，对 PWM 设备操作时，需要传入的设置参数包括 PWM 设备的通道号、波形周期和脉冲宽度。脉冲宽度与脉冲周期的比值为 PWM 波形高电平占空比，即高电平占空比 =pulse / period。参数类型定义如下所示。

```
struct rt_pwm_configuration
{
    rt_uint32_t channel; /* PWM 通道: 0~n */
    rt_uint32_t period;  /* PWM 周期时间 ( 单位为 ns) */
    rt_uint32_t pulse;   /* PWM 脉冲宽度时间 ( 单位为 ns) */
};
```

下面是 STM32 中实现的操作方法，该方法通过 4 种设备控制字对 PWM 进行相应的操作，每种设备控制字对应一个操作函数。

```
static rt_err_t drv_pwm_control(struct rt_device_pwm *device, int cmd, void
    *arg)
{
    struct rt_pwm_configuration *configuration = (struct rt_pwm_configuration *)
        arg;
    TIM_HandleTypeDef *htim = (TIM_HandleTypeDef *)device->parent.user_data;

    switch (cmd)
    {
    case PWM_CMD_ENABLE:/* 开启 PWM 设备 */
        return drv_pwm_enable(htim, configuration, RT_TRUE);
    case PWM_CMD_DISABLE:/* 关闭 PWM 设备 */
        return drv_pwm_enable(htim, configuration, RT_FALSE);
    case PWM_CMD_SET:/* 设置 PWM 设备 */
        return drv_pwm_set(htim, configuration);
    case PWM_CMD_GET:/* 获取 PWM 设备配置 */
        return drv_pwm_get(htim, configuration);
    default:
        return -RT_EINVAL;
    }
}
```

开启和关闭 PWM 输出，需要实现的主要功能是根据传入的参数类型判断使能或禁止 PWM 输出。

```
static rt_err_t drv_pwm_enable(TIM_HandleTypeDef *htim, struct rt_pwm_
    configuration *configuration, rt_bool_t enable)
{
    /* 把 PWM 通道转换成对应的 HAL 库的 PWM 通道 */
    rt_uint32_t channel = 0x04 * (configuration->channel - 1);
    if (!enable)
    {
```

```
        /* 禁止 PWM 输出 */
        HAL_TIM_PWM_Stop(htim, channel);
    }
    else
    {
        /* 使能 PWM 输出 */
        HAL_TIM_PWM_Start(htim, channel);
    }
    return RT_EOK;
}
```

PWM 输出的周期和占空比等相关配置的更改也要调用厂商提供的库函数。PWM 驱动框架中的参数可能和芯片的参数定义不同，这里需要对照芯片手册确认参数配置是否需要进行转换。

```
static rt_err_t drv_pwm_set(TIM_HandleTypeDef *htim, struct rt_pwm_configuration
    *configuration)
{
    rt_uint32_t period, pulse;
    /* 把 PWM 通道转换成对应的 HAL 库的 PWM 通道 */
    rt_uint32_t channel = 0x04 * (configuration->channel - 1);
    /* 设置周期时间 */
    ...
    __HAL_TIM_SET_AUTORELOAD(htim, period - 1);
    /* 设置 PWM 脉冲宽度时间 */
    ...
    __HAL_TIM_SET_COMPARE(htim, channel, pulse - 1);
    /* 更新数据 */
    __HAL_TIM_SET_COUNTER(htim, 0);
    HAL_TIM_GenerateEvent(htim, TIM_EVENTSOURCE_UPDATE);
    return RT_EOK;
}
```

然后我们要获取 PWM 输出信息，主要是获取当前 PWM 通道的周期和占空比的配置信息。和设置接口相同，需要注意可能存在的参数转换问题。

```
static rt_err_t drv_pwm_get(TIM_HandleTypeDef *htim, struct rt_pwm_configuration
    *configuration)
{
    /* 把 PWM 通道转换成对应的 HAL 库的 PWM 通道 */
    rt_uint32_t channel = 0x04 * (configuration->channel - 1);
    rt_uint64_t tim_clock;
    ...
    /* 将 PWM 的时间单位设置为 ns */
    tim_clock /= 1000000UL;
    /* 获取 PWM 配置参数，转换单位为 ns */
    configuration->period = (__HAL_TIM_GET_AUTORELOAD(htim) + 1) * (htim-
        >Instance->PSC + 1) * 1000UL / tim_clock;
    configuration->pulse = (__HAL_TIM_GET_COMPARE(htim, channel) + 1) * (htim-
        >Instance->PSC + 1) * 1000UL / tim_clock;
    return RT_EOK;
}
```

7.4 注册 PWM 设备

PWM 设备的操作方法实现后需要使用注册函数将设备注册到操作系统，注册时需要提供设备句柄、设备名称、操作方法作为入参，注册接口如下所示：

```
rt_err_t rt_device_pwm_register(struct rt_device_pwm *device,
                    const char *name,
                    const struct rt_pwm_ops *ops,
                    const void *user_data)
```

rt_device_pwm_register 接口的参数及返回值如表 7-2 所示。

表 7-2 rt_device_pwm_register 接口的参数及返回值

参数	描述	返回值
device	PWM 设备句柄	❏ RT_EOK：成功 ❏ -RT_ERROR：失败
name	PWM 设备名称	
ops	PWM 设备操作方法句柄	
user_data	私有数据域，根据具体需求传入参数	

注册 PWM 设备之前，首先需要根据 struct rt_pwm_ops 的定义创建一个全局的 ops 结构体变量 drv_ops。drv_ops 将在初始化时通过注册接口中的 ops 参数，添加到 PWM 设备基类结构中。在 STM32 中注册设备的代码如下所示。

```
static struct rt_pwm_ops drv_ops =
{
    drv_pwm_control   /* control */
};
static int stm32_pwm_init(void)
{
    int i = 0;
    int result = RT_EOK;
    pwm_get_channel();

    for (i = 0; i < sizeof(stm32_pwm_obj) / sizeof(stm32_pwm_obj[0]); i++)
    {
        /* PWM 初始化 */
        if (stm32_hw_pwm_init(&stm32_pwm_obj[i]) != RT_EOK)
        {
            result = -RT_ERROR;
            goto __exit;
        }
        else
        {
            /* 注册 PWM 设备 */
            if (rt_device_pwm_register(rt_calloc(1, sizeof(struct rt_device_
                pwm)),
                                stm32_pwm_obj[i].name,
                                &drv_ops,
                                &stm32_pwm_obj[i].tim_handle) != RT_EOK)
            {
                result = -RT_ERROR;
```

```
            }
        }
    }
__exit:
    return result;
}
```

在使用注册函数时需要注意参数 user_data 的使用。在 STM32 中，user_data 为 PWM 设备结构体中的"timer 句柄"，这样就可以在 PWM 设备驱动中获取此"timer 句柄"。

7.5　驱动配置

驱动配置步骤如下所示。

1. Kconfig 配置

下面参考 bsp/stm32/stm32f411-st-nucleo/board/Kconfig 文件配置 PWM 驱动的相关选项，如下所示：

```
menuconfig BSP_USING_PWM
bool "Enable pwm"
default n
select RT_USING_PWM
if BSP_USING_PWM
menuconfig BSP_USING_PWM3
    bool "Enable timer3 output pwm"
    default n
    if BSP_USING_PWM3
        config BSP_USING_PWM3_CH1
            bool "Enable PWM3 channel1 (PA6)"
            default n
    endif
endif
```

我们来看一下此配置文件中一些关键字段的意义。

1）BSP_USING_PWM：打开 PWM 设备驱动，在配置中将此宏定义的 PWM 设备驱动代码添加到工程中。

2）RT_USING_PWM：打开 PWM 驱动框架，在配置中将此宏定义的 PWM 驱动框架代码添加到工程中。

3）BSP_USING_PWM3：打开 PWM3，在配置中将此宏定义的 PWM3 的相关代码添加到工程中。

4）BSP_USING_PWM3_CH1：打开 PWM3 的 1 通道。

如果选中以上配置，对应的宏定义将生成到 rtconfig.h 中，由整个工程使用。

2. SConscript 配置

Libraries/HAL_Drivers/SConscript 文件为 PWM 驱动添加了判断选项，代码如下所示。这是一段 Python 代码，表示如果定义了宏 RT_USING_PWM，PWM 设备驱动文件 drv_ pwm.c 将被添加到工程中。

```
if GetDepend(['RT_USING_PWM']):
    src += ['drv_pwm.c']
```

7.6 验证与使用

经过以上步骤，PWM 设备驱动已经制作完成，接下来还需进行验证来保证编写的驱动可以正常使用。下面介绍一种驱动验证的方法。

先来了解一下 PWM 设备注册及使用的工作流程，如图 7-3 所示。

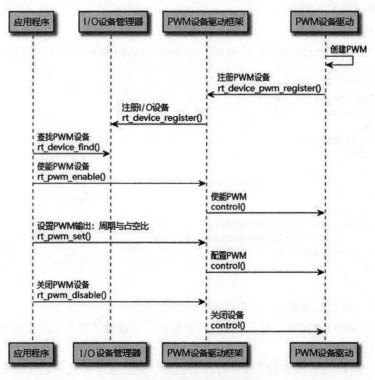

图 7-3　PWM 设备工作流程图

从 PWM 设备驱动开始，先在设备的初始化过程中创建 PWM 设备，接着调用 PWM 设备驱动框架的注册接口将 PWM 设备注册到 PWM 设备驱动框架，PWM 设备驱动框架会向系统中的 I/O 设备管理器注册基类设备，到此初始化过程就结束了。

在应用程序中使用 PWM 设备时，要调用的是 PWM 设备驱动框架提供的操作接口。先根据设备名称查找 PWM 设备获得 PWM 设备的操作句柄。接着使能 PWM 设备，PWM 设备驱动框架会根据设备操作句柄中记录的 ops 接口调用 PWM 设备驱动提供的使能接口来使能 PWM。然后设置 PWM 输出的周期和占空比，同样 PWM 设备驱动框架要使用 PWM 设备操作句柄中记录的操作方法来调用 PWM 驱动中提供的配置接口。使用完成要关闭 PWM 设备来停止波形输出，同样需要使用 PWM 设备操作句柄中记录的 ops 调用 PWM 设备驱动提供的关闭接口。

PWM 设备驱动框架本身就提供了调试命令来测试 PWM 设备的功能。下载并运行代码，我们可以使用 list_device 命令查看到已注册的设备包含了 PWM 设备。

```
msh >list_device
device            type                 ref count
--------  --------------------  ----------
uart1     Character Device      2
pin       Miscellaneous Device  0
pwm1      Miscellaneous Device  0
```

然后使用 PWM 设备驱动框架提供的调试命令检查 PWM 设备能否正常工作。

```
msh />pwm_enable pwm1 1
msh />
msh />pwm_set pwm1 1 500000 5000
msh />
msh />pwm_disable pwm1 1
msh />
```

这些 PWM 命令代表的意义如下。

❑ pwm_enable：使能 PWM 设备通道。参数 1 为 PWM 设备名称，参数 2 为 PWM 通道。

❑ pwm_set：设置 PWM 设备的周期和占空比。参数 1 为 PWM 设备名称，参数 2 为 PWM 通道，参数 3 为周期（单位为 ns），参数 4 为脉冲宽度（单位为 ns）。

❑ pwm_disable：关闭 PWM 设备通道。参数 1 为 PWM 设备名称，参数 2 为 PWM 通道。

7.7　本章小结

本章讲解了如何开发 PWM 设备驱动，包括实现 PWM 设备的操作方法，注册 PWM 设备，以及 PWM 设备的配置与验证使用。注意，在实现操作方法时，PWM 框架定义的 period 和 pulse 的单位是 ns，芯片的 PWM 参数配置和 PWM 框架的使用方式不一定完全相同，需要考虑这两者之间是否存在换算关系。开发者只需要按照本文所介绍的设备驱动开发方法，按步骤实现相关接口就可以开发出符合要求的 PWM 设备驱动了。

第 8 章
RTC 设备驱动开发

RTC（Real-Time Clock，实时时钟）是嵌入式设备中的常用功能，它为人们提供精确的实时时间，为电子系统提供精确的时间基准。早期 RTC 都是以独立芯片的形式存在的，随着集成电路工艺的提高，RTC 越来越多地被集成在了 MCU 内部。目前 RTC 已成为 MCU 上不可或缺的重要外设。

RTC 可以提供精确的实时时间，用来产生年、月、日、时、分、秒等信息。目前实时时钟芯片大多采用精度较高的晶体振荡器作为时钟源，为了在主电源掉电时还可以工作，一般会外加电池供电。外加电池可以使 RTC 时间信息一直保持有效，在主电源缺失的情况下仍然可以执行相当长的一段时间。有些 MCU 的 RTC 外设还具有定时唤醒 MCU 的功能，此功能被称为"闹钟"。

RT-Thread 对 RTC 的基本功能做了抽象，开发了 RTC 设备驱动框架，其中包括基础的时间功能以及闹钟功能。对于不带硬件 RTC 外设的 MCU，RTC 设备驱动框架也提供了软件模拟 RTC 的功能。本章将带领读者了解 RTC 设备驱动的开发，即将硬件 RTC 外设对接到设备框架，涵盖 RTC 的层级结构，以及 RTC 设备的操作、注册、驱动配置和驱动验证。

8.1 RTC 层级结构

RTC 层级结构如图 8-1 所示。

1）应用层是开发者编写的业务代码，通过调用硬件 RTC 设备驱动框架与 alarm 提供的统一接口来实现业务功能，比如设置本地的 RTC 时钟，同步网络上的时钟到本地，设置 RTC 闹钟来定时处理任务。

2）RTC 设备驱动框架层抽象出的硬件 RTC 设备框架和 alarm 功能与底层平台无关，是一层通用的软件层，该层向应用层提供统一的接口。RTC 设

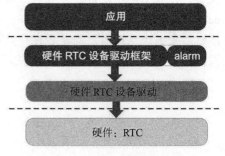

图 8-1　RTC 层级结构图

备驱动框架源码是 rtc.h/rtc.c，位于 RT-Thread 源码的 components/drivers/rtc 文件夹中。

RTC 设备驱动框架向应用程序提供 RTC 设备管理接口，即 set_date、set_time 等接口，

应用程序使用这些接口操作 RTC 时钟。

① RTC 设备驱动框架向 RTC 设备驱动提供操作方法接口（如 init、get_secs、set_secs、get_alarm、set_alarm、get_timeval、set_timeval）。RTC 设备驱动需要全部或者部分实现这些接口，接口完成越充足，应用层可以使用的接口越多。

② RTC 设备驱动框架向 RTC 设备驱动提供 RTC 设备注册接口 rt_hw_rtc_register，并向 I/O 设备管理框架注册 RTC 设备。

3）硬件 RTC 设备驱动层的实现与平台相关，不同的芯片厂商提供的芯片实现方式都不完全一致，其目的是操作具体的硬件 RTC 控制器，以完成框架规定的操作。RTC 设备驱动源码放在具体的 bsp 目录下，一般命名为 drv_rtc.c。RTC 设备驱动需要实现 RTC 设备的操作方法接口 struct rt_rtc_ops，这些操作方法提供了访问和控制 RTC 硬件的能力。该驱动也负责调用 rt_hw_rtc_register 函数注册 RTC 设备到操作系统。需要注意的是，alarm 功能是针对部分拥有该功能单元的芯片提供的，可以针对性地开发，如果不需要也可以不实现。

4）最下面一层就是具体的硬件了，主要是不同 MCU 上的具体 RTC 设备，不同的芯片厂商提供的硬件 RTC 或者 RTC 的库并不完全一样，会有细微差别，这些差别并不会影响驱动的对接。

RTC 驱动开发的主要任务就是实现 RTC 设备操作方法，然后注册 RTC 设备。驱动文件一般命名为 drv_rtc.c。

本章将会以 STM32 的硬件 RTC 驱动为例，讲解 RTC 设备驱动的具体实现。

8.2　创建 RTC 设备

本节介绍如何创建 RTC 设备。在实现 RTC 方法前需要提供一个 RTC 设备，即实例化一个 RTC 设备。这个实例化的设备需要对接操作接口，即进行注册到 I/O 设备框架等一系列操作。在 STM32 中，有这样的 RTC 硬件设备：

```
/* 硬件 RTC 设备结构 */
typedef struct rt_rtc_device
{
    struct rt_device parent;
    const struct rt_rtc_ops *ops;
} rt_rtc_dev_t;

/* 定义 1 个 RTC 设备 */
static rt_rtc_dev_t stm32_rtc_dev;
```

在实例化设备后，我们在整个 drv_rtc.c 的编写过程中会逐步完善 RTC 设备的内容。

8.3　实现 RTC 设备的操作方法

RTC 设备的操作方法定义在 RTC 设备框架中。RTC 设备操作需要系统提供多组接口，接口由 RTC 驱动实现。这些需要实现的接口被统一放在一个 ops 中，即放在 struct rt_rtc_ops 操作方法中，该方法结构如下。

```
/* RTC 设备接口 */
struct rt_rtc_ops
{
    rt_err_t (*init)(void);
    rt_err_t (*get_secs)(void *arg);
    rt_err_t (*set_secs)(void *arg);
    rt_err_t (*get_alarm)(void *arg);
    rt_err_t (*set_alarm)(void *arg);
    rt_err_t (*get_timeval)(void *arg);
rt_err_t (*set_timeval)(void *arg);
};
```

这些接口的具体功能为：

❑ init：初始化硬件 RTC 设备。

❑ get_secs：获取以 1970-01-01 开始计时的、以秒为单位的时间。

❑ set_secs：设置一个以秒为单位的计时时间。

❑ get_alarm：获取一个闹钟的配置。如果有对应的硬件设备，就可以实现；如果没有对应的硬件设备或者不需要实现对应功能，则可以置空。

❑ set_alarm：设置一个闹钟的配置。如果有对应的硬件设备，就可以实现；如果没有对应的硬件设备或者不需要实现对应功能，则可以置空。

❑ get_timeval：获取以 1970-01-01 开始计时的、以 timeval 结构描述的时间。

❑ set_timeval：设置一个以 timeval 结构描述的时间。

在实现驱动时，可以按照需求来实现对应的操作方法；如果没有实现对应的操作方法，则硬件 RTC 设备驱动框架下没有该功能。例如，实现 get_secs、set_secs 后，RTC 的基础计时功能就已经正常；但是只实现 get_alarm、set_alarm，rtc 的 alarm 功能才可以正常工作；有些硬件 RTC 没有带 alarm 功能，所以 alarm 功能可以按照自己需求实现。

8.3.1 为设备定义操作方法

驱动开发者需要在驱动文件中实现这些操作方法。以 STM32 为例，使用 struct rt_rtc_ops 实例化一个如下所示的方法结构。

```
static const struct rt_rtc_ops stm32_rtc_ops =
{
    stm32_rtc_init,
    stm32_rtc_get_secs,
    stm32_rtc_set_secs,
    RT_NULL, /* get_alarm 接口，这里未进行实现 */
    RT_NULL, /* set_alarm 接口，这里未进行实现 */
    stm32_rtc_get_timeval,
    RT_NULL, /* set_timeval 接口，这里未进行实现 */
};
```

由于 STM32F407 不包含硬件的 alarm 闹钟结构，因此对应的 get_alarm 与 set_alarm 可以置空，不需要实现。

8.3.2　init：初始化设备

操作方法 init 将设置 RTC 基础配置，包括时钟配置与 RTC 的配置，其原型如下所示：

```
rt_err_t (*init)(void);
```

实现 init 方法时，注意该方法的返回值：如果操作成功则返回 RT_EOK，如果操作失败则返回 -RT_ERROR。这样的返回值设置，可以使应用层感知到初始化是否成功，对应用层的编写有很大帮助。

init 方法不需要复杂的逻辑处理，因此它不需要入参，只需要实现 RTC 的初始化配置即可。

```
static rt_err_t stm32_rtc_init(void)
{
    ...
    /* 使能 RCC 时钟 */
        __HAL_RCC_PWR_CLK_ENABLE();
    ...
    /* 初始化 RCC 时钟 */
    RCC_OscInitTypeDef RCC_OscInitStruct = {0};
    RCC_OscInitStruct.OscillatorType = RCC_OSCILLATORTYPE_LSE;
    RCC_OscInitStruct.PLL.PLLState = RCC_PLL_NONE;
    RCC_OscInitStruct.LSEState = RCC_LSE_ON;
    RCC_OscInitStruct.LSIState = RCC_LSI_OFF;
    ...
    HAL_RCC_OscConfig(&RCC_OscInitStruct);

    ...
    /* 使能 RTC 时钟 */
    __HAL_RCC_RTC_ENABLE();
    ...
    /* 配置 RTC */
        if (HAL_RTC_Init(&RTC_Handler) != HAL_OK)
        {
            return -RT_ERROR;
        }
    ...
        return RT_EOK;
}
```

其他芯片的适配可以参考以上代码，完成 init 方法。

8.3.3　get_secs：获取时间

操作方法 get_secs 要求获取一个以秒为计时单位的时间。该操作方法只有一个出参，用来返回获取到的时间。其原型如下所示：

```
rt_err_t (*get_secs)(void *arg);
```

get_secs 方法的参数及返回值如表 8-1 所示。

表 8-1　get_secs 方法的参数及返回值

参数	描述	返回值
arg	该参数为一个出参，指向一个无符号的 32 位参数；需要修改这个指针指向的数据来返回获取的时间；时间用秒数来表示	❑ RT_EOK：获取成功 ❑ −RT_ERROR：获取失败

来看一个获取计时器时间方法的示例，这里调用了 HAL 库提供的 API 来读取硬件 RTC 的数据，然后转化为 RTC 设备驱动框架要求的数据格式。

```
static rt_err_t stm32_rtc_get_secs(void *args)
{
    rt_err_t result = RT_EOK;
    struct tm tm_new = {0};
    ...
    /* 获取 RTC 时钟寄存器内的时钟计时 */
    HAL_RTC_GetTime(&RTC_Handler, &RTC_TimeStruct, RTC_FORMAT_BIN);
    HAL_RTC_GetDate(&RTC_Handler, &RTC_DateStruct, RTC_FORMAT_BIN);

    tm_new.tm_sec  = RTC_TimeStruct.Seconds;
    tm_new.tm_min  = RTC_TimeStruct.Minutes;
    tm_new.tm_hour = RTC_TimeStruct.Hours;
    tm_new.tm_mday = RTC_DateStruct.Date;
    tm_new.tm_mon  = RTC_DateStruct.Month - 1;
    tm_new.tm_year = RTC_DateStruct.Year + 100;
    ...
    /* 由于 tm_new 是 struct tm 类型的结构体，因此使用 timegm 推算出以秒为单位的计数时间 */
    tv->tv_sec = timegm(&tm_new);
    *(rt_uint32_t *) args = tv.tv_sec;
    LOG_D("RTC: get rtc_time %x\n", *(rt_uint32_t *)args);
    return result;
}
```

其他芯片的适配可以参考以上代码，来实现 get_secs 方法。需要注意的是，UTC 时钟是指以 1970.01.01 开始计时的时间，获取的时间也是以这个时间为基准。

8.3.4　set_secs：设置时间

操作方法 set_secs 将设置一个以秒为计时单位的时间并应用在 RTC 计时器中。其原型如下所示：

```
rt_err_t (*set_secs)(void *arg);
```

set_secs 方法的参数及返回值如表 8-2 所示。

表 8-2　set_secs 方法的参数及返回值

参数	描述	返回值
arg	该参数为一个入参，指向一个无符号的 32 位参数；通过指针指向的数据来用来表示时间，时间的单位是秒	❑ RT_EOK：设置成功 ❑ −RT_ERROR：设置失败

来看一段 set_secs 方法的示例。这里调用了 HAL 库提供的操作硬件 RTC 的接口，先将传入的秒数转换为 HAL 库需要的数据结构，然后调用相应的 API 将时间写入到硬件 RTC。

```
static rt_err_t stm32_rtc_set_secs(void *args)
{
    rt_err_t result = RT_EOK;
    ...
    /* 由于 args 是 rt_uint32_t 类型的数据，因此使用 gmtime_r 推算出能配置到硬件 RTC 寄存器的
       数据类型 */
    gmtime_r(args, &p_tm);
    if (p_tm.tm_year < 100)
    {
        return -RT_ERROR;
    }
    ...
    /* 配置 RTC 寄存器 */
    RTC_TimeStruct.Seconds = p_tm.tm_sec ;
    RTC_TimeStruct.Minutes = p_tm.tm_min ;
    RTC_TimeStruct.Hours   = p_tm.tm_hour;
    RTC_DateStruct.Date    = p_tm.tm_mday;
    RTC_DateStruct.Month   = p_tm.tm_mon + 1 ;
    RTC_DateStruct.Year    = p_tm.tm_year - 100;
    RTC_DateStruct.WeekDay = p_tm.tm_wday + 1;
    ...
    /* 设置寄存器 */
    if (HAL_RTC_SetTime(&RTC_Handler, &RTC_TimeStruct, RTC_FORMAT_BIN) != HAL_
        OK)
    {
        return -RT_ERROR;
    }
    if (HAL_RTC_SetDate(&RTC_Handler, &RTC_DateStruct, RTC_FORMAT_BIN) != HAL_
        OK)
    {
        return -RT_ERROR;
    }
    ...
    LOG_D("RTC: set rtc_time %x\n", *(rt_uint32_t *)args);

    return result;
}
```

其他芯片的适配可以参考以上代码，以实现 set_secs 方法。不同芯片的 RTC 的配置也不尽相同，其对应的寄存器的数量与名称都不太类似，但大体思路都是如此。

8.3.5　get_timeval：获取 timeval 结构

操作方法 get_timeval 要求获取 timeval 结构的 RTC 时间，其原型如下所示：

```
rt_err_t (*get_timeval)(void *arg);
```

get_timeval 方法的参数及返回值如表 8-3 所示。

表 8-3 get_timeval 方法的参数与返回值

参数	描述	返回值
arg	该参数为一个出参，指向 struct timeval 结构体	☐ RT_EOK：获取成功 ☐ −RT_ERROR：获取失败

来看一个 get_timeval 方法的示例，与操作方法 get_secs 实现的方法类似，也需要调用 HAL 库提供的 API 读取硬件 RTC 的数据，然后转化为 RTC 设备驱动框架要求的数据格式。需要注意的是，此操作方法要求返回的时间格式为 timeval 类型。

```
static rt_err_t stm32_rtc_get_timeval(void *args)
{
    rt_err_t result = RT_EOK;
    struct tm tm_new = {0};
    struct timeval *tv = (struct timeval *)args;
    ...
    /* 获取 RTC 时钟寄存器内的时钟计时 */
    HAL_RTC_GetTime(&RTC_Handler, &RTC_TimeStruct, RTC_FORMAT_BIN);
    HAL_RTC_GetDate(&RTC_Handler, &RTC_DateStruct, RTC_FORMAT_BIN);

    tm_new.tm_sec  = RTC_TimeStruct.Seconds;
    tm_new.tm_min  = RTC_TimeStruct.Minutes;
    tm_new.tm_hour = RTC_TimeStruct.Hours;
    tm_new.tm_mday = RTC_DateStruct.Date;
    tm_new.tm_mon  = RTC_DateStruct.Month - 1;
    tm_new.tm_year = RTC_DateStruct.Year + 100;
    ...
    /* 由于 tm_new 是 structtm 类型的结构体，因此使用 timegm 推算出以秒为单位的计数时间 */
    tv->tv_sec = timegm(&tm_new);
    ...
    return result;
}
```

其他芯片的适配可以参考以上代码，来实现 get_timeval 方法。

8.4 注册 RTC 设备

RTC 设备被创建后需要注册到 I/O 设备管理器中，由操作系统管理，这样后续应用程序才能够通过我们提供的 I/O 设备管理器访问，注册设备的 rt_hw_rtc_register 接口原型如下所示：

```
rt_err_t rt_hw_rtc_register(rt_rtc_dev_t  *rtc,
                const char     *name,
                rt_uint32_t    flag,
                void           *data);
```

rt_hw_rtc_register 接口的参数与返回值如表 8-4 所示。

表 8-4　rt_hw_rtc_register 接口的参数与返回值

参数	描述	返回值
rt_rtc_dev_t	RTC 设备句柄	❑ RT_EOK：注册成功 ❑ −RT_ERROR：注册失败，表明 rtc 为空或者 name 已经存在
name	设备名称，设备名称的最大长度由 rtconfig.h 中定义的宏 RT_NAME_MAX 指定，多余部分会被自动截掉	
flag	设备模式标志	
data	自定义数据，可为空	

此处应当注意避免重复注册已经注册的设备，以及注册相同名字的设备。其中，flags 参数支持下列参数（可以采用"按位或"的方式支持多种参数）：

```
#define RT_DEVICE_FLAG_RDONLY        0x001 /* 只读 */
#define RT_DEVICE_FLAG_WRONLY        0x002 /* 只写 */
#define RT_DEVICE_FLAG_RDWR          0x003 /* 读写 */
```

来看一个 RTC 设备注册的示例，这里先将 RTC 的操作方法赋值到 8.2 节创建的 RTC 设备中，然后调用 rt_hw_rtc_register 将 RTC 设备注册到系统的 I/O 设备管理器中，注册代码如下所示。

```
static rt_rtc_dev_t stm32_rtc_dev;

static int rt_hw_rtc_init(void)
{
    ...
    /* 注册 RTC 的 ops，后续可以使用 ops 直接控制 RTC 设备 */
    stm32_rtc_dev.ops = &stm32_rtc_ops;
    /* 使用 rt_hw_rtc_register 注册到 I/O 设备管理器中 */
    result = rt_hw_rtc_register(&stm32_rtc_dev, "rtc", RT_DEVICE_FLAG_RDWR, RT_
        NULL);
    ...
    return RT_EOK;
}
INIT_DEVICE_EXPORT(rt_hw_rtc_init);
```

8.5　驱动配置

下面介绍驱动配置细节。

1. Kconfig 配置

下面参考 bsp/stm32/stm32l475-atk-pandora/board/Kconfig 文件对 RTC 驱动进行相关配置，如下所示：

```
menuconfig BSP_USING_ONCHIP_RTC
    bool "Enable RTC"
    select RT_USING_RTC
    select RT_USING_LIBC
    default n
```

可以看一下关键字段的含义。

□ BSP_USING_ONCHIP_RTC：RTC 驱动代码对应的宏定义，这个宏控制 RTC 驱动相关代码是否添加到工程中。

□ RT_USING_RTC：RTC 驱动框架代码对应的宏定义，这个宏控制 RTC 驱动框架相关代码是否添加到工程中。

□ RT_USING_LIBC：使用该宏后，libc 库相关的代码将会被添加到工程中。

2. SConscript 配置

HAL_Drivers/SConscript 文件为 RTC 设备驱动添加了判断选项，代码如下所示。这是一段 Python 代码，表示如果定义了宏 BSP_USING_ONCHIP_RTC，则 RTC 的驱动代码 drv_rtc.c 会被添加到工程的源文件中。

```
if GetDepend('BSP_USING_ONCHIP_RTC'):
    src += ['drv_rtc.c']
```

8.6　驱动验证

RTC 设备注册到操作系统之后，RTC 设备将在 I/O 设备管理器中存在。进行驱动验证需要先查看该驱动是否注册成功，可以编译下载并运行代码，在控制台界面使用 list_device 命令查看注册的设备是否包含 RTC 设备：

```
msh />list_device
device              type                 ref count
--------  --------------------  ----------
...
rtc       RTC                         0
...
```

若列表中包含 RTC 设备，表明注册成功，之后则可以使用 RTC 设备驱动框架层向应用层提供统一的 API 对 RTC 进行操作了。由于 RTC 设备驱动框架提供了便于调试的 MSH 命令 date，这个命令会设置注册到系统中的 RTC 设备的显示时间，因此也可以使用 date 命令来验证 RTC 设备能否正常工作。参照下面的方式在 MSH 中调用 date 命令来完成测试：

```
msh />date 2022 03 04 15 17 20
msh />
msh />
msh />
msh />date
Fri Mar  4 15:17:24 2022
msh />
...
/* 等待一段时间, 可能约10s左右 */
msh />date
Fri Mar  4 15:18:22 2022
msh />
msh />
msh />
```

代码运行效果：开发板上的时钟会持续按照你所设置的时间计时。若时间功能不运行，或者报出一些错误，则说明驱动有问题，需要按照错误提示修改未注册好的接口。

8.7 本章小结

本章讲解了如何开发 RTC 设备驱动、如何将 RTC 设备对接到设备驱动框架、如何验证 RTC 设备驱动是否可用。

基于 RT-Thread 设备驱动框架注册的 RTC 设备，相比直接使用厂商提供的 RTC 函数，具有更好的通用性。在 RT-Thread 中，RTC 时钟一般有下面几种使用场景。

1）在 Fatfs 文件系统中，文件修改时会需要一个时间数据，这个时间数据就是由 RTC 提供的。如果没有 RTC 设备，该文件的修改时间不是真实的修改时间。

2）在网络中，NTP 服务是常用的功能，可以为设备授时。从网络获取的时钟需要保存在本地的 RTC 设备中，因此 NTP 服务的正常使用需要依赖底层的 RTC 功能。

可以这么理解，凡是用到 get_timeval 之类，需要获取系统时间的函数都需要 RTC 来作为底层的支撑。对拥有硬件 RTC 单元的设备来说，可以使用标准的时间函数接口来控制 RTC 设备，用来作为系统时钟校对文件或者网络数据的时间。

第 9 章
ADC 设备驱动开发

ADC（Analog-to-Digital Converter，模数转换器）是指将连续变化的模拟信号转换为离散的数字信号的器件。真实世界的模拟信号，例如温度、压力、声音或者图像等，要想转化为便于 MCU 识别、处理、存储的数字形式都离不开 ADC 器件。ADC 最早用于将无线信号转换为数字信号，现在在嵌入式领域中，ADC 常被用于对 MCU 自身及环境信息的采集，如温度、湿度、光照强度、电池电压等。

RT-Thread 为开发者提供了 ADC 设备驱动框架，简称为 ADC 设备框架。应用程序可以通过 ADC 设备框架提供的 ADC 设备管理接口来访问 ADC 设备硬件，进而完成需要的工作。本章将带领读者了解 RT-Thread 上 ADC 设备驱动的开发，主要工作就是将硬件 MCU 的 ADC 外设功能对接到设备框架。

9.1 ADC 层级结构

ADC 设备框架的层级结构如图 9-1 所示。

下面结合层级结构图进行具体的分析。

1）应用层主要是由应用开发者编写的应用代码，可调用 ADC 设备框架提供的统一接口实现业务逻辑，如转换电压信息、转换光照强度等。

2）ADC 设备驱动框架层是一层通用的软件抽象层，驱动框架与具体的硬件平台不相关。ADC 设备驱动框架源码为 adc.c，位于 RT-Thread 源码的 components\drivers\misc 文件夹中。ADC 设备驱动框架提供以下功能。

① 向应用程序提供 ADC 设备管理接口，即 rt_adc_enable、rt_adc_read、rt_adc_disable 等接口。

② 向底层驱动提供 ADC 设备的通用操作方法 struct rt_adc_ops 如（disable、enable、convert），驱动开发者需要实现这些操作方法。

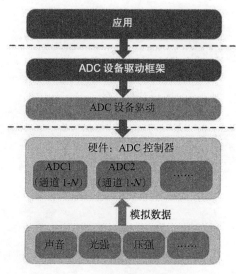

图 9-1　ADC 层级结构图

③ 提供 ADC 设备注册接口 rt_hw_adc_register，驱动开发者需要在注册设备时调用此接口。

3）ADC 设备驱动层是针对具体硬件平台实现的 ADC 设备驱动，与具体的硬件平台相关。ADC 设备驱动源码位于具体 bsp 目录下，一般命名为 drv_adc.c。该层实现了 struct rt_adc_ops 中定义的 ADC 设备操作方法，提供了访问和控制硬件 ADC 控制器的能力，可使用 rt_hw_adc_register 接口向 ADC 设备驱动框架注册 ADC 设备。

ADC 驱动开发的主要任务就是实现 ADC 设备的操作方法 rt_adc_ops，然后注册 ADC 设备。

硬件 ADC 控制器一般会支持多个 ADC，每个 ADC 控制器又支持多路转换，ADC 设备驱动需要支持多设备（如 ADC1、ADC2 等）和多通道（如通道 1、通道 2 等）。本章将会以 STM32 的 ADC 设备驱动为例讲解 ADC 驱动的具体实现方法。

9.2　创建 ADC 设备

ADC 设备驱动框架定义了 ADC 设备的基类结构 struct rt_adc_device，其包含两个成员：parent 和 ops，parent 用于继承系统的设备基类对象，ops 则是需要实现的 ADC 设备操作方法。ADC 设备的基类结构定义如下所示：

```
struct rt_adc_device
{
    struct rt_device parent;        /* 设备基类 */
    const struct rt_adc_ops *ops;   /* ADC 设备操作方法 */
};
```

编写 ADC 设备驱动需要基于 ADC 设备基类结构派生出新的 ADC 设备结构体，注意要符合 MCU 的芯片架构设计。以下示例是 STM32 的 ADC 设备结构体定义 struct stm32_adc，是从 struct rt_adc_device 进行派生的，并增加了自己的私有数据。其包含两个成员变量：ADC_Handler 是 STM32 的 ADC 控制句柄，stm32_adc_device 是用于继承 ADC 设备驱动框架的基类对象。代码如下所示：

```
struct stm32_adc
{
    ADC_HandleTypeDef ADC_Handler;
    struct rt_adc_device stm32_adc_device;
};
```

一般 MCU 都支持多路 ADC 转换，ADC 设备驱动也可以支持多个 ADC 设备。定义一个全局的 ADC 设备表，并为每个 ADC 设备添加默认配置，为简化代码，下面将各个设备的默认配置用宏定义表示：

```
/* 定义 ADC 设备对象 */
static ADC_HandleTypeDef adc_config[] =
{
```

```
#ifdef BSP_USING_ADC1
    ADC1_CONFIG,
#endif

#ifdef BSP_USING_ADC2
    ADC2_CONFIG,
#endif

#ifdef BSP_USING_ADC3
    ADC3_CONFIG,
#endif
};

static struct stm32_adc stm32_adc_obj[sizeof(adc_config) / sizeof(adc_
    config[0])];
```

具体的配置项根据 ADC 驱动中定义的 ADC 设备结构体来确定。ADC 设备的默认配置一般定义在单独的头文件中。

```
#ifndef ADC1_CONFIG
#define ADC1_CONFIG              \
    {                           \
        .adc_x      = ADC1,     \
        .name       = "adc1",   \
    }
#endif /* ADC1_CONFIG */

#ifndef ADC2_CONFIG
#define ADC2_CONFIG              \
    {                           \
        .adc_x      = ADC2,     \
        .name       = "adc2",   \
    }
#endif /* ADC2_CONFIG */
...
```

9.3 实现 ADC 设备的操作方法

ADC 设备操作方法是 ADC 设备框架对 MCU ADC 外设基本功能的抽象。ADC 设备的操作方法定义在 ADC 设备框架中，其结构体原型如下所示：

```
struct rt_adc_ops
{
    rt_err_t (*enabled)(struct rt_adc_device *device, rt_uint32_t channel,
                    rt_bool_t enabled);
    rt_err_t (*convert)(struct rt_adc_device *device, rt_uint32_t channel,
                    rt_uint32_t *value);
};
```

ADC 设备框架定义了两个操作方法，其中 enabled 方法用于使能或者禁止某个 ADC 通道，convert 方法用于转换并获取 ADC 的采集值。

9.3.1　enabled：控制 ADC 通道

操作方法 enabled 将根据参数 enabled 的取值来使能或者禁止 ADC 通道。其原型如下所示：

```
rt_err_t (*enabled)(struct rt_adc_device *device, rt_uint32_t channel, rt_bool_t
    enabled);
```

enabled 方法的参数及返回值如表 9-1 所示。

表 9-1　enabled 方法的参数及返回值

参数	描述	返回值
device	rt_adc_device 结构体的指针	❑ RT_EOK：成功 ❑ -RT_ERROR：失败
channel	要使能 / 禁止的 ADC 的通道	
enabled	使能 / 禁止标志	

其中 enabled 参数支持的取值类型如表 9-2 所示。

表 9-2　enabled 参数的取值类型说明

enabled 参数支持的取值类型	描述
RT_ADC_CMD_DISABLE	禁止 ADC 通道
RT_ADC_CMD_ENABLE	使能 ADC 通道

下面看一个在 STM32 中实现 enabled 方法的示例。先从 ADC 设备中获取 STM32 ADC 的句柄，然后根据参数 enabled 的取值，分别调用不同的库函数对 ADC 设备进行操作。

```
static rt_err_t stm32_adc_enabled(struct rt_adc_device *device,
                                  rt_uint32_t channel, rt_bool_t enabled)
{
    ADC_HandleTypeDef *stm32_adc_handler;
    RT_ASSERT(device != RT_NULL);
    stm32_adc_handler = device->parent.user_data;
     /* 使能 ADC 设备 */
    if (enabled)
    {
        ADC_Enable(stm32_adc_handler);
    }
     /* 禁止 ADC 设备 */
    else
    {
        ADC_Disable(stm32_adc_handler);
    }

    return RT_EOK;
}
```

9.3.2　convert：转换并获取 ADC 采样值

操作方法 convert 用于转换并获取 ADC 的采集值，其原型如下所示：

```
rt_err_t (*convert)(struct rt_adc_device *device, rt_uint32_t channel, rt_
    uint32_t *value);
```

convert 方法的参数及返回值如表 9-3 所示。

表 9-3 convert 方法的参数及返回值

参数	描述	返回值
device	rt_adc_device 结构体的指针	☐ RT_EOK：成功 ☐ –RT_ERROR：失败
channel	采集值需要被转换的 ADC 的通道	
value	ADC 采集值	

convert 方法包含了 3 个参数：device 和 channel 是输入参数，value 是输出参数。该方法通过 device 和 channel 确定 ADC 设备与通道号，并将采集到的值通过 value 返回给应用层。如果在采集过程中出现任何异常，则返回 -RT_ERROR，采集成功则返回 RT_EOK。

下面看一个 STM32 设备驱动实现 convert 方法的示例代码。先从 ADC 设备获取 STM32 ADC 的句柄，然后调用库函数对 ADC 进行配置、开启转换并获取最终的转换结果。

```
static rt_err_t stm32_get_adc_value(struct rt_adc_device *device, rt_uint32_t
    channel, rt_uint32_t *value)
{
    ADC_ChannelConfTypeDef ADC_ChanConf;
    ADC_HandleTypeDef *stm32_adc_handler = device->parent.user_data;

    rt_memset(&ADC_ChanConf, 0, sizeof(ADC_ChanConf));

    ...
    /* 配置 ADC 通道 */
    HAL_ADC_ConfigChannel(stm32_adc_handler, &ADC_ChanConf);

    /* 开启 ADC*/
    HAL_ADC_Start(stm32_adc_handler);

    /* 等待 ADC 转换完成 */
    HAL_ADC_PollForConversion(stm32_adc_handler, 100);

    /* 获取 ADC 转换的结果 */
    *value = (rt_uint32_t)HAL_ADC_GetValue(stm32_adc_handler);

    return RT_EOK;
}
```

9.4 注册 ADC 设备

将 ADC 设备注册到操作系统时，需要提供设备句柄 device、设备名称 name、操作方法 ops、用户数据 user_data 作为入参。ADC 设备框架提供的注册接口如下所示：

```
rt_err_t rt_hw_adc_register(rt_adc_device_t device,
                            const char *name,
```

```
const struct rt_adc_ops *ops,
const void *user_data)
```

rt_hw_adc_register 接口的参数及返回值如表 9-4 所示。

表 9-4　rt_hw_adc_register 接口的参数及返回值

参数	描述	返回值
device	ADC 设备句柄	
name	ADC 设备名称	❑ RT_EOK：成功
ops	ADC 设备操作方法	❑ -RT_ERROR：失败
user_data	私有数据域	

在注册 ADC 设备之前，需要根据 struct rt_adc_ops 的定义创建一个全局的 ops 结构体变量 stm_adc_ops。stm_adc_ops 将在注册 ADC 设备时通过注册接口中的 ops 参数添加到 ADC 设备基类结构中。在 STM32 中注册设备的代码如下所示。

```
static const struct rt_adc_ops stm_adc_ops =
{
    .enabled = stm32_adc_enabled,
    .convert = stm32_get_adc_value,
};
static int stm32_adc_init(void)
{
    ...

    /* 注册 ADC 设备 */
    return rt_hw_adc_register(&stm32_adc_obj[i].stm32_adc_device, "adc",
                             &stm_adc_ops, &stm32_adc_obj[i].ADC_Handler);
}
```

在上述示例中，stm_adc_ops 是 ADC 驱动中定义的操作方法，stm32_adc_enabled 和 stm32_get_adc_value 是分别要实现的操作方法。在使用注册接口时，需要注意参数 user_data 的使用。在 STM32 中，user_data 在 ADC 设备驱动中用于向操作方法传递"ADC 控制句柄"。

9.5　驱动配置

下面介绍驱动配置的细节。

1. Kconfig 配置

下面参考 bsp/stm32/stm32f429-fire-challenger/board/Kconfig 文件配置 ADC 驱动的相关选项，如下所示：

```
menuconfig BSP_USING_ADC
    bool "Enable ADC"
    default n
    select RT_USING_ADC
    if BSP_USING_ADC
        config BSP_USING_ADC1
```

```
        bool "Enable ADC1"
        default n
    endif
```

我们来看一下此配置文件中一些关键字段的意义。

❑ BSP_USING_ADC：ADC 驱动代码对应的宏定义，这个宏控制 ADC 驱动相关代码是否会添加到工程中。

❑ RT_USING_ADC：ADC 驱动框架代码对应的宏定义，这个宏控制 ADC 驱动框架的相关代码是否会添加到工程中。

❑ BSP_USING_ADC1：ADC 转换通道的宏定义，这个宏配置具体 ADC 对应的转换通道。

2. SConscript 配置

Libraries/HAL_Drivers/SConscript 文件为 ADC 驱动添加了判断选项，代码如下所示。这是一段 Python 代码，表示如果定义了宏 RT_USING_ADC，则 drv_adc.c 会被添加到工程的源文件中。

```
if GetDepend(['RT_USING_ADC']):
    src += Glob('drv_adc.c')
```

9.6　驱动验证

经过以上步骤 ADC 设备驱动已经制作完成，接下来需要进行验证来保证编写的驱动可以正常使用。ADC 设备驱动框架对 ADC 外设的基本操作流程如下。

1）初始化 ADC。

2）使能 ADC 采集通道。

3）获取 ADC 采集值。

4）根据 ADC 分辨率和 ADC 参考电压计算出真实电压。

5）禁止 ADC 通道。

了解 ADC 设备的工作流程后，就可以编写测试代码进行真机验证了。下面是驱动验证的方法。

注册设备之后，ADC 设备将在 I/O 设备管理器中存在。运行代码，我们可以使用 list_device 命令查看到已注册的设备包含 ADC 设备：

```
msh >list_device
device          type                 ref count
--------  --------------------  -----------
uart1     Character Device        2
adc       Miscellaneous Device    0
```

之后则可以使用 ADC 设备驱动框架层提供的统一 API 对 ADC 设备进行操作了。使用下面的方法验证驱动的可用性。使用杜邦线连接 ADC 采集通道引脚和测试 GPIO，通过连

接不同端口电压的 GPIO 口，来测试 ADC 是否采样正常，ADC 的采样值会打印在终端。测
试代码如下：

```
#include <rtthread.h>
#include <rtdevice.h>
#define ADC_DEV_NAME "adc1"          /* ADC 设备名称 */
#define ADC_DEV_CHANNEL 5            /* ADC 通道 */
#define REFER_VOLTAGE 330            /* 参考电压 3.3V，数据精度乘以 100，保留 2 位小数 */
#define CONVERT_BITS (1 << 12)       /* 转换位数为 12 位 */

static int adc_vol_sample(int argc, char *argv[])
{
    rt_adc_device_t adc_dev; rt_uint32_t value, vol;
    rt_err_t ret = RT_EOK;
    /* 查找设备 */
    adc_dev = (rt_adc_device_t)rt_device_find(ADC_DEV_NAME);
    if (adc_dev == RT_NULL)
    {
        rt_kprintf("adc sample run failed! can't find %s device!\n",
                   ADC_DEV_NAME);
        return -RT_ERROR;
    }
    /* 使能 ADC 设备 */
    ret = rt_adc_enable(adc_dev, ADC_DEV_CHANNEL);
    /* 读取采样值 */
    value = rt_adc_read(adc_dev, ADC_DEV_CHANNEL)
    rt_kprintf("the value is :%d \n", value);
    /* 转换为对应电压值 */
    vol = value * REFER_VOLTAGE / CONVERT_BITS;
    /* 打印电压值 */
    rt_kprintf("the voltage is :%d.%02d \n", vol / 100, vol % 100);
    /* 关闭 ADC 设备 */
    ret = rt_adc_disable(adc_dev, ADC_DEV_CHANNEL);
    return ret;
}
/* 导出到 MSH 命令列表中 */
MSH_CMD_EXPORT(adc_vol_sample, adc voltage convert sample);
```

代码运行后，在调试终端会打印出当前 ADC 采集通道的真实采集值。在 STM32 的硬件 ADC 控制器中，分辨率以二进制（或十进制）数的位数来表示，一般有 8 位、10 位、12 位、16 位等。分辨率说明模数转换器对输入信号的分辨能力，位数越多表示分辨率越高，恢复模拟信号时会更精确。示例代码中配置的 CONVERT_BITS 转换分辨率是 12 位。

9.7 本章小结

本章讲解了如何开发 ADC 设备驱动，开发者在看完这个章节后，应该具备开发 ADC 设备驱动的能力。在具体实现操作方法时，需要注意 user_data 的使用，为了方便驱动中的操作方法获取硬件平台对应的 ADC 外设的控制句柄，一般用此参数存储对应外设的控制句柄。本章示例中的实现方式仅供参考，具体的实现需要根据硬件平台的特性来决定。

第 10 章
DAC 设备驱动开发

DAC（Digital-to-Analog Converter，数字模拟转换器）是一种将数字信号转换为模拟信号的设备，它可以把二进制数字形式的离散数字信号转换为连续变化的模拟信号。在数字世界中，要处理不稳定和动态变化的模拟信号并不容易，大部分场景都需要先利用 ADC 特性将其转化为便于 MCU 识别、处理、存储的数字信号，接着在 MCU 处理后再使用 DAC 将数字信号转化为模拟信号。因此，也可以认为 DAC 做的是 ADC 进行的模数转换的逆向过程。DAC 主要被应用于音频放大、电机控制、数字电位计等产品中。

RT-Thread 为了方便开发者使用 DAC，提供了 DAC 设备驱动框架。市面上不同厂商的 DAC 设备功能都具有其独特的使用特性，DAC 设备驱动框架针对常用的操作方式进行抽象，用于兼容不同厂商、不同平台的特性，可以让开发者的应用程序具有更为广泛的通用性。

本章将带领读者了解 DAC 设备驱动的开发，涵盖 DAC 设备的驱动的开发过程、操作方法以及注册、驱动配置和驱动验证。

10.1 DAC 层级结构

DAC 设备驱动框架层级结构如图 10-1 所示。下面结合层级结构图进行具体分析。

1）应用层主要是开发者编写的应用代码，处于 DAC 设备驱动框架之上，可调用 DAC 设备框架提供的统一接口实现业务逻辑，如音频放大、数字电位计等。

2）DAC 设备驱动框架是一层通用的软件抽象层，驱动框架与具体的硬件平台不相关。DAC 设备驱动框架源码为 dac.c，位于 RT-Thread 源码的 components\drivers\misc 文件夹中。DAC 设备驱动框架提供以下功能。

①向应用程序提供 DAC 设备管理接口以操作硬件 DAC 控制器，即 rt_dac_enable、rt_dac_

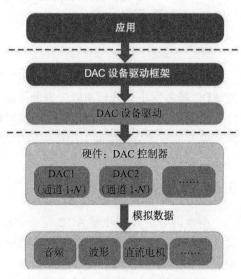

图 10-1　DAC 设备驱动框架层级结构

disable、rt_dac_write 等接口。

②向底层驱动提供 DAC 设备操作方法 struct rt_dac_ops（如 disable/enable/convert），驱动开发者需要实现这些操作方法。

③提供 DAC 设备注册函数 rt_hw_dac_register，需要驱动开发者将实现的操作方法使用注册函数注册到 DAC 设备驱动框架。

3）DAC 设备驱动层是针对具体硬件平台实现的 DAC 设备驱动，DAC 设备驱动与具体的硬件平台相关，是硬件平台和 DAC 驱动框架之间的桥梁。DAC 设备驱动源码位于具体 bsp 目录下，一般命名为 drv_dac.c。DAC 设备驱动实现了 DAC 设备的操作方法接口 struct rt_dac_ops，这些操作方法提供了访问和控制 DAC 硬件的能力，并使用 rt_hw_dac_register() 函数向 DAC 设备驱动框架注册 DAC 设备。

硬件 DAC 控制器一般会支持多个 DAC，每个 DAC 控制器又支持多路转换。DAC 设备驱动需要支持多设备（如 DAC1、DAC2 等）和多通道（如通道 1、通道 2 等）。本章将以 STM32 的 DAC 设备驱动为例讲解 DAC 驱动的具体实现。

10.2　创建 DAC 设备

DAC 设备驱动框架定义了 DAC 设备基类结构 struct rt_dac_device，包含两个成员 parent 和 ops，parent 用于继承系统的设备基类对象，ops 则是需要实现的 DAC 设备操作方法。DAC 设备的基类结构定义如下所示：

```
struct rt_dac_device
{
    struct rt_device parent;         /* 设备基类 */
    const struct rt_dac_ops *ops;    /* DAC 设备操作方法 */
};
```

编写新的驱动需要基于 DAC 设备基类结构派生出新的 DAC 设备结构体，注意要符合 MCU 的芯片架构设计。以下是 STM32 的 DAC 设备结构体 struct stm32_dac 的定义，该结构体是从 struct rt_dac_device 派生，并增加了自己的私有数据。该定义包含两个成员变量：DAC_Handler 是 STM32 的 DAC 控制句柄，stm32_dac_device 是用于继承 DAC 设备驱动框架的基类对象。示例代码如下所示：

```
struct stm32_dac
{
    DAC_HandleTypeDef DAC_Handler;
    struct rt_dac_device stm32_dac_device;
};
```

一般 MCU 都支持多路 DAC 转换，并且 DAC 设备驱动也支持多个 DAC 设备。定义一个全局的 DAC 设备配置表，并为每个 DAC 设备添加默认配置。为简化代码，将各个设备的默认配置用宏定义表示：

```
static DAC_HandleTypeDef dac_config[] =
{
#ifdef BSP_USING_DAC1
    DAC1_CONFIG,
#endif

#ifdef BSP_USING_DAC2
    DAC2_CONFIG,
#endif
};

static struct stm32_dac stm32_dac_obj[sizeof(dac_config) / sizeof(dac_
    config[0])];
```

具体的配置项根据 DAC 驱动中定义的 DAC 设备结构体来确定。DAC 设备的默认配置一般定义在单独的头文件中。

```
#ifdef BSP_USING_DAC1
#ifndef DAC1_CONFIG
#define DAC1_CONFIG                                \
    {                                              \
        .Instance               = DAC1,    \
    }
#endif /* DAC2_CONFIG */
#endif /* BSP_USING_DAC2 */

#ifdef BSP_USING_DAC2
#ifndef DAC2_CONFIG
#define DAC2_CONFIG                                \
    {                                              \
        .Instance               = DAC2,    \
    }
#endif /* DAC2_CONFIG */
#endif /* BSP_USING_DAC2 */
...
```

10.3　实现设备的操作方法

DAC 设备操作方法是 DAC 设备框架对 MCU DAC 外设基本功能的抽象。其结构体原型如下：

```
struct rt_dac_ops
{
    rt_err_t (*disabled)(struct rt_dac_device *device, rt_uint32_t channel);
    rt_err_t (*enabled)(struct rt_dac_device *device, rt_uint32_t channel);
    rt_err_t (*convert)(struct rt_dac_device *device, rt_uint32_t channel,
                        rt_uint32_t *value);
};
```

DAC 设备框架定义了 3 个操作方法，其中 enabled 用于使能 DAC 通道，disabled 用于禁止 DAC 通道，convert 用于设置 DAC 的输出值来启动转换过程。驱动开发者需要在驱动文件中实现这些操作方法，具体的实现方式及参数的意义会在后面详细介绍。

10.3.1　enabled：使能 DAC 通道

操作方法 enabled 用于使能 DAC 设备的某个通道，其原型如下所示：

```
rt_err_t (*enabled)(struct rt_dac_device *device, rt_uint32_t channel);
```

enabled 方法的参数及返回值如表 10-1 所示。

表 10-1　enabled 方法的参数及返回值

参数	描述	返回值
device	rt_dac_device 结构体的指针	❑ RT_EOK：成功
channel	要使能的 DAC 的通道	❑ −RT_ERROR：失败

下面看一个在 STM32 中实现的 enabled 方法的示例。我们先从 DAC 设备中获取 STM32 DAC 的句柄，然后调用 STM32 提供的库函数来开启对应的 DAC 通道。

```
static rt_err_t stm32_dac_enabled(struct rt_dac_device *device, rt_uint32_t
    channel)
{
    uint32_t dac_channel;
    DAC_HandleTypeDef *stm32_dac_handler;
    RT_ASSERT(device != RT_NULL);
    stm32_dac_handler = device->parent.user_data;

    /* 开启对应的 DAC 通道 */
    dac_channel = stm32_dac_get_channel(channel);
    HAL_DAC_Start(stm32_dac_handler, dac_channel);
    return RT_EOK;
}
```

10.3.2　disabled：禁止 DAC 通道

操作方法 disabled 用于关闭 DAC 设备的某个通道，其原型如下所示：

```
rt_err_t (*disabled)(struct rt_dac_device *device, rt_uint32_t channel);
```

disabled 方法的参数及返回值如表 10-2 所示。

表 10-2　disabled 方法的参数及返回值

参数	描述	返回值
device	DAC 结构控制块	❑ RT_EOK：成功
channel	要关闭的 DAC 的通道	❑ −RT_ERROR：失败

下面看一个 STM32 设备驱动的 disabled 方法的示例。我们先从 DAC 设备中获取 STM32 DAC 的句柄，然后调用 STM32 提供的库函数来关闭对应的 DAC 通道：

```
static rt_err_t stm32_dac_disabled(struct rt_dac_device *device, rt_uint32_t
    channel)
```

```
{
    DAC_HandleTypeDef *stm32_dac_handler;

    stm32_dac_handler = device->parent.user_data;
    /* 关闭对应的 DAC 通道 */
    HAL_DAC_Stop(stm32_dac_handler, channel);

    return RT_EOK;
}
```

10.3.3 convert：设置 DAC 输出值并启动数模转换

操作方法 convert 用于设置 DAC 输出值并启动数模转换过程，其原型如下所示：

```
rt_err_t (*convert)(struct rt_dac_device *device, rt_uint32_t channel,
                    rt_uint32_t *value);
```

convert 方法的参数及返回值如表 10-3 所示。

表 10-3 convert 方法的参数及返回值

参数	描述	返回值
device	rt_dac_device 结构体的指针	❑ RT_EOK：成功
channel	要进行数模转换的通道	❑ -RT_ERROR：失败
value	DAC 通道的输出值	

下面看一个 STM32 设备驱动的操作方法 convert 的示例代码。我们先从 DAC 设备中获取 STM32 DAC 的句柄，然后调用 STM32 提供的库函数，以设定对应通道的输出值并启动转换过程。

```
static rt_err_t stm32_set_dac_value(struct rt_dac_device *device, rt_uint32_t
                                    channel, rt_uint32_t *value)
{
    uint32_t dac_channel;

    DAC_ChannelConfTypeDef dac_ChanConf;

    DAC_HandleTypeDef *stm32_dac_handler;

    stm32_dac_handler = device->parent.user_data;

    /* 设置 STM32 DAC 输出值，采用 12 位右对齐模式 */
    if (HAL_DAC_SetValue(stm32_dac_handler, dac_channel, DAC_ALIGN_12B_R,
                         *value) != HAL_OK)
    {
        LOG_D("Setting dac channel out value Error!\n");
        return -RT_ERROR;
    }

    /* 开启 STM32 DAC 的数模转换 */
    if (HAL_DAC_Start(stm32_dac_handler, dac_channel) != HAL_OK)
    {
```

```
        return -RT_ERROR;
    }
    return RT_EOK;
}
```

10.4　注册 DAC 设备

DAC 设备的操作方法实现后，需要注册设备到操作系统，注册时需要提供设备句柄 device、设备名称 name、操作接口 ops，用户数据 user_data 作为入参。DAC 设备框架提供的注册接口 rt_hw_dac_register 如下所示：

```
rt_err_t rt_hw_dac_register(rt_dac_device_t device,
                            const char *name,
                            const struct rt_dac_ops *ops,
                            const void *user_data)
```

rt_hw_dac_register 接口的参数及返回值如表 10-4 所示。

表 10-4　rt_hw_dac_register 接口的参数及返回值

参数	描述	返回值
device	DAC 设备句柄	❑ RT_EOK：成功 ❑ -RT_ERROR：失败
name	DAC 设备名称	
ops	DAC 设备操作方法	
user_data	私有数据域	

注册设备前还需要根据 struct rt_dac_ops 的定义创建一个全局的 ops 结构体变量 stm_dac_ops，将前面已经实现的操作方法赋值给 stm_dac_ops。stm_dac_ops 将在注册 DAC 设备时通过注册接口的 ops 参数添加到 DAC 设备基类结构中。在 STM32 中注册设备的示例代码如下。

```
static const struct rt_dac_ops stm_dac_ops =
{
    .disabled = stm32_dac_disabled,
    .enabled  = stm32_dac_enabled,
    .convert  = stm32_set_dac_value,
};
static int stm32_dac_init(void)
{
    ...
    /* 注册 DAC 设备 */
    return rt_hw_dac_register(&stm32_dac_obj[i].stm32_dac_device,
                    name_buf, &stm_dac_ops,
                    &stm32_dac_obj[i].DAC_Handler);
}
```

在示例中，stm_dac_ops 是 DAC 驱动中定义的操作方法，stm32_dac_disabled、stm32_dac_enabled、stm32_set_dac_value 是已经实现的操作方法。在 STM32 中，user_data 为

DAC 设备结构体中的"DAC 控制句柄",它可在 DAC 设备驱动中向操作方法传递 DAC 控制句柄。

10.5 驱动配置

下面介绍 DAC 设备的驱动配置。

1. Kconfig 配置

下面参考 bsp/stm32/stm32mp157a-st-discovery/board/Kconfig 文件配置 DAC 驱动的相关选项,如下所示:

```
menuconfig BSP_USING_DAC
    bool "Enable DAC"
    default n
    select RT_USING_DAC
    if BSP_USING_DAC
        config BSP_USING_DAC1
            bool "Enable DAC1"
            default n
    endif
```

我们来看一下此配置文件中的关键字段的意义。

❑ BSP_USING_DAC:DAC 设备驱动代码对应的宏定义,这个宏控制 DAC 驱动相关代码是否会被添加到工程中。

❑ RT_USING_DAC:DAC 设备驱动框架代码对应的宏定义,这个宏控制 DAC 驱动框架的相关代码是否会被添加到工程中。

❑ BSP_USING_DAC1:DAC 转换通道的宏定义,这个宏会配置具体的 DAC 控制器。

2. SConscript 配置

Libraries/HAL_Drivers/SConscript 文件为 DAC 驱动添加了判断选项,代码如下所示。这是一段 Python 代码,表示如果定义了宏 RT_USING_DAC,则 drv_dac.c 会被添加到工程的源文件中。

```
if GetDepend(['RT_USING_DAC']):
    src += Glob('drv_dac.c')
```

10.6 驱动验证

接下来需要验证编写的驱动是否可以正常使用。在 DAC 设备驱动框架中对 DAC 外设进行基本操作,流程如下:

1)DAC 初始化;

2)使能 DAC 输出通道;

3)设置 DAC 输出电压值;

4）根据 DAC 分辨率和 DAC 参考电压计算真实采集值；

5）禁止 DAC 通道。

接下来就可以编写测试代码，进行真机验证了。

注册设备之后，DAC 设备将在 I/O 设备管理器中存在。运行添加了驱动的代码，之后可以在控制台使用 list_device 命令可查看注册的设备已包含了 DAC 设备：

```
msh >list_device
device              type              ref count
--------  --------------------  -----------
uart1     Character Device        2
dac       Miscellaneous Device    0
```

之后则可以使用 DAC 设备驱动框架层提供的统一 API 对 DAC 设备进行操作。使用下面的方法验证驱动的可用性。将万用表调到电压档，正极连接 DAC 的输出引脚，负极连接 GND 引脚。在代码中，设备会输出不同的电压值，以此来验证 DAC 设备运行是否正常。测试代码如下：

```c
#include <rtthread.h>
#include <rtdevice.h>
#include <stdlib.h>
#define DAC_DEV_NAME        "dac1"      /* DAC 设备名称 */
#define DAC_DEV_CHANNEL     1           /* DAC 通道 */
#define REFER_VOLTAGE       330         /* 参考电压 3.3V，数据精度乘以 100，保留 2 位小数 */
#define CONVERT_BITS        (1 << 12)   /* 转换位数为 12 位 */

static int dac_vol_sample(int argc, char *argv[])
{
    rt_dac_device_t dac_dev;
    rt_uint32_t value, vol;
    rt_err_t ret = RT_EOK;

    /* 查找设备 */
    dac_dev = (rt_dac_device_t)rt_device_find(DAC_DEV_NAME);
    if (dac_dev == RT_NULL)
    {
        rt_kprintf("dac sample run failed! can't find %s device!\n", DAC_DEV_
            NAME);
        return -RT_ERROR;
    }

    /* 打开通道 */
    ret = rt_dac_enable(dac_dev, DAC_DEV_CHANNEL);

    /* 设置输出值 */
    value = atoi(argv[1]);
    rt_dac_write(dac_dev, DAC_DEV_NAME, DAC_DEV_CHANNEL, &value);
    rt_kprintf("the value is :%d \n", value);

    /* 转换为对应电压值 */
    vol = value * REFER_VOLTAGE / CONVERT_BITS;
    rt_kprintf("the voltage is :%d.%02d \n", vol / 100, vol % 100);
```

```
        /* 延时查看效果，关闭通道后无输出 */
        rt_thread_mdelay(500);

        /* 关闭通道 */
        ret = rt_dac_disable(dac_dev, DAC_DEV_CHANNEL);

        return ret;
}
/* 导出到 msh 命令列表中 */
MSH_CMD_EXPORT(dac_vol_sample, dac voltage convert sample);
```

代码运行后，系统会在调试终端打印出 DAC 通道的输出电压。在 STM32 的硬件 DAC 控制器中，分辨率以二进制（或十进制）数的位数来表示，一般有 8 位、10 位、12 位、16 位等。分辨率决定了 DAC 的转换精度。目前，STM32 内部集成的 DAC 控制器分辨率绝大部分都可以到 12 位，能够满足大部分应用需求。示例代码中配置的 CONVERT_BITS 转换分辨率是 12 位。

10.7 本章小结

本章讲解了如何开发 DAC 设备驱动，主要包括实现设备的操作方法，创建 DAC 设备，最后对 DAC 设备进行驱动配置与验证。开发者在学完本章后，应该具备开发 DAC 设备驱动的能力。在具体实现操作方法时需要注意 user_data 的使用，为了方便驱动中的操作接口获取硬件平台对应的 DAC 外设的控制句柄，一般用此参数存储该句柄。本章示例中的实现方式仅供参考，具体的实现需要根据硬件平台的特性来决定。

第 11 章
WDT 设备驱动开发

WDT（WatchDog Timer，看门狗定时器），看门狗从本质上来说就是一个带定时器的硬件复位电路。它一般有一个输入和一个输出，其中输入的操作叫作喂狗，输出一般连接着另外一部分（一般是单片机）的复位端。看门狗的功能是在定时器的计时时间到达阈值后发出重启信号，如果系统是正常运行的，则可以定时更新定时器的计时时间，以避免看门狗发出重启信号。因此对看门狗的基本操作包含初始化、设置溢出阈值、隔段时间喂狗（更新看门狗定时器计时时间）。

RT-Thread 对 WDT 的基本功能进行了抽象，开发了 WDT 设备驱动框架，其中包括看门狗的初始化与控制功能。本章主要工作就是将硬件 WDT 外设对接到设备框架，涵盖WDT 设备的创建、操作、注册，以及驱动的配置和验证。

11.1　WDT 层级结构

WDT 层级结构如图 11-1 所示。

1）应用层是开发者需要编写的业务代码，该层通过调用 WDT 设备驱动框架来实现业务功能，比如开启 WDT 设备、喂狗（更新WDT 溢出时间）、获取 WDT 的配置信息。

2）WATCHDOG 设备驱动框架（简称为 WDT 设备驱动框架），该驱动框架与底层平台无关，是一层通用的软件层。WDT设备驱动源码为 watchdog.h/watchdog.c，位于 RT-Thread 源码仓库中的 components/drivers/watchdog 文件夹中。WDT 设备驱动框架向应用层提供 rt_device_init、rt_device_control 等标准接口，应用层通过这些标准接口访问 WDT 设备。WDT 设备驱动框架向 WDT 设备驱动提供 WDT 设备操作方法 struct rt_watchdog_ops（如 init、

图 11-1　WDT 层级结构图

control)，以及注册管理接口 rt_hw_watchdog_register，驱动开发者需要实现这些接口。

3）WATCHDOG 设备驱动（简称 WDT 设备驱动）层与底层的平台相关。不同的底层 MCU 平台拥有不完全相同的 WDT 配置方法，因此需要根据不同的 MCU 平台开发相应的驱动。WDT 设备驱动源码位于具体的 bsp 目录下，一般命名为 drv_wdt.c。WDT 设备驱动需要实现 WDT 设备的操作方法接口 struct rt_watchdog_ops，这些操作方法提供了访问和控制 WDT 硬件的能力。该驱动也负责调用 rt_hw_watchdog_register 注册 WDT 设备到操作系统。

4）最下面一层就是具体的硬件了，主要就是不同 MCU 平台上的具体 WDT 设备，图 11-1 中的 IWDG 就代表一种看门狗外设，称为独立看门狗。不同的芯片厂商提供的硬件看门狗或者驱动库并不完全一样，在结构与具体功能上会有细微差别，但是不会影响驱动的对接。

WDT 驱动开发主要任务就是实现 WDT 设备操作方法 rt_watchdog_ops，然后注册 WDT 设备。驱动文件一般命名为 drv_wdt.c。RT-Thread 的 WDT 设备是基于独立看门狗实现的硬件定时器。本章将会以 STM32 的 IWDG 设备驱动为例讲解 WDT 驱动的具体实现。

11.2 创建 WDT 设备

我们需要先实例化一个 WDT 设备，这个设备需要对接操作接口，并且注册到 I/O 设备框架中。在 STM32 中，可以定义这样的 WDT 硬件设备：

```
struct rt_watchdog_device
{
    struct rt_device parent;                /* 继承 device 设备基类 */
    const struct rt_watchdog_ops *ops;      /* 看门狗设备 ops */
};
typedef struct rt_watchdog_device rt_watchdog_t;
```

WDT 在不同 MCU 上的结构都是不一样的，因此需要从 rt_watchdog_device 结构中派生出符合 MCU 结构的硬件看门狗设备。对 STM32 而言，WDT 设备模型需要增加 STM32 特有的结构 IWDG_HandleTypeDef。除此以外，WDT 设备还增加了 is_start 结构用来标记 WDT 设备是否正在运行。下面是 STM32 的 WDT 设备示例：

```
struct stm32_wdt_obj
{
    rt_watchdog_t watchdog;       // RT-Thread看门狗设备
    IWDG_HandleTypeDef hiwdg;     // STM32 看门狗
    rt_uint16_t is_start;         // 看门狗启动标志
};
```

WDT 设备驱动根据此类型定义 WDT 设备对象并初始化相关变量。部分 MCU 存在多个 IWDG，但这对 WDT 开发没有太大的影响。在完成驱动前，需要将 WDT 设备实例化，下面实例化一个 STM32 的看门狗设备，以在注册设备时使用：

```
static struct stm32_wdt_obj stm32_wdt;
```

11.3　实现 WDT 设备的操作方法

WDT 设备的操作方法定义在 WDT 设备框架中。驱动开发者需要在驱动文件中实现这些操作方法。

WDT 设备的操作方法结构体原型如下：

```
struct rt_watchdog_ops
{
    rt_err_t (*init)(rt_watchdog_t *wdt);
    rt_err_t (*control)(rt_watchdog_t *wdt, int cmd, void *arg);
};
```

其中有 2 个需要实现的接口，这两个接口的具体功能如下。

❑ init：初始化硬件 WDT 配置。

❑ control：控制接口，通过不同的 cmd 命令实现不同的功能，如启动、配置看门狗，以及喂狗等不同性质的操作。

在实现驱动时，尤其要关注 control 接口的实现。WDT 设备驱动框架的很多任务都是在 control 接口中实现的，因此准确实现 control 接口可以使应用层的使用更简单，满足开发需求。

11.3.1　为设备定义操作方法

驱动开发者需要在驱动文件中实现这些操作方法。以 STM32 为例，首先使用 struct rt_watchdog_ops 实例化一个如下所示的结构体，然后实现对应的函数。

```
static const structrt_watchdog_ops ops
{
    wdt_init,
    wdt_control,
};
```

11.3.2　init：初始化看门狗设备

操作方法 init 的目的是初始化看门狗设备，该方法的主要工作就是设置看门狗的时钟与其他基础配置，其原型如下：

```
rt_err_t (*init)(rt_watchdog_t *wdt);
```

init 方法的参数及返回值如表 11-1 所示。

init 方法的作用就是初始化硬件看门狗。来看一段初始化 WDT 设备的示例。该示例的作用是初始化 WDT 的寄存器，通过设置看门狗的寄存器来实现看门狗初始化。这里先对 STM32 的看门狗 IWDG 的结构体进行设置，然后调用 HAL 库函数提供的

表 11-1　init 方法的参数及返回值

参数	描述	返回值
wdt	看门狗设备句柄	❑ RT_EOK：成功 ❑ 其他错误码：失败

WDT 接口完成硬件初始化。示例如下：

```
static rt_err_t wdt_init(rt_watchdog_t *wdt)
{
    ...
    stm32_wdt.hiwdg.Instance = IWDG;
    stm32_wdt.hiwdg.Init.Prescaler = IWDG_PRESCALER_256;
    stm32_wdt.hiwdg.Init.Reload = 0x00000FFF;
    ...

    return RT_EOK;
}
```

虽然可以在 wdt_init 中初始化硬件看门狗的配置，但此时可以先不调用 HAL 库接口 HAL_IWDG_Init 去启动 WDT 看门狗。因为一旦 WDT 通过 HAL 库初始化便开始工作，导致 WDT 频繁去喂狗，所以具体的启动功能可以在 control 中实现，即通过 CMD 命令来灵活开启 WDT 看门狗功能。

11.3.3　control：控制看门狗设备

操作方法 control 用于控制看门狗设备，该接口通过不同的 cmd 命令来实现喂狗，其原型如下所示：

```
rt_err_t (*control)(rt_watchdog_t *wdt, int cmd, void *arg);
```

control 方法的参数及返回值如表 11-2 所示。

表 11-2　control 方法的参数及返回值

参数	描述	返回值
wdt	看门狗设备句柄	□ RT_EOK：执行成功 □ 其他错误码：执行失败
cmd	命令控制字	
arg	传入的参数，在不同的命令控制字中有不同的作用：在 RT_DEVICE_CTRL_WDT_SET_TIMEOUT 中的 CMD 是一个入参；在 RT_DEVICE_CTRL_WDT_GET_TIMEOUT 中的 CMD 是一个出参	

其中 cmd 可取值如下：

```
#define RT_DEVICE_CTRL_WDT_GET_TIMEOUT    (1) /* 获取定时器超时时间（单位:s) */
#define RT_DEVICE_CTRL_WDT_SET_TIMEOUT    (2) /* 设定定时器超时时间（单位:s) */
#define RT_DEVICE_CTRL_WDT_GET_TIMELEFT   (3) /* 获取距离复位还有多长时间（单位:s) */
#define RT_DEVICE_CTRL_WDT_KEEPALIVE      (4) /* 更新看门狗定时器时间 */
#define RT_DEVICE_CTRL_WDT_START          (5) /* 启动看门狗 */
#define RT_DEVICE_CTRL_WDT_STOP           (6) /* 停止看门狗 */
```

在使用 control 方法时，要注意对接驱动对 arg 参数的使用方法。例如在 STM32 中，RT_DEVICE_CTRL_WDT_SET_TIMEOUT 对应的 arg 参数是一个指向 rt_uint32_t 数据类型的指针。如果使用其他方式处理 arg 参数，可能因为参数精度问题而不能设置精确的看门狗超时时间。具体代码如下所示：

```
static rt_err_t wdt_control(rt_watchdog_t *wdt, int cmd, void *arg)
{
    switch (cmd)
    {
    case RT_DEVICE_CTRL_WDT_KEEPALIVE:
        /* 喂狗操作 */
        ...
        HAL_IWDG_Refresh(&stm32_wdt.hiwdg);
        ....
    case RT_DEVICE_CTRL_WDT_SET_TIMEOUT:
        /* 设置看门狗超时时间 */
        ...
        stm32_wdt.hiwdg.Init.Reload = (*((rt_uint32_t*)arg)) ;
        ...
        HAL_IWDG_Init(&stm32_wdt.hiwdg);
        ...
    case RT_DEVICE_CTRL_WDT_GET_TIMEOUT:
        /* 获取看门狗超时时间 */
        ...
        (*((rt_uint32_t*)arg)) = stm32_wdt.hiwdg.Init.Reload * 256 / LSI_VALUE;
        ...
    case RT_DEVICE_CTRL_WDT_START:
        /* 启动看门狗 */
        ...
        HAL_IWDG_Init(&stm32_wdt.hiwdg);
        ...
    default:
        LOG_W("This command is not supported.");
        return -RT_ERROR;
    }
    return RT_EOK;
}
```

11.4　注册 WDT 设备

WDT 设备被创建后，需要注册到 I/O 设备管理器中，由操作系统管理，后续应用程序才能够通过 I/O 设备管理器访问，注册 WDT 设备的接口如下所示：

```
rt_err_t rt_hw_watchdog_register(rt_watchdog_t *wdt,
                     const char    *name,
                     rt_uint32_t    flag,
                     void          *data);
```

rt_hw_watchdog_register 接口的参数与返回值如表 11-3 所示。

表 11-3　rt_hw_watchdog_register 接口的参数与返回值

参数	描述	返回值
wdt	WDT 设备句柄	❑ RT_EOK：成功 ❑ RT_ERROR：失败
name	WDT 设备名称，最大长度由 rtconfig.h 中定义的宏 RT_NAME_ MAX 指定，多余部分会被自动截断	

（续）

参数	描述	返回值
flag	WDT 设备模式标记	
data	私有数据域	

来看一个在 STM32 中注册 WDT 设备的示例，主要是将 WDT 的操作方法 ops 赋值给 11.2 节创建的 WDT 设备，然后调用 rt_hw_watchdog_register 注册到系统的 I/O 设备管理器中，注册代码如下：

```
int rt_wdt_init(void)
{
    /* 注册 WDT 的 ops，后续可以使用 ops 直接控制 RTC 设备 */
    ops.init = &wdt_init;
    ops.control = wdt_control;
    stm32_wdt.watchdog.ops = &ops;
    ...
    /* 注册看门狗设备 */
    rt_hw_watchdog_register(&stm32_wdt.watchdog,"wdt",RT_DEVICE_FLAG_DEACTIVATE,
        RT_NULL) != RT_EOK)
    ...
    return RT_EOK;
}
```

11.5 驱动配置

下面介绍 WDT 设备驱动的配置细节。

1. Kconfig

下面参考 bsp/stm32/stm32f407-atk-explorer/board/Kconfig 文件，对 WDT 驱动进行相关配置，如下所示：

```
config BSP_USING_WDT
    bool "Enable Watchdog Timer"
    select RT_USING_WDT
    default n
```

可以看一下关键字段解析的含义。

❑ BSP_USING_WDT：驱动代码对应的宏定义，这个宏控制 WDT 驱动相关的代码能否添加到工程，简单来说就是添加 drv_wdt.c 到工程中，该宏与底层配置结合更紧密一些。

❑ RT_USING_WDT：驱动框架代码对应的宏定义，这个宏控制 WDT 驱动框架相关代码能否添加到工程中。

2. SConscript

Libraries/HAL_Drivers/SConscript 文件给出了 WDT 驱动的添加情况判断，代码如下所示。这是一段 Python 代码，表示如果定义了宏 BSP_USING_WDT，WDT 驱动文件 drv_ wdt.c 会被添加到工程的源文件中。

```
if GetDepend(['BSP_USING_WDT']):
    src += ['drv_wdt.c']
```

11.6　驱动验证

进行驱动验证需要首先查看该驱动是否注册成功，可以编译下载运行代码，之后在控制台中使用 list_device 命令查看到已注册的设备包含了 WDT 设备：

```
msh />list_device
device          type            ref count
--------        --------------------  ----------
wdt      Security Device    0
uart1    Character Device   2
pin      Miscellaneous Device 0
```

验证表明注册成功，之后就可以使用 WDT 设备驱动向应用层提供的统一 API 对 WDT 进行操作了。

我们可以写一段代码验证设备的功能，板子上拥有 IWDG 的基本看门狗功能，可以编写如下所示的测试代码来测试。当我们使用下面的代码测试时，设备将一直运行，不会重启。如果我们将 #define WDT_KEEPALIVE 注释掉，就会发现约每 10s 系统就会重新启动一次，无法长时间运行。因为注释掉 WDT_KEEPALIVE 后没有执行喂狗动作，系统将因看门狗超时而重启。

```
#include <rtthread.h>
#include <rtdevice.h>
#include <board.h>

int main(void)
{
#define WDT_KEEPALIVE
#define WDT_TIMEOUT 10

    int count = 0;
    rt_uint32_t wdt_timeout = WDT_TIMEOUT;
    rt_device_t wdt_device = RT_NULL;

    wdt_device = rt_device_find("wdt");
    rt_device_control(wdt_device, RT_DEVICE_CTRL_WDT_SET_TIMEOUT, (void *)&wdt_
        timeout);
    rt_device_control(wdt_device, RT_DEVICE_CTRL_WDT_START, RT_NULL);
    rt_kprintf("reduce the wdt timeout as [%02ds] \n", WDT_TIMEOUT);

#ifdef WDT_KEEPALIVE
    rt_kprintf("refresh the wdt timeout.\n", WDT_TIMEOUT);
#endif

    while (1)
```

```
        {
            rt_kprintf("Still living! (Time: %03ds)\n", count++);
            rt_thread_mdelay(1000);

#ifdef WDT_KEEPALIVE
            if(count % 9 == 0)
            {
                rt_device_control(wdt_device, RT_DEVICE_CTRL_WDT_KEEPALIVE, RT_NULL);
            }
#endif
        }
}
```

看门狗的作用就在于此，当系统能正常运行时，看门狗将不会重启系统。而当系统运行不正常时，将因无法及时喂狗而导致系统重启，避免系统无意义地卡死在程序中。所以，为了确保重启命令正常执行，看门狗中断在芯片的中断中拥有最高的优先级，这个优先级是芯片层面的，是无须代码干预的。

看门狗的使用方法也很简单，在系统启动后启用就可以了。看门狗的操作方法可以结合实际需求来实现，或者也可以放在 ilde 线程中实现。放在 ilde 线程可以避免某些优先级线程长时间运行，导致其他线程一直得不到运行机会而影响整体功能。读者可以留意一下 syswatch（系统看守）软件包，这个软件包就是基于 WDT 的特性开发出来的。

11.7 本章小结

本章讲解了如何开发 WDT 设备驱动、如何将 WDT 设备对接到设备驱动框架、如何验证 WDT 设备驱动是否可用。基于 RT-Thread 设备驱动框架注册的 WDT 设备，相比直接使用厂商提供的 WDT 函数具有更好的通用性。

第二篇

进 阶 篇

第 12 章　SDIO 设备驱动开发

第 13 章　Touch 设备驱动开发

第 14 章　LCD 设备驱动开发

第 15 章　传感器设备驱动开发

第 16 章　MTD NOR 设备驱动开发

第 17 章　MTD NAND 设备驱动开发

第 18 章　脉冲编码器设备驱动开发

第 19 章　加解密设备驱动开发

第 20 章　PM 设备驱动开发

第 12 章
SDIO 设备驱动开发

SDIO（Secure Digital Input and Output，安全数字输入 / 输出接口）是一种在 SD 卡接口的基础上发展而来的新型协议接口。它可以兼容之前的 SD 卡，相比 SD 协议，它还可以连接更多的 SDIO 接口的设备，比如蓝牙、Wi-Fi、GPS 等。SDIO 接口在原本 SD 卡接口的基础上进行了拓展，也可以用于 MMC（Multi Media Card，多媒体存储卡）、SDIO 卡。这里的 SDIO 卡就是接口与 SD 卡兼容，但功能不限于存储的卡。

RT-Thread 的 SDIO 设备驱动框架主要针对 SD 卡、MMC、SDIO 卡等。需要注意的是，这里的 MMC 也包括目前嵌入式行业中较常用的 eMMC（embedded Multi Media Card，嵌入式多媒体存储卡）。本章将带领读者了解 SDIO 设备驱动的开发，主要工作就是将硬件 SDIO 控制器对接到设备框架，如 SDIO 设备驱动的实现、配置和验证。

12.1 SDIO 层级结构

SDIO 层级结构如图 12-1 所示。

1）应用层一般是由开发者编写的业务代码，这一层在 SDIO 设备驱动框架层之上，通过调用 SDIO 设备驱动框架提供的统一的接口，实现具体的业务代码逻辑，如 Wi-Fi 的操作，或者读写 SD 卡等。

2）SDIO 设备驱动框架层是抽象出的一层通用的软件，和平台无关，向应用层提供统一的接口，供应用层调用。SDIO 设备驱动框架源码

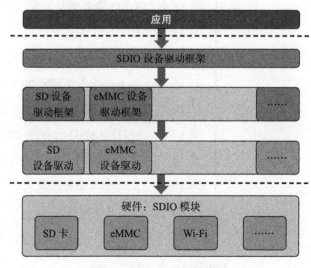

图 12-1　SDIO 层级结构图

位于 RT-Thread 源码仓库的 components/drivers/sdio 文件夹中，包含以下文件。

① mmcsd_core.c：SDIO 的核心代码，包含了对 SDIO 主机控制器的相关操作，如 mmcsd_send_cmd 方法是由主机控制器向从机设备发送命令。

② sdio.c、mmc.c：分别是对 SDIO 卡与 MMC 卡的抽象和操作方法实现。

③ block_dev.c：RT-Thread 块设备的抽象，可以将 SD 卡、MMC 转换成 RT-Thread 系统支持的块设备，进而可以将其挂载到文件系统上。

3）SDIO 驱动层的实现与平台相关，它负责操作具体 MCU 的 SDIO 外设。SDIO 设备驱动源码放置在具体的 bsp 目录下，一般命名为 drv_sdio.c。SDIO 设备驱动中需要实现 struct rt_mmcsd_host_ops 操作方法，这些操作方法提供了访问和控制 SDIO 硬件的能力。

4）最下面一层是使用 SDIO 接口的硬件模块，包含 SDIO 卡、SD 卡等。

SDIO 设备驱动开发的主要任务就是实现 SDIO 设备操作方法 rt_mmcsd_host_ops。下面将以 SD 卡为例讲解 STM32 SDIO 驱动的具体实现方法。

12.2　实现 SDIO 设备的操作方法

SDIO 是一种主从协议，由主机向设备发送请求，需要设置主机的工作方式，并开关 SDIO 外设中断。RT-Thread 将这些操作抽象为一组操作方法 struct rt_mmcsd_host_ops，因此 SDIO 主机的开发者需要在驱动文件中实现下面这些操作方法。

```
struct rt_mmcsd_host_ops
{
    void (*request)(struct rt_mmcsd_host *host, struct rt_mmcsd_req *req);
    void (*set_iocfg)(struct rt_mmcsd_host *host, struct rt_mmcsd_io_cfg *io_
        cfg);
    rt_int32_t (*get_card_status)(struct rt_mmcsd_host *host);
    void (*enable_sdio_irq)(struct rt_mmcsd_host *host, rt_int32_t en);
};
```

12.2.1　request：发送请求

在 SDIO 总线上都是主机端发起请求，然后设备端回应请求。操作方法 request 用于向 SDIO 设备发送请求，其原型如下所示：

```
void (*request)(struct rt_mmcsd_host *host, struct rt_mmcsd_req *req);
```

request 方法的参数如表 12-1 所示。

在实现该方法时，需要根据 *req 结构体的参数发送 SDIO 请求。我们需要判断请求的数据传输方向，决定是发送数据还是读取数据，并在数据传输

表 12-1　request 方法的参数

参数	描述
host	rt_mmcsd_host 结构体的指针
req	rt_mmcsd_req 结构体的指针

完成之后调用 mmcsd_req_complete 接口，以通知 SDIO 设备驱动框架传输完成了。因为此操作是阻塞式的，所以可能需要和中断操作配合使用。我们需要先在当前方法内部阻塞当前线程，等待传输完成，并在 SDIO 的硬件完成中断被触发时，唤醒被挂起的线程。

rt_mmcsd_host 结构体表示 SDIO 主机控制器，其原型如下所示：

```
struct rt_mmcsd_host {
    struct rt_mmcsd_card *card;
```

```
        const struct rt_mmcsd_host_ops *ops;
        rt_uint32_t  freq_min;
        rt_uint32_t  freq_max;
        struct rt_mmcsd_io_cfg io_cfg;
        rt_uint32_t  valid_ocr; / 当前有效 OCR */
#define VDD_165_195     (1 << 7)      /* VDD voltage 1.65 - 1.95 */
#define VDD_20_21       (1 << 8)      /* VDD voltage 2.0 ~ 2.1 */
...
        rt_uint32_t  flags; /* 定义设备功能 */
#define MMCSD_BUSWIDTH_4     (1 << 0)
#define ...
#define controller_is_spi(host) (host->flags & MMCSD_HOST_IS_SPI)
#define MMCSD_SUP_SDIO_IRQ    (1 << 4)      /* 支持中断 */
#define MMCSD_SUP_HIGHSPEED (1 << 5)        /* 支持高速 */

        rt_uint32_t max_seg_size;    /* 一个 DMA 存储区域的最大空间 */
        rt_uint32_t max_dma_segs;    /* 一个请求中含有的 DMA 存储区域的最大数量 */
        rt_uint32_t max_blk_size;    /* 块最大容量 */
        rt_uint32_t max_blk_count;   /* 块最大数量 */

        rt_uint32_t   spi_use_crc;
        struct rt_mutex  bus_lock;
        struct rt_semaphore  sem_ack;

        rt_uint32_t          sdio_irq_num;
        struct rt_semaphore   *sdio_irq_sem;
        struct rt_thread     *sdio_irq_thread;

        void *private_data;
};
```

rt_mmcsd_req 结构体表示 SDIO 总线通信中的具体请求，其原型如下所示：

```
struct rt_mmcsd_req
{
    struct rt_mmcsd_data  *data; /* 数据块 */
    struct rt_mmcsd_cmd   *cmd;  /* 命令块 */
    struct rt_mmcsd_cmd   *stop;
};
```

SDIO 总线上的基本交互是命令 / 响应的交互，这种总线交互直接在命令或者响应的结构里面传输它们的信息。SDIO 的每次操作都是由 Host 在 CMD 线上发起一个命令。对于有的命令，设备端需要返回响应，有的则不需要。

STM32 的 SDIO 设备基于硬件接口封装了两个 API 来发送请求：发送 SDIO 命令（rthw_sdio_send_command）和等待发送完成命令（rthw_sdio_wait_completed），然后基于这两个 API 实现此发送请求的操作方法。其中，STM32 在等待发送完成的 API 中使用事件机制等待 SDIO 传输完成中断的触发。

```
static void rthw_sdio_request(struct rt_mmcsd_host *host, struct rt_mmcsd_req
    *req)
{
    struct sdio_pkg pkg;
```

```
    struct rthw_sdio *sdio = host->private_data;
    struct rt_mmcsd_data *data;

    RTHW_SDIO_LOCK(sdio);

    if (req->cmd != RT_NULL)
    {
        rt_memset(&pkg, 0, sizeof(pkg));
        /* 获取数据和命令 */
        data = req->cmd->data;
        pkg.cmd = req->cmd;

        if (data != RT_NULL)
        {
            rt_uint32_t size = data->blks * data->blksize;

            RT_ASSERT(size <= SDIO_BUFF_SIZE);

            /* 构造 SDIO 请求包 pkg */
            pkg.buff = data->buf;
            if ((rt_uint32_t)data->buf & (SDIO_ALIGN_LEN - 1))
            {
                pkg.buff = cache_buf;
                /* 如果要发送数据，复制数据到临时数据缓冲区里 */
                if (data->flags & DATA_DIR_WRITE)
                {
                    rt_memcpy(cache_buf, data->buf, size);
                }
            }
        }
        /* 封装一个函数，完成请求发送 */
        rthw_sdio_send_command(sdio, &pkg);
    }

    if (req->stop != RT_NULL)
    {
        rt_memset(&pkg, 0, sizeof(pkg));
        pkg.cmd = req->stop;
        rthw_sdio_send_command(sdio, &pkg);
    }

    RTHW_SDIO_UNLOCK(sdio);
    /* 通知框架请求完成 */
    mmcsd_req_complete(sdio->host);
}

static void rthw_sdio_send_command(struct rthw_sdio *sdio, struct sdio_pkg *pkg)
{
    struct rt_mmcsd_cmd *cmd = pkg->cmd;
    struct rt_mmcsd_data *data = cmd->data;
    struct stm32_sdio *hw_sdio = sdio->sdio_des.hw_sdio;
    rt_uint32_t reg_cmd;

    sdio->pkg = pkg;

    /* 配置命令寄存器 */
```

```
        reg_cmd = cmd->cmd_code | SDMMC_CMD_CPSMEN;

        /* 配置命令参数 */
        if (resp_type(cmd) == RESP_NONE)
        {
            reg_cmd |= SDMMC_RESPONSE_NO;
        }
        else if (resp_type(cmd) == RESP_R2)
        {
            ...
        }
        hw_sdio->mask |= SDIO_MASKR_ALL;

        /* 数据配置 */
        if (data != RT_NULL)
        {
            hw_sdio->dctrl = 0;
            hw_sdio->mask &= ~(SDMMC_MASK_CMDRENDIE | SDMMC_MASK_CMDSENTIE);
            reg_cmd |= SDMMC_CMD_CMDTRANS;
            hw_sdio->dtimer = HW_SDIO_DATATIMEOUT;          /* 设置超时时间 */
        /* ... */
        }

        hw_sdio->arg = cmd->arg;
        hw_sdio->cmd = reg_cmd;
        /* 阻塞式地等待回复, 会由中断唤醒 */
        rthw_sdio_wait_completed(sdio);

        /* 等待数据被发送完成 */
        if (data != RT_NULL)
        {
            volatile rt_uint32_t count = SDIO_TX_RX_COMPLETE_TIMEOUT_LOOPS;

            while (count && (hw_sdio->sta & SDMMC_STA_DPSMACT))
            {
                count--;
            }
            if ((count == 0) || (hw_sdio->sta & SDMMC_ERRORS))
            {
                cmd->err = -RT_ERROR;
            }
        }

        /* 判断是否需要读取数据, 如果需要则复制数据到数据缓冲区 */
        if (data != RT_NULL)
        {
            if (data->flags & DATA_DIR_READ)
            {
                rt_memcpy(data->buf, cache_buf, data->blks * data->blksize);
            }
        }
    }

static void rthw_sdio_wait_completed(struct rthw_sdio *sdio)
{
```

```
    rt_uint32_t status;
    struct rt_mmcsd_cmd *cmd = sdio->pkg->cmd;
    struct rt_mmcsd_data *data = cmd->data;
    struct stm32_sdio *hw_sdio = sdio->sdio_des.hw_sdio;
    /* 获取中断标志 */
    if (rt_event_recv(&sdio->event, 0xffffffff, RT_EVENT_FLAG_OR | RT_EVENT_
        FLAG_CLEAR,
                        rt_tick_from_millisecond(5000), &status) != RT_EOK)
    {
        LOG_E("wait cmd completed timeout");
        cmd->err = -RT_ETIMEOUT;
        return;
    }

    if (sdio->pkg == RT_NULL)
    {
        return;
    }

    cmd->resp[0] = hw_sdio->resp1;
    /* ... */
    /* 判断中断错误类型 */
    if (status & SDMMC_ERRORS)
    {
        if ((status & SDMMC_STA_CCRCFAIL) && (resp_type(cmd) & (RESP_R3 | RESP_R4)))
        {
            cmd->err = RT_EOK;
        }
        else
        {
            cmd->err = -RT_ERROR;
        }
    /* 省略部分类似代码 */
    }
    else
    {
        cmd->err = RT_EOK;
    }
}
```

sdio_pkg 结构体用于封装 STM32 的 SDIO 请求，其原型如下所示：

```
struct sdio_pkg
{
    struct rt_mmcsd_cmd *cmd; /* 命令块 */
    void *buff;               /* 数据缓冲区 */
    rt_uint32_t flag;
};
```

rthw_sdio 结构体是 STM32 SDIO 设备驱动的控制块，其原型如下所示。rthw_sdio 结构体包含了 STM32 SDIO 必要的硬件描述和其他驱动需要使用的成员，同时包含了 RT-Thread SDIO 设备驱动框架需要使用的 HOST 结构体指针。此结构体会在 12.3 节创建。

```
struct rthw_sdio
```

```
{
    struct rt_mmcsd_host *host;       /* host 结构体 */
    struct stm32_sdio_des sdio_des; /* STM32 SDIO 描述结构体 */
    struct rt_event event;
    struct rt_mutex mutex;
    struct sdio_pkg *pkg;             /* SDIO 数据包 */
};
```

SDIO 的中断请求处理包括清除中断标志位，并发送通知唤醒被阻塞的 request ops 操作。需要注意的是，在进入 SDIO 的中断处理前后需要调用系统提供的 rt_interrupt_enter 和 rt_interrupt_leave 来处理中断嵌套的记录。

SDIO 设备中断处理的部分代码如下所示，其完成了清除中断标志位并发送事件通知唤醒被阻塞的 request ops 操作。

```
void SDIO_IRQHandler(void)
{
    /* 进入中断 */
    rt_interrupt_enter();
    /* 处理所有 SDIO 中断 */
    rthw_sdio_irq_process(host);
    /* 退出中断 */
    rt_interrupt_leave();
}

void rthw_sdio_irq_process(struct rt_mmcsd_host *host)
{
    struct rthw_sdio *sdio = host->private_data;
    struct stm32_sdio *hw_sdio = sdio->sdio_des.hw_sdio;
    rt_uint32_t intstatus = hw_sdio->sta;

    /* 清除中断标志 */
    hw_sdio->icr = intstatus;
    /* 发送中断状态 */
    rt_event_send(&sdio->event, intstatus);
}
```

12.2.2 set_iocfg：配置 SDIO

SDIO 有多种工作模式可配置，如时钟频率、电源模式、总线模式等，操作方法 set_iocfg 用于配置 SDIO 设备，其函数原型如下所示：

```
void (*set_iocfg)(struct rt_mmcsd_host *host, struct rt_mmcsd_io_cfg *io_cfg);
```

set_iocfg 方法的参数如表 12-2 所示。

该方法将根据 *io_cfg 结构体的参数配置 SDIO，包括 SDIO 设备的时钟频率、电源模式、总线模式以及位宽等。rt_mmcsd_io_cfg 结构体的原型如下所示：

表 12-2 set_iocfg 方法的参数

参数	描述
host	rt_mmcsd_host 结构体的指针
io_cfg	rt_mmcsd_io_cfg 结构体的指针

```
struct rt_mmcsd_io_cfg {
```

```
    rt_uint32_t clock;              /* 时钟频率 */
    rt_uint16_t vdd;                /* 电压范围的位数 */

    rt_uint8_t bus_mode;            /* 命令输出模式 */
#define MMCSD_BUSMODE_OPENDRAIN 1
#define MMCSD_BUSMODE_PUSHPULL   2

/* 省略部分结构体成员 */
};
```

我们来看一个在 STM32 上配置 SDIO 操作方法的示例。部分代码如下所示，其根据参数 io_cfg 的要求，操作 STM32 SDIO 控制器对应的硬件寄存器，按要求完成对 SDIO 的配置。

```
#define DIV_ROUND_UP(n,d) (((n) + (d) - 1) / (d))

static void rthw_sdio_iocfg(struct rt_mmcsd_host *host, struct rt_mmcsd_io_cfg
    *io_cfg)
{
    rt_uint32_t temp, clk_src;
    rt_uint32_t clk = io_cfg->clock;
    struct rthw_sdio *sdio = host->private_data;
    struct stm32_sdio *hw_sdio = sdio->sdio_des.hw_sdio;

    RTHW_SDIO_LOCK(sdio);

    clk_src = SDIO_CLOCK_FREQ;
    /* 配置 SDIO 时钟频率 */
    if (clk > 0)
    {
        if (clk > host->freq_max)
        {
            clk = host->freq_max;
        }
        temp = DIV_ROUND_UP(clk_src, 2 * clk);
        if (temp > 0x3FF)
        {
            temp = 0x3FF;
        }
    }

    /* 配置 SDIO 总线宽度 */
    if (io_cfg->bus_width == MMCSD_BUS_WIDTH_8)
    {
        temp |= SDMMC_BUS_WIDE_8B;
    }
    else if (io_cfg->bus_width == MMCSD_BUS_WIDTH_4)
    {
        temp |= SDMMC_BUS_WIDE_4B;
    }
    else
    {
        temp |= SDMMC_BUS_WIDE_1B;
    }
```

```
    hw_sdio->clkcr = temp;
    /* 配置 SDIO 电压模式 */
    if (io_cfg->power_mode == MMCSD_POWER_ON)
    {
        hw_sdio->power |= SDMMC_POWER_PWRCTRL;
    }

    RTHW_SDIO_UNLOCK(sdio);
}
```

12.2.3 get_card_status：获取状态

操作方法 get_card_status 用于获取 SDIO 设备状态，其原型如下所示。需要注意的是，目前 SDIO 设备框架内已不再使用此操作方法，编写驱动时可以不实现。

```
rt_int32_t (*get_card_status)(struct rt_mmcsd_host *host);
```

enabled 方法的参数及返回值如表 12-3 所示。

表 12-3 enabled 方法的参数及返回值

参数	描述	返回值
host	rt_mmcsd_host 结构体的指针	❑ status：表示设备状态

STM32 SDIO 设备获取状态的代码如下所示：

```
static rt_int32_t rthw_sdio_status(struct rt_mmcsd_host *host)
{
    rt_int32_t status = 0;
    return status;
}
```

12.2.4 enable_sdio_irq：配置中断

操作方法 enable_sdio_irq 用于使能 / 禁用 SDIO 设备中断，其原型如下所示：

```
void (*enable_sdio_irq) (struct rt_mmcsd_host *host, rt_int32_t en);
```

enable_sdio_irq 方法的参数如表 12-4 所示。

表 12-4 enable_sdio_irq 方法的参数

参数	描述
host	rt_mmcsd_host 结构体的指针
en	使能 / 禁用标志（其中 1 代表使能，0 代表禁用）

我们来看一个 STM32 中 SDIO 设备中断使能 / 禁用的示例，该示例直接调用了封装好的库函数，根据参数 en 判断是使能或者禁用 SDIO 的中断，代码如下所示：

```
void rthw_sdio_irq_update(struct rt_mmcsd_host *host, rt_int32_t en)
{
    if (en)
```

```
    {
        rt_hw_irq_enable(IRQ_SD_VECTOR);
    }
    else
    {
        rt_hw_irq_disable(IRQ_SD_VECTOR);
    }
}
```

12.3　创建并激活 SDIO 主机

实现完 SDIO 设备的操作方法之后，接下来就要创建并激活 SDIO 主机了。要想创建 SDIO 主机，首先需要调用 SDIO 设备驱动框架提供的 mmcsd_alloc_host 函数构造一个 SDIO HOST 结构体，并为其配置默认参数，绑定 SDIO 设备的操作方法。这时 SDIO 设备驱动框架并没有开始工作，要使其开始工作还需要调用 SDIO 框架提供的 mmcsd_change 函数来激活 SDIO HOST。

对外接 SD 卡来说，硬件上一般会有一个检测引脚，用来检测 SD 卡的插入 / 拔出状态。对于这种有检测机制的硬件，可以把激活 SDIO 主机的动作放在检测到 SD 卡插入之后，这样就可以自动启动 SDIO 设备驱动框架，进而探测 SDIO 设备。当探测到具体的 SDIO 设备后，应用层就可以通过 SDIO 设备驱动框架来操作具体的 SDIO 接口设备（如 SD 卡）了。

来看一个在 STM32 上创建 SDIO 主机的示例。创建 SDIO 主机之前，需要根据 struct rt_mmcsd_host_ops 的定义创建一个全局的结构体变量 ops。ops 将在 SDIO 主机创建后赋值给 SDIO 主机的 ops 参数。STM32 的驱动专门封装了一个函数 sdio_host_create 用来创建 SDIO HOST。此函数的入参 sdio_des 存储了 SDIO 硬件相关的配置，此处不需要关心。在 sdio_host_creat 函数中，先为 STM32 SDIO 设备控制块 rthw_sdio 结构体分配内存并完成初始化，然后调用 SDIO 设备驱动框架提供的 API mmcsd_alloc_host 构造一个 SDIO HOST 结构体，接着为其配置默认参数，并绑定 12.2 节实现的 SDIO 设备的操作方法。最后调用 SDIO 框架提供的 mmcsd_change 函数激活 SDIO HOST。具体的示例代码如下所示：

```
static const struct rt_mmcsd_host_ops ops =
{
    rthw_sdio_request,
    rthw_sdio_iocfg,
    rthw_sdio_status,
    rthw_sdio_irq_update,
};

struct rt_mmcsd_host *sdio_host_create(struct stm32_sdio_des *sdio_des)
{
    struct rt_mmcsd_host *host;
    struct rthw_sdio *sdio = RT_NULL;
```

```
    if (sdio_des == RT_NULL)
    {
        return RT_NULL;
    }
    /* 1. 为 STM32 SDIO 设备控制块 rthw_sdio 结构体分配内存 */
    sdio = rt_malloc(sizeof(struct rthw_sdio));
    if (sdio == RT_NULL)
    {
        LOG_E("malloc rthw_sdio fail");
        return RT_NULL;
    }
    rt_memset(sdio, 0, sizeof(struct rthw_sdio));
    /* 2. 构造一个 SDIO HOST 结构体 */
    host = mmcsd_alloc_host();
    if (host == RT_NULL)
    {
        LOG_E("alloc host fail");
        goto err;
    }

    rt_memcpy(&sdio->sdio_des, sdio_des, sizeof(struct stm32_sdio_des));
    /* 获取 SDIO 的基地址 */
    sdio->sdio_des.hw_sdio = (struct stm32_sdio *)SDIO_BASE_ADDRESS;
    ...
    /* 3. 为 SDIO HOST 配置默认参数 */
    host->freq_min = 400 * 1000;
    /* host 最大频率 */
    host->freq_max = SDIO_MAX_FREQ;
    /* 支持电压范围 */
    host->valid_ocr = 0X00FFFF80; /* 电压范围是 1.65~3.6V */
    /* 数据总线宽度 */
    host->flags = MMCSD_MUTBLKWRITE | MMCSD_SUP_HIGHSPEED;

    /* 配置 host 默认参数 */
    host->max_seg_size  = SDIO_BUFF_SIZE;
    host->max_dma_segs  = 1;
    host->max_blk_size  = 512;
    host->max_blk_count = 512;
    ...
    /* 4. 绑定 SDIO 设备的操作方法 */
    host->ops = &ops;

    /* 5. 激活 SDIO HOST */
    mmcsd_change(host);

    return host;

err:
    if (sdio)
    {
        rt_free(sdio);
    }
```

```
        return RT_NULL;
}
```

12.4　驱动配置

下面讲解 SDIO 的驱动配置细节。

1. Kconfig 配置

参考 bsp/stm32/stm32f429-atk-apollo/board/Kconfig 文件配置 SDIO 驱动，如下所示：

```
config BSP_USING_SDCARD
    bool "Enable SDCARD (sdio)"
    select BSP_USING_SDIO
    select RT_USING_DFS
    select RT_USING_DFS_ELMFAT
    default n
```

这里介绍一些关键字段的意义。

1）BSP_USING_SDIO：SDIO 驱动代码对应的宏定义，这个宏定义控制 SDIO 驱动相关代码是否会添加到工程中。

2）RT_USING_DFS：虚拟文件系统组件对应的宏定义，这个宏定义控制虚拟文件系统相关代码是否会添加到工程中。

3）RT_USING_DFS_ELMFAT：elm-FatFS 文件系统对应的宏定义，这个宏定义控制 elm-FatFS 文件系统相关代码是否会添加到工程中。

2. SConscript 配置

Libraries/HAL_Drivers/SConscript 文件给出了 SDIO 驱动添加情况的判断选项，代码如下所示。这是一段 Python 代码，表示如果定义了宏 BSP_USING_SDIO，相应的 SDIO 驱动文件 drv_sdio.c 会被添加到工程的源文件中。

```
if GetDepend(['BSP_USING_SDIO']):
    src += ['drv_sdio.c']
```

12.5　驱动验证

注册设备之后，SDIO 设备将在 I/O 设备管理器中存在，运行代码，运行 list_device 命令可以看到已注册的设备包括了 SDIO 设备：

```
msh >list_device
device          type                 ref count
--------  -------------------- -----------
uart1     Character Device     2
sd0       Block Device         0
```

之后可将 SDIO 设备挂载到文件系统，如下所示：

```
dfs_mount("sd0", "/", "elm", 0, 0);
```

上电后系统会显示类似如下的日志：

```
...
[I/SDIO] SD card capacity 7806976 KB.
Found part[0], begin: 18284544, size: 7.438GB
[I/app.filesystem] sd card mount to '/'
```

12.6　本章小结

本章讲解了 SDIO 设备驱动开发的步骤，包括实现设备的操作方法，创建 SDIO 主机设备等步骤。在注册 SDIO 设备之后，不仅可以挂载 SD 卡，还可以挂载基于 SD 接口拓展出来的 SDIO 卡、MMC 等。

第 13 章
Touch 设备驱动开发

Touch 设备即触摸设备，是目前嵌入式人机交互领域常用的输入设备。随着嵌入式物联网的发展以及显示屏在嵌入式人机交互领域的普及，人机交互往往都会使用"显示屏 + 触摸"的方式进行。可以说，触摸设备现在已经成为嵌入式人机交互应用的重要组成部分。

目前，市面上的触摸芯片种类丰富，绝大部分的触摸芯片都是使用 I2C 接口方式接入主控芯片的。RT-Thread 为方便管理和使用触摸设备，将触摸设备的基本功能进行了抽象，开发了 Touch 设备驱动框架。

本章将带领读者了解 Touch 设备驱动的开发。

13.1 Touch 层级结构

Touch 设备驱动框架层级结构如图 13-1 所示。

1）应用层主要是开发者编写的应用代码，可以直接调用 Touch 设备驱动框架提供的统一接口进行读取触摸点等操作，也可以将其作为输入设备对接到 GUI 引擎中。

2）I/O 设备管理层主要为设备驱动框架提供统一的操作接口，包括 rt_device_read、rt_device_write、rt_device_open 等。应用层调用的就是 I/O 设备管理层提供的接口。

3）Touch 设备驱动框架层是对触摸设备基本功能的一层抽象，与硬件平台无关。Touch 设备驱动框架源码为 touch.c，位于 components\drivers\touch 文件夹中。该层抽象了 Touch 设备的类型定义和具体的操作方法（如 rt_touch_info、rt_touch_ops 等），驱动开发

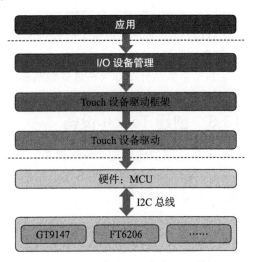

图 13-1　Touch 设备驱动框架层级结构图

者需要实现这些操作方法。除此之外，Touch 设备驱动框架层还提供 Touch 设备的注册接口 rt_hw_touch_register，驱动开发者需要在注册设备时调用此接口。

4）Touch 设备驱动层是针对具体触摸芯片编写的，借助 RT-Thread 提供的 I2C 设备驱动框架，可以做到与平台无关。Touch 设备驱动源码一般以软件包的形式出现，不会放在具体的 bsp 目录下。

5）最后一层就是具体的硬件层了，包含各个不同厂家、不同型号的触摸芯片，如 FT5426、FT6206、GT1151、GT911、XPT2046 等。

本章将会以 GT9147 电容触摸芯片为例讲解 Touch 设备驱动的具体实现。下面先来介绍一下 GT9147 的基础知识。

13.2 GT9147 触摸芯片

GT9147 触摸芯片采用电容检测技术，内置高性能微信号检测电路，可以很好地解决 LCD 干扰和共模干扰问题。它可以同时识别 5 个触摸点位的实时准确位置、移动轨迹及触摸面积，并可根据主控需要，读取相应点数的触摸信息。GT9147 采用 I2C 协议连接的方式读取转换数据。GT9147 触摸相关引脚如表 13-1 所示。

表 13-1　触摸相关引脚

GT9147 引脚	MCU 引脚
RSTB（复位）	GPIO 输出，输出高 / 低来控制 GT9147 的 RESET 口为高或低。为保证可靠复位，建议 RESET 引脚输出低于 100µs
INT（中断）	GPIO 输入，主控的 INT 引脚需具有上升沿或下降沿的中断触发功能，并且当其在输入态时，主控端必须设为悬浮态，才能取消内部的上拉 / 下拉功能
I2C	I2C 总线

GT9147 在使用前需要进行硬件配置，具体的硬件配置方式参照官方使用文档，这里不再赘述。

接下来继续介绍如何将这款触摸芯片对接到 Touch 设备驱动框架。

13.3 创建 Touch 设备

本节介绍如何创建 Touch 设备。Touch 设备驱动框架定义了 Touch 设备模型 struct rt_touch_device，设备驱动需要在 Touch 设备模型中实例化一个 Touch 设备，struct rt_touch_device 的结构体如下所示：

```
struct rt_touch_device
{
    struct rt_device            parent;      /* device 设备基类 */
    struct rt_touch_info        info;        /* Touch 设备信息 */
    struct rt_touch_config      config;      /* Touch 设备配置参数 */

    const struct rt_touch_ops   *ops;        /* Touch 设备操作方法 */
    rt_err_t (*irq_handle)(rt_touch_t touch); /* 由驱动注册的中断回调函数 */
};
```

Touch 设备驱动根据此类型定义 Touch 设备对象并初始化相关变量。大部分参数仅供设备驱动框架内部使用，其中 ops 参数定义了和硬件相关的操作方法，需要驱动开发者实现。GT9147 设备驱动是使用动态内存的方式创建 Touch 设备的，示例代码如下所示。

```
/* 创建 Touch 设备 */
touch_device = (rt_touch_t)rt_calloc(1, sizeof(struct rt_touch_device));
```

在此示例代码中，我们使用 RT-Thread 动态内存接口 rt_calloc 申请了 Touch 设备所需的空间。下面来介绍如何实现 Touch 设备的操作方法。

13.4　实现 Touch 设备的操作方法

首先使用 struct rt_touch_ops 实例化一个如下所示的结构。

```
/* Touch 设备的操作方法 */
struct rt_touch_ops
{
    rt_size_t (*touch_readpoint)(struct rt_touch_device *touch, void *buf, rt_
        size_t touch_num);
    rt_err_t (*touch_control)(struct rt_touch_device *touch, int cmd, void
        *arg);
};
```

13.4.1　touch_readpoint：读触摸点信息

操作方法 touch_readpoint 的作用是操作对应的触摸芯片，获取当前的触摸点信息。其原型如下所示：

```
rt_size_t (*touch_readpoint)(struct rt_touch_device *touch, void *buf, rt_size_t
    touch_num);
```

touch_readpoint 方法的参数如表 13-2 所示。

注意，Touch 设备驱动框架对触摸点信息的格式做了规定，如下所示：

表 13-2　touch_readpoint 方法的参数

参数	描述
touch	rt_touch_device 结构体的指针
buf	存储读取的触摸点信息的数据缓冲区
touch_num	要读取的触摸点个数

```
struct rt_touch_data
{
    rt_uint8_t        event;          /* 触摸事件类型：按下、抬起、移动等 */
    rt_uint8_t        track_id;       /* 触摸点的 ID */
    rt_uint8_t        width;          /* 触摸点的大小 */
    rt_uint16_t       x_coordinate;   /* 触摸点的 x 坐标 */
    rt_uint16_t       y_coordinate;   /* 触摸点的 y 坐标 */
    rt_tick_t         timestamp;      /* 读取到该触摸点的时间戳 */
};
```

因此，返回触摸点信息时需要转换为 Touch 设备驱动框架规定的数据格式。其中，event 的取值类型如表 13-3 所示。

下面看一个在 GT9147 中实现 touch_readpoint 方法的示例代码。GT9147 触摸设备在检测到有按下状态时会更新状态寄存器（GT9147_READ_STATUS: 0x814E）和存放触摸点信息的寄存器（GT9147_POINT1_REG: 0x814F）。在此示例代码中，GT9147 驱动先通过封装好的读取寄存器的 API（gt9147_read_regs）读取状态寄存器，当成功读取到触摸点信息后，再通过读取触摸芯片内对应的寄存器的数据来获取触摸点的坐标数据。根据这些信息判断出触摸点的事件类型（抬起、按下、移动）之后，再使用封装好的触摸点信息格式转换函数，转换成 Touch 设备驱动框架要求的格式，完成触摸点信息的读取。代码如下所示。

表 13-3　event 的取值类型

event	描述
RT_TOUCH_EVENT_NONE	默认事件（空）
RT_TOUCH_EVENT_UP	抬起事件
RT_TOUCH_EVENT_DOWN	按下事件
RT_TOUCH_EVENT_MOVE	移动事件

```
static rt_size_t gt9147_read_point(struct rt_touch_device *touch, void *buf, rt_
    size_t read_num)
{
    /* 读取触摸点状态寄存器 */
    cmd[0] = (rt_uint8_t)((GT9147_READ_STATUS >> 8) & 0xFF);
    cmd[1] = (rt_uint8_t)(GT9147_READ_STATUS & 0xFF);
    if (gt9147_read_regs(gt9147_client, cmd, 2, 1, &point_status) != RT_EOK)
    {
        LOG_D("read point failed\n");
        read_num = 0;
        goto exit_;
    }

    /* 根据参数读取 read_num 个触摸点数据 */
    cmd[0] = (rt_uint8_t)((GT9147_POINT1_REG >> 8) & 0xFF);
    cmd[1] = (rt_uint8_t)(GT9147_POINT1_REG & 0xFF);
    if (gt9147_read_regs(gt9147_client, cmd, 2, read_num * GT9147_POINT_INFO_
        NUM, read_buf) != RT_EOK)
    {
        LOG_D("read point failed\n");
        read_num = 0;
        goto exit_;
    }

    /* 检测到有触摸点抬起事件, 遍历列表确认抬起的触摸点 */
    if (pre_touch > touch_num)
    {
        for (read_index = 0; read_index < pre_touch; read_index++)
        {
            rt_uint8_t j;

            for (j = 0; j < touch_num; j++)
            {
                read_id = read_buf[j * 8] & 0x0F;

                if (pre_id[read_index] == read_id)
                    break;
```

```
                    if (j >= touch_num - 1)
                    {
                        rt_uint8_t up_id;
                        up_id = pre_id[read_index];
                        /* 抬起事件，转换成 Touch 设备驱动框架规定的数据格式 */
                        gt9147_touch_up(buf, up_id);
                    }
                }
            }
        }
    }

    /* 检测到有触摸点按下 */
    if (touch_num)
    {
        rt_uint8_t off_set;

        for (read_index = 0; read_index < touch_num; read_index++)
        {
            off_set = read_index * 8;
            read_id = read_buf[off_set] & 0x0f;
            pre_id[read_index] = read_id;
            input_x = read_buf[off_set + 1] | (read_buf[off_set + 2] << 8);
            /* x */
            input_y = read_buf[off_set + 3] | (read_buf[off_set + 4] << 8);
            /* y */
            input_w = read_buf[off_set + 5] | (read_buf[off_set + 6] << 8);
            /* size */
            /* 将此按下事件转换成 Touch 设备驱动框架规定的数据格式 */
            gt9147_touch_down(buf, read_id, input_x, input_y, input_w);
        }
    }
    else if (pre_touch) /* 检测到有触摸点抬起事件 */
    {
        for(read_index = 0; read_index < pre_touch; read_index++)
        {
            /* 将此抬起事件转换成 Touch 设备驱动框架规定的数据格式 */
            gt9147_touch_up(buf, pre_id[read_index]);
        }
    }
    /* 更新上次记录的触摸点信息 */
    pre_touch = touch_num;

exit_:
    /* 清除触摸点状态寄存器 */
    gt9147_write_reg(gt9147_client, 3, write_buf);
    return read_num;
}

/* 抬起事件处理函数，将此抬起事件转换成 Touch 设备驱动框架规定的数据格式 */
static void gt9147_touch_up(void *buf, int8_t id)
{
    read_data = (struct rt_touch_data *)buf;

    if(s_tp_dowm[id] == 1)
    {
```

```
            s_tp_dowm[id] = 0;
            read_data[id].event = RT_TOUCH_EVENT_UP;
        }
        else
        {
            read_data[id].event = RT_TOUCH_EVENT_NONE;
        }

        read_data[id].timestamp = rt_touch_get_ts();
        read_data[id].width = pre_w[id];
        read_data[id].x_coordinate = pre_x[id];
        read_data[id].y_coordinate = pre_y[id];
        read_data[id].track_id = id;

        pre_x[id] = -1;  /* last point is none */
        pre_y[id] = -1;
        pre_w[id] = -1;
}

/* 按下事件处理函数，将此按下事件转换成 Touch 设备驱动框架规定的数据格式 */
static void gt9147_touch_down(void *buf, int8_t id, int16_t x, int16_t y, int16_t w)
{
    read_data = (struct rt_touch_data *)buf;

    if (s_tp_dowm[id] == 1)
    {
        read_data[id].event = RT_TOUCH_EVENT_MOVE;

    }
    else
    {
        read_data[id].event = RT_TOUCH_EVENT_DOWN;
        s_tp_dowm[id] = 1;
    }

    read_data[id].timestamp = rt_touch_get_ts();
    read_data[id].width = w;
    read_data[id].x_coordinate = x;
    read_data[id].y_coordinate = y;
    read_data[id].track_id = id;

    pre_x[id] = x; /* save last point */
    pre_y[id] = y;
    pre_w[id] = w;
}
```

13.4.2　touch_control：控制设备

操作方法 touch_control 的作用是操作对应的触摸芯片，获取触摸设备的信息或者设定对应的参数。其原型如下所示：

```
rt_err_t (*touch_control)(struct rt_touch_device *touch, int cmd, void *arg);
```

touch_control 方法的参数如表 13-4 所示。

表 13-4 touch_control 方法的参数

参数	描述
touch	rt_touch_device 结构体的指针
cmd	命令控制字，在 Touch 设备驱动框架中定义，以控制 Touch 设备
arg	传入的参数，在不同的命令控制字中有不同的作用：在 RT_DEVICE_CTRL_WDT_SET_TIMEOUT 中是一个入参；在 RT_DEVICE_CTRL_WDT_GET_TIMEOUT 中是一个出参

触摸设备支持的命令控制字如下所示：

```
#define  RT_TOUCH_CTRL_GET_ID              (0)
#define  RT_TOUCH_CTRL_GET_INFO            (1)
#define  RT_TOUCH_CTRL_SET_MODE            (2)
#define  RT_TOUCH_CTRL_SET_X_RANGE         (3)
#define  RT_TOUCH_CTRL_SET_Y_RANGE         (4)
#define  RT_TOUCH_CTRL_SET_X_TO_Y          (5)
#define  RT_TOUCH_CTRL_DISABLE_INT         (6)
#define  RT_TOUCH_CTRL_ENABLE_INT          (7)
```

RT_TOU CH_CTRL_DISABLE_INT 和 RT_TOUCH_CTRL_ENABLE_INT 已经在框架层中实现，设备驱动需要实现剩下的宏定义。在实现 touch_control 方法时，要注意对 arg 参数的使用。在 GT9147 示例中，RT_TOUCH_CTRL_SET_X_RANGE 这个 cmd 命令对应的是 arg 参数，该入参是一个指向 rt_uint16_t 数据类型的指针。如果使用其他方式处理 arg 参数，可能因为参数精度问题而不能达到设置 x 轴分辨率的目的。具体代码如下所示：

```
static rt_err_t gt9147_control(struct rt_touch_device *device, int cmd, void
*data)
{
    if (cmd == RT_TOUCH_CTRL_GET_ID)
    {
        return gt9147_get_product_id(gt9147_client, 6, data);
    }

    if (cmd == RT_TOUCH_CTRL_GET_INFO)
    {
        return gt9147_get_info(gt9147_client, data);
    }
    ...
    switch(cmd)
    {
    case RT_TOUCH_CTRL_SET_X_RANGE:
    {
        /* 设置 x 轴分辨率 */
        rt_uint16_t x_ran;

        x_ran = *(rt_uint16_t *)data;
        config[4] = (rt_uint8_t)(x_ran >> 8);
        config[3] = (rt_uint8_t)(x_ran & 0xff);

        GT9147_CFG_TBL[2] = config[4];
        GT9147_CFG_TBL[1] = config[3];
        break;
```

```
}
case RT_TOUCH_CTRL_SET_Y_RANGE:
{
    /* 设置 y 轴分辨率 */
    ...
    break;
}
default:
{
    break;
}
}

return RT_EOK;
}
```

13.5　注册 Touch 设备

Touch 设备的操作方法实现后，需要使用注册接口将设备注册到操作系统中，注册接口如下所示：

```
int rt_hw_touch_register(rt_touch_t    touch,
                         const char    *name,
                         rt_uint32_t   flag,
                         void          *data);
```

rt_hw_touch_register 接口的参数如表 13-5 所示。

来看一下 GT9147 设备注册的示例。注册 Touch 设备之前，需要根据 struct rt_touch_ops 的定义创建一个全局的 ops 结构体变量 touch_ops。touch_ops 将在 Touch 设备创建后赋值给 Touch 设备的 ops 参数。另外，我们需要在调用

表 13-5　rt_hw_touch_register 接口的参数

参数	描述
touch	rt_touch_device 结构体的指针
name	Touch 设备名称
flag	支持的设备打开方式标志
data	私有数据域，根据具体需求传入参数

rt_hw_touch_register 接口前完成 Touch 设备成员的初始化。注册部分代码如下：

```
...
/* 保存 Touch 设备的操作方法 */
static struct rt_touch_ops touch_ops =
{
    .touch_readpoint = gt9147_read_point,
    .touch_control = gt9147_control,
};

int rt_hw_gt9147_init(const char *name, struct rt_touch_config *cfg)
{
    rt_touch_t touch_device = RT_NULL;

    /* 创建 Touch 设备 */
```

```
touch_device = (rt_touch_t)rt_calloc(1, sizeof(struct rt_touch_device));

/* 硬件初始化 */
gt9147_hw_init();
...
gt9147_soft_reset(gt9147_client);
/* 触摸设备类型是电容屏 */
touch_device->info.type = RT_TOUCH_TYPE_CAPACITANCE;
/* 厂商信息为 GT 系列 */
touch_device->info.vendor = RT_TOUCH_VENDOR_GT;
rt_memcpy(&touch_device->config, cfg, sizeof(struct rt_touch_config));
/* 保存操作方法 */
touch_device->ops = &touch_ops;

/* 注册 Touch 设备到操作系统 */
rt_hw_touch_register(touch_device, name, RT_DEVICE_FLAG_INT_RX, RT_NULL);

...
}
```

13.6　驱动配置

下面讲解 Touch 设备的驱动配置细节。

1. Kconfig 配置

下面参考 bsp\stm32\stm32l4r9-st-eval\board\Kconfig 文件，对 Touch 驱动进行相关配置，如下所示：

```
menu "Enable Touch"

    config BSP_USING_TOUCH
        bool "Enable Touch drivers"
        select BSP_USING_I2C1
        default n
        if BSP_USING_TOUCH
            config BSP_TOUCH_INT_PIN
                int "Touch interrupt pin"
                default 34
            config BSP_I2C1_NAME
                string "I2C1 Name for Touch"
                default i2c1
        endif

    config TOUCH_IC_FT3X67
    bool "FT3X67"
    depends on BSP_USING_TOUCH
    default n

endmenu
```

我们来看看一些关键字段的意义。

1）BSP_USING_TOUCH：Touch 驱动代码对应的宏定义，这个宏控制 Touch 驱动相关代码是否会添加到工程中。

2）BSP_USING_I2C1：Touch 设备实际也是一个 I2C 从设备，该宏使能 I2C 总线设备 i2c1 的注册。

3）BSP_TOUCH_INT_PIN：此宏可自定义，表示 Touch 设备的中断引脚，和 Touch 驱动代码进行配合。

4）BSP_I2C1_NAME：此宏可自定义，表示 Touch 设备实际使用的 I2C 总线的名称，需要和已经注册的 I2C 总线设备名保持一致，如 i2c1，最终和 Touch 驱动代码进行配合。

2. SConscript 配置

Libraries/HAL_Drivers/SConscript 文件给出了 Touch 驱动添加情况的判断选项，代码如下所示。这是一段 Python 代码，仅作为示例展示，具体的驱动代码内的内容可能和这里的描述不相符。

```python
if GetDepend(['BSP_USING_TOUCH']):
    src += Glob('ports/drv_touch.c')
    src += Glob('ports/drv_touch_ft.c')
```

13.7 驱动验证

运行添加了驱动的 RT_Thread 代码，之后可以使用 list_device 命令查看到已注册的设备包含了 Touch 设备：

```
msh >list_device
device          type                 ref count
--------        --------------------  ----------
uart1           Character Device     2
i2c1            I2C Bus              1
gt              Touch Device         1
```

之后则可以使用 I/O 设备驱动框架层提供的统一 API 对 Touch 设备进行操作了。

若开发板外接了触摸设备，可以编写简单的测试代码来对驱动进行测试验证。如 ART-Pi 开发板可以外接 LCD 触摸屏幕，因此我们可以使用 Touch 设备驱动框架提供的 API 来对触摸屏幕上的触摸芯片进行触摸测试，测试代码如下：

```c
#include <rtthread.h>
#include "gt9147.h"

#define THREAD_PRIORITY     25
#define THREAD_STACK_SIZE 1024
#define THREAD_TIMESLICE    5

static rt_thread_t  gt9147_thread = RT_NULL;
static rt_sem_t     gt9147_sem = RT_NULL;
static rt_device_t  dev = RT_NULL;
static struct       rt_touch_data *read_data;
static struct       rt_touch_info info;
```

```
/* 读点线程 */
static void gt9147_entry(void *parameter)
{
    rt_device_control(dev, RT_TOUCH_CTRL_GET_INFO, &info);

    read_data = (struct rt_touch_data *)rt_malloc(sizeof(struct rt_touch_data) *
        info.point_num);

    while (1)
    {
        /* 等待读点 */
        rt_sem_take(gt9147_sem, RT_WAITING_FOREVER);
        /* 读点 */
        if (rt_device_read(dev, 0, read_data, info.point_num) == info.point_num)
        {
            for (rt_uint8_t i = 0; i < info.point_num; i++)
            {
                if (read_data[i].event == RT_TOUCH_EVENT_DOWN || read_data[i].
                    event == RT_TOUCH_EVENT_MOVE)
                {
                    /* 打印当前触摸点坐标 */
                    rt_kprintf("%d %d %d %d %d\n", read_data[i].track_id,
                               read_data[i].x_coordinate,
                               read_data[i].y_coordinate,
                               read_data[i].timestamp,
                               read_data[i].width);
                }
            }
        }
        /* 使能触摸中断 */
        rt_device_control(dev, RT_TOUCH_CTRL_ENABLE_INT, RT_NULL);
    }
}
/* 读点接收回调函数 */
static rt_err_t rx_callback(rt_device_t dev, rt_size_t size)
{
    /* 释放信号量 */
    rt_sem_release(gt9147_sem);
    rt_device_control(dev, RT_TOUCH_CTRL_DISABLE_INT, RT_NULL);
    return 0;
}

int gt9147_sample(const char *name, rt_uint16_t x, rt_uint16_t y)
{
    void *id;

    dev = rt_device_find(name);
    if (dev == RT_NULL)
    {
        rt_kprintf("can't find device:%s\n", name);
        return -1;
    }
    /* 打开设备 */
    if (rt_device_open(dev, RT_DEVICE_FLAG_INT_RX) != RT_EOK)
    {
```

```
        rt_kprintf("open device failed!");
        return -1;
    }

    id = rt_malloc(sizeof(struct rt_touch_info));
    /* 获取触摸芯片的 ID */
    rt_device_control(dev, RT_TOUCH_CTRL_GET_ID, id);
    rt_uint8_t * read_id = (rt_uint8_t *)id;
    rt_kprintf("id = %d %d %d %d \n", read_id[0] - '0', read_id[1] - '0', read_
        id[2] - '0', read_id[3] - '0');
    /* 设置触摸点 x 轴范围 */
    rt_device_control(dev, RT_TOUCH_CTRL_SET_X_RANGE, &x);   /* if possible you
        can set your x y coordinate*/
    /* 设置触摸点 y 轴范围 */
    rt_device_control(dev, RT_TOUCH_CTRL_SET_Y_RANGE, &y);
    /* 获取触摸设备信息 */
    rt_device_control(dev, RT_TOUCH_CTRL_GET_INFO, id);
    rt_kprintf("range_x = %d \n", (*(struct rt_touch_info*)id).range_x);
    rt_kprintf("range_y = %d \n", (*(struct rt_touch_info*)id).range_y);
    rt_kprintf("point_num = %d \n", (*(struct rt_touch_info*)id).point_num);
    rt_free(id);

    gt9147_sem = rt_sem_create("dsem", 0, RT_IPC_FLAG_FIFO);
    if (gt9147_sem == RT_NULL)
    {
        rt_kprintf("create dynamic semaphore failed.\n");
        return -1;
    }
    /* 设备读点回调函数 */
    rt_device_set_rx_indicate(dev, rx_callback);

    /* 创建读点线程 */
    gt9147_thread = rt_thread_create("thread1",
                                     gt9147_entry,
                                     RT_NULL,
                                     THREAD_STACK_SIZE,
                                     THREAD_PRIORITY,
                                     THREAD_TIMESLICE);

    if (gt9147_thread != RT_NULL)
        rt_thread_startup(gt9147_thread);

    return 0;
}
```

代码运行后，触摸 LCD 触摸屏幕，终端会打印当前触摸点的坐标信息。

13.8 本章小结

本章讲解了 Touch 设备驱动开发步骤。值得注意的是，我们需要尽可能地使用中断引脚来判断触摸是否被按下，利用中断方式可以节省 CPU 的资源。同时，由于不同的触摸芯片参数不同，因此需要自行根据触摸芯片的数据手册指导完成触摸信息的读取，然后将其对接到 Touch 框架。

第 14 章
LCD 设备驱动开发

随着智能时代的到来，人与机器之间的联系变得越发密切了。语音控制、手势识别、表情识别等一系列新颖交互方式的出现打破了以往人类对机器的认知。而屏幕作为信息时代至今最主要的信息输出媒介，一直在人类的生活中承担着重要的角色。在智能时代到来的今天，屏幕也变得越来越重要了，汽车的主控屏，手机、手表的显示屏，铺天盖地的广告屏，以及冰箱、空调上越来越智能的触控屏等。

在大部分嵌入式人机交互的场景下，往往都会选用 LCD 屏幕作为信息显示媒介。LCD 的接口种类丰富，常见的显示接口有 DBI、DPI、LTDC、DSI、FSMC、SPI 等。RT-Thread 将 LCD 的基本功能进行了抽象，开发了 LCD 设备驱动框架，方便应用开发者开发与具体硬件解耦的图形应用。目前 LCD 设备驱动框架已经支持嵌入式行业常用的 GUI 引擎，如 LVGL、TouchGFX、AzureGUIX 等。本章将带领读者了解 LCD 设备驱动的开发。

14.1 LCD 层级结构

LCD 的层级结构如图所示。

1）应用层主要是开发者编写的应用代码，可以直接调用 LCD 设备驱动框架提供的统一接口进行绘图操作，也可以使用基于 LCD 设备驱动框架层开发的各类 GUI 引擎开发图形应用。

2）I/O 设备管理层主要为设备框架提供统一的操作接口，包括 rt_device_read、rt_device_write、rt_device_open 等。应用层调用的就是 I/O 设备管理层提供的接口。

3）LCD 设备驱动框架层是对 LCD 基本功能的抽象，是一层通用的软件层，和硬件平台无关。LCD 设备驱动框架层只是抽象了 LCD 设备的类型定义和具体的操作方法（如 rt_

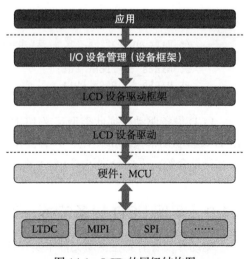

图 14-1　LCD 的层级结构图

device_graphic_info、rt_device_graphic_ops 等），LCD 设备驱动框架源码位于 RT-Thread 源码 rtdef.h 中。LCD 设备借助 I/O 设备管理层提供的注册接口 rt_device_register 进行注册。

4）LCD 设备驱动层操作具体的 MCU LCD 控制器，其实现与平台相关。LCD 设备驱动源码为 drv_lcd.c，放在具体 bsp 目录下。

①对于使用 LCD 硬件控制器（如 DPI、LTDC 等）通信的屏幕，LCD 设备驱动只需要实现 LCD 设备的操作方法 struct rt_device_ops，在 control 接口里更新硬件控制器的缓冲区即可控制屏幕绘图。

②对于使用通信协议（如 SPI）控制的 LCD 屏幕，实现操作方法 struct rt_device_ops 后，还需要实现绘图操作方法 rt_device_graphic_ops，该方法提供了画点、画线等控制硬件绘图的操作方法。这一层也负责调用 rt_device_register 函数注册 LCD 设备到操作系统。

5）最下面一层是使用 LCD 接口的硬件模块，如基于 SPI/RGB 等协议接口的液晶屏。液晶屏通过通信协议与 MCU 进行通信。

LCD 驱动开发的主要任务就是实现 LCD 设备操作方法 rt_device_ops，然后注册 LCD 设备。本章将会以 STM32 的 LTDC 设备驱动为例，讲解 LCD 驱动的具体实现。

14.2 创建 LCD 设备

下面来创建 STM32 的 LCD 设备。LCD 设备模型从 struct rt_device 结构体中派生，并增加了自己的私有数据。

```
struct drv_lcd_device
{
    struct rt_device parent;

    struct rt_device_graphic_info lcd_info;

    struct rt_semaphore lcd_lock;

    /* 0:front_buf, 正在使用; 1: back_buf, 正在使用 */
    rt_uint8_t cur_buf;
    rt_uint8_t *front_buf;
    rt_uint8_t *back_buf;
};
```

LCD 设备驱动根据此类型定义 LCD 设备对象并初始化相关变量。其中大部分参数仅供 LCD 设备驱动框架内部使用，只有操作方法参数定义了和硬件相关的操作。具体内容会在后文详细介绍。下面分别讲解 LCD 设备的驱动实现。

14.3 实现 LCD 设备的操作方法

驱动开发者需要在驱动文件中实现这些操作方法。首先使用 struct rt device_ops lcd_ops 实例化一个结构体，然后实现对应的函数，即为 LCD 设备定义操作方法。对 LCD 设备来说，只有其中的 init 和 control 操作方法才是有意义的，本节也只介绍这两个操作方法。

```
static const struct rt_device_ops lcd_ops =
{
    /* 通用设备接口 */
    rt_err_t   (*init)   (rt_device_t dev);
    rt_err_t   (*open)   (rt_device_t dev, rt_uint16_t oflag);
    rt_err_t   (*close)  (rt_device_t dev);
    rt_size_t  (*read)   (rt_device_t dev, rt_off_t pos, void *buffer,
                          rt_size_t size);
rt_size_t (*write)  (rt_device_t dev, rt_off_t pos, const void *buffer,
                     rt_size_t size);
rt_err_t   (*control)(rt_device_t dev, int cmd, void *args);
};
```

14.3.1　init：初始化 LCD 设备

操作方法 init 用于初始化 LCD 设备，该方法将根据参数 dev 初始化对应的设备，其原型如下所示：

```
rt_err_t   (*init)(rt_device_t dev);
```

init 方法的参数及返回值如表 14-1 所示。

init 方法用于初始化 LCD 设备，如果 LCD 设备本身不需要初始化的操作，可以不实现此操作方法。以下的 STM32 的 LCD 驱动代码就没有执行任何操作。

表 14-1　init 方法的参数及返回值

参数	描述	返回值
dev	设备句柄	❑ RT_EOK：执行成功 ❑ 其他错误码：执行失败

```
static rt_err_t drv_lcd_init(struct rt_device *device)
{
    struct drv_lcd_device *lcd = LCD_DEVICE(device);
    /* 当前未执行任何操作 */
    lcd = lcd;
    return RT_EOK;
}
```

14.3.2　control：控制 LCD 设备

应用程序也可以对设备进行控制，通过 control 方法完成：

```
rt_err_t   (*control)(rt_device_t dev, int cmd, void *args);
```

control 方法的参数及返回值如表 14-2 所示。

表 14-2　control 方法的参数及返回值

参数	描述	返回值
dev	设备句柄	❑ RT_EOK：执行成功 ❑ 其他错误码：执行失败
cmd	略，参见后续讲解	
args	传入与控制命令 cmd 对应的参数	

其中参数 cmd 包含了控制 LCD 的方式，通用设备命令可取如下宏定义：

```
/* 图形类设备命令控制字：在 rtdef.h 中定义 */

/* 更新绘图缓冲区 */
#define RTGRAPHIC_CTRL_RECT_UPDATE        0
/* 亮屏 */
#define RTGRAPHIC_CTRL_POWERON            1
/* 息屏 */
#define RTGRAPHIC_CTRL_POWEROFF           2
/* 获取 lcd 设备信息 */
#define RTGRAPHIC_CTRL_GET_INFO           3
/* 设置 lcd 模式 */
#define RTGRAPHIC_CTRL_SET_MODE           4
```

下面是控制 STM32 LCD 的示例，参数 cmd 可以控制设备做出不同的响应。

```
static rt_err_t drv_lcd_control(struct rt_device *device, int cmd, void *args)
{
    struct drv_lcd_device *lcd = LCD_DEVICE(device);

    switch (cmd)
    {
    case RTGRAPHIC_CTRL_RECT_UPDATE:
    {
        /* 更新 LCD 缓冲区 */
        if (_lcd.cur_buf)
        {
            /* back_buf 正在使用中 */
            memcpy(_lcd.front_buf, _lcd.lcd_info.framebuffer, LCD_BUF_SIZE);
            /* 配置缓冲区起始地址 */
            LTDC_LAYER(&LtdcHandle, 0)->CFBAR &= ~(LTDC_LxCFBAR_CFBADD);
            LTDC_LAYER(&LtdcHandle, 0)->CFBAR = (uint32_t)(_lcd.front_buf);
            _lcd.cur_buf = 0;
        }
        else
        {
            /* front_buf 正在使用中 */
            memcpy(_lcd.back_buf, _lcd.lcd_info.framebuffer, LCD_BUF_SIZE);
            /* 配置缓冲区起始地址 */
            LTDC_LAYER(&LtdcHandle, 0)->CFBAR &= ~(LTDC_LxCFBAR_CFBADD);
            LTDC_LAYER(&LtdcHandle, 0)->CFBAR = (uint32_t)(_lcd.back_buf);
            _lcd.cur_buf = 1;
        }
        rt_sem_take(&_lcd.lcd_lock, RT_TICK_PER_SECOND / 20);
        HAL_LTDC_Relaod(&LtdcHandle, LTDC_SRCR_VBR);
    }
    break;
    /* 获取 LCD 参数 */
    case RTGRAPHIC_CTRL_GET_INFO:
    {
        struct rt_device_graphic_info *info = (struct rt_device_graphic_info *)args;

        RT_ASSERT(info != RT_NULL);
        info->pixel_format              = lcd->lcd_info.pixel_format;
```

```
        info->bits_per_pixel            = 16;
        info->width                     = lcd->lcd_info.width;
        info->height                    = lcd->lcd_info.height;
        info->framebuffer               = lcd->lcd_info.framebuffer;
    }
    break;

    default:
        return -RT_EINVAL;
    }

    return RT_EOK;
}
```

为了保证传输的高效，我们采用了中断方式传输数据。STM32 的 LTDC 外设驱动需要实现以下中断函数：

```
void HAL_LTDC_ReloadEventCallback(LTDC_HandleTypeDef *hltdc)
{
    /* 使能行中断 */
    __HAL_LTDC_ENABLE_IT(&LtdcHandle, LTDC_IER_LIE);
}

void HAL_LTDC_LineEventCallback(LTDC_HandleTypeDef *hltdc)
{
    rt_sem_release(&_lcd.lcd_lock);
}

void LTDC_IRQHandler(void)
{
    rt_interrupt_enter(); /* 中断进入时调用该函数 */

    HAL_LTDC_IRQHandler(&LtdcHandle);

    rt_interrupt_leave(); /* 中断结束时调用该函数 */
}
```

14.4　实现绘图的操作方法

对于使用通信协议（如 SPI）控制的 LCD 屏幕，实现操作方法 struct rt_device_ops 后，还需要实现绘图操作方法 rt_device_graphic_ops，以提供画点、画线等控制硬件绘图的操作方法，如下所示。

```
struct rt_device_graphic_ops
{
    void (*set_pixel) (const char *pixel, int x, int y);
    void (*get_pixel) (char *pixel, int x, int y);

    void (*draw_hline)(const char *pixel, int x1, int x2, int y);
    void (*draw_vline)(const char *pixel, int x, int y1, int y2);
```

```
void (*blit_line) (const char *pixel, int x, int y, rt_size_t size);
};
```

14.4.1　set_pixel：画点

操作方法 set_pixel 用于画点，它将根据参数 x、y 在 LCD 指定的位置画点，其原型如下所示：

```
void (*set_pixel) (const char *pixel, int x, int y);
```

set_pixel 方法的参数如表 14-3 所示。

下面以 STM32 LCD 为例，根据参数 x、y 在 LCD 屏幕上指定位置画点，并设置像素点的颜色。

表 14-3　set_pixel 方法的参数

参数	描述
pixel	像素值地址
x	LCD 屏幕 x 轴坐标
y	LCD 屏幕 y 轴坐标

```
static void LCD_Fast_DrawPoint(const char *pixel, int x, int y)
{
    uint16_t color = *((uint16_t *)pixel);
    if (lcddev.dir == 0)
        x = lcddev.width - 1 - x;
    LCD_WR_REG(lcddev.setxcmd);
    LCD_WR_DATA(x >> 8);
    LCD_WR_DATA(x & 0XFF);
    LCD_WR_DATA(x >> 8);
    LCD_WR_DATA(x & 0XFF);
    LCD_WR_REG(lcddev.setycmd);
    LCD_WR_DATA(y >> 8);
    LCD_WR_DATA(y & 0XFF);
    LCD_WR_DATA(y >> 8);
    LCD_WR_DATA(y & 0XFF);

    LCD->REG = lcddev.wramcmd;
    LCD->RAM = color;
}
```

14.4.2　get_pixel：读取像素点颜色

操作方法 get_pixel 用于读取像素点颜色，该方法将根据参数 x、y 设置像素点坐标，其原型如下所示：

```
void (*get_pixel) (char *pixel, int x, int y);
```

get_pixel 方法的参数如表 14-4 所示。

下面以 STM32 LCD 为例，根据参数 x、y 在 LCD 屏幕上读取指定位置像素点的颜色。

表 14-4　get_pixel 方法的参数

参数	描述
pixel	像素值地址
x	LCD 屏幕 x 轴坐标
y	LCD 屏幕 y 轴坐标

```
void LCD_ReadPoint(char *pixel, int x, int y)
{
    uint16_t *color = (uint16_t *)pixel;
    uint16_t r = 0, g = 0, b = 0;
    if (x >= lcddev.width || y >= lcddev.height)
```

```
    {
        *color = 0;
        return;
    }
    LCD_SetCursor(x, y);
    LCD_WR_REG(0X2E);
    r = LCD_RD_DATA();
    *color = r;
}
```

14.4.3 draw_hline：画横线

操作方法 draw_hline 用于画横线，该方法将根据参数 x1、x2、y 在 LCD 屏幕上画一条横线，其原型如下所示：

```
void (*draw_hline)(const char *pixel, int x1, int
    x2, int y);
```

draw_hline 方法的参数如表 14-5 所示。

下面以 STM32 LCD 为例，根据参数 x1、x2、y 在 LCD 屏幕上指定位置画一条横线。

表 14-5 draw_hline 方法的参数

参数	描述
pixel	像素值地址
x1	LCD 屏幕 x 轴起始坐标
x2	LCD 屏幕 x 轴终点坐标

```
void LCD_HLine(const char *pixel, int x1, int x1, int y)
{
    rt_uint16_t t;
    int xerr = 0, yerr = 0, delta_x, delta_y, distance;
    int incx, incy, uRow, uCol;
    delta_x = x2 - x1; /* 计算坐标增量 */
    delta_y = y;
    uRow = x;
    uCol = y;

    if (delta_x > 0)
        incx = 1; /* 设置单步方向 */
    else if (delta_x == 0)
        incx = 0; /* 垂直线 */
    else
    {
        incx = -1;
        delta_x = -delta_x;
    }

    if (delta_y > 0)
        incy = 1;
    else if (delta_y == 0)
        incy = 0; /* 水平线 */
    else
    {
        incy = -1;
        delta_y = -delta_y;
    }

    if (delta_x > delta_y)
```

```
        distance = delta_x; /* 选取基本增量坐标轴 */
    else
        distance = delta_y;

    for (t = 0; t <= distance + 1; t++) /* 画线输出 */
    {
        LCD_Fast_DrawPoint(pixel, uRow, uCol);
        xerr += delta_x;
        yerr += delta_y;

        if (xerr > distance)
        {
            xerr -= distance;
            uRow += incx;
        }

        if (yerr > distance)
        {
            yerr -= distance;
            uCol += incy;
        }
    }
}
```

14.4.4　draw_vline：画竖线

操作方法 draw_vline 用于画竖线，该方法将根据参数 x、y1、y2 在 LCD 屏幕上画一条竖线，其原型如下所示：

```
void (*draw_vline)(const char *pixel, int x, int y1, int y2);
```

draw_vline 方法的参数如表 14-6 所示。

表 14-6　draw_vline 方法的参数

参数	描述	参数	描述
pixel	像素值地址	y1	LCD 屏幕 y 轴起始坐标
x	LCD 屏幕 x 轴坐标	y2	LCD 屏幕 y 轴终点坐标

下面以 STM32 LCD 为例，根据参数 x、y1、y2 在 LCD 屏幕上指定位置画一条竖线。

```
void LCD_VLine(const char *pixel, int x, int y1, int y2)
{
    rt_uint16_t t;
    int xerr = 0, yerr = 0, delta_x, delta_y, distance;
    int incx, incy, uRow, uCol;
    delta_x = x;
    delta_y = y2 - y1; /* 计算坐标增量 */
    uRow = x;
    uCol = y1;

    if (delta_x > 0)
        incx = 1; /* 设置单步方向 */
    else if (delta_x == 0)
```

```
        incx = 0; /* 垂直线 */
    else
    {
        incx = -1;
        delta_x = -delta_x;
    }

    if (delta_y > 0)
        incy = 1;
    else if (delta_y == 0)
        incy = 0; /* 水平线 */
    else
    {
        incy = -1;
        delta_y = -delta_y;
    }

    if (delta_x > delta_y)
        distance = delta_x; /* 选取基本增量坐标轴 */
    else
        distance = delta_y;

    for (t = 0; t <= distance + 1; t++) /* 画线输出 */
    {
        LCD_Fast_DrawPoint(pixel, uRow, uCol);
        xerr += delta_x;
        yerr += delta_y;

        if (xerr > distance)
        {
            xerr -= distance;
            uRow += incx;
        }

        if (yerr > distance)
        {
            yerr -= distance;
            uCol += incy;
        }
    }
}
```

14.4.5　blit_line：画杂色水平线

操作方法 blit_line 用于画杂色水平线，其原型如下所示：

```
void (*blit_line) (const char *pixel, int x, int y, rt_size_t size);
```

blit_line 方法的参数如表 14-7 所示。

表 14-7　blit_line 方法的参数

参数	描述	参数	描述
pixel	像素值地址	y	LCD 屏幕 y 轴坐标
x	LCD 屏幕 x 轴坐标	size	绘制的像素点个数

如果用画点的方式实现一个渐变效果，会因为函数的反复调用而影响效率。blit_line 允许你一次设置多个像素值。

下面以 STM32 LCD 为例，根据参数 x、y 和 size 在 LCD 屏幕上画出杂色水平线段。

```
void LCD_BlitLine(const char *pixel, int x, int y, rt_size_t size)
{
    LCD_SetCursor(x, y);
    LCD_WriteRAM_Prepare();
    uint16_t *p = (uint16_t *)pixel;
    for (; size > 0; size--, p++)
        LCD->RAM = *p;
}
```

14.5　注册 LCD 设备

LCD 设备使用 I/O 设备管理器中的设备注册接口 rt_device_register 完成注册，其原型如下所示：

```
rt_err_t rt_device_register(rt_device_t dev,
                            const char *name,
                            rt_uint16_t flags)
```

rt_device_register 接口的参数及返回值如表 14-8 所示。

表 14-8　rt_device_register 接口的参数及返回值

参数	描述	返回值
dev	设备句柄	
name	设备名称，设备名称的最大长度由 rtconfig.h 中定义的宏 RT_NAME_MAX 指定，多余部分会被自动截掉	□ RT_EOK：注册成功 □ -RT_ERROR：注册失败，dev 为空或者 name 已经存在
flags	设备模式标志	

对于使用 LCD 硬件控制器（如 DPI、LTDC 等）通信的屏幕，LCD 设备驱动只需要实现 14.3 节要求的操作方法即可注册设备到操作系统；对于使用通信协议（如 SPI）控制的 LCD 屏幕，除实现 14.3 节要求的设备操作方法外，还需要实现 14.4 节要求的绘图操作方法，并将其赋值给 LCD 设备控制块中的 user_data 成员。

来看一个使用 LCD 硬件控制器驱动屏幕的注册示例。STM32 LTDC 驱动注册 LCD 设备的代码片段如下所示。先为 LCD 设备的各个成员赋值，这里主要关注设备操作方法的赋值部分，然后调用设备注册接口，注册 LCD 设备到操作系统。其中 lcd_ops 是在 14.3 节实现设备的操作方法时定义的，lcd_ops 保存了 LCD 所有操作方法的函数指针。

```
int drv_lcd_hw_init(void)
{
    rt_err_t result = RT_EOK;
    struct rt_device *device = &_lcd.parent;

    /* 初始化 _lcd */
```

```
    memset(&_lcd, 0x00, sizeof(_lcd));

    /* 配置 LCD 设备信息 */
    _lcd.lcd_info.height = LCD_HEIGHT;
    _lcd.lcd_info.width = LCD_WIDTH;
    _lcd.lcd_info.bits_per_pixel = LCD_BITS_PER_PIXEL;
    _lcd.lcd_info.pixel_format = LCD_PIXEL_FORMAT;
        ...

    device->type    = RT_Device_Class_Graphic;
#ifdef RT_USING_DEVICE_OPS
    device->ops     = &lcd_ops;
#else
    device->init    = drv_lcd_init;
    device->control = drv_lcd_control;
#endif

    /* 注册 LCD 设备 */
    rt_device_register(device, "lcd", RT_DEVICE_FLAG_RDWR);
}
```

再来看一个使用 FSMC 通信接口的 LCD 屏幕的驱动注册示例。可以看到，该示例在赋值完设备操作方法 lcd_ops 之后，还将保存了绘图操作方法的 fsmc_lcd_ops 结构体赋值给了 LCD 设备的 user_data 成员。

```
int drv_lcd_hw_init(void)
{
    rt_err_t result = RT_EOK;
    struct rt_device *device = &_lcd.parent;
    /* 初始化 _lcd */
    memset(&_lcd, 0x00, sizeof(_lcd));

    _lcd.lcd_info.bits_per_pixel = 16;
    _lcd.lcd_info.pixel_format = RTGRAPHIC_PIXEL_FORMAT_RGB565;

    device->type = RT_Device_Class_Graphic;
#ifdef RT_USING_DEVICE_OPS
    device->ops = &lcd_ops;
#else
    device->init = drv_lcd_init;
    device->control = drv_lcd_control;
#endif
    device->user_data = &fsmc_lcd_ops;
    /* 注册 LCD 设备 */
    rt_device_register(device, "lcd", RT_DEVICE_FLAG_RDWR | RT_DEVICE_FLAG_
        STANDALONE);

    return result;
}
```

14.6　驱动配置

下面介绍如何进行 LCD 设备驱动的配置。

1. Kconfig 配置

下面参考 bsp/stm32/stm32mp157a-st-discovery/board/Kconfig 文件配置 LCD 驱动的相关选项，如下所示：

```
menuconfig BSP_USING_LCD
    bool "Enable LCD"
    default n
    select RT_USING_LCD
    if BSP_USING_LCD
        config BSP_USING_LCD1
        bool "Enable LCD1"
        default n
     endif
```

我们来看看一些关键字段的意义。

1）BSP_USING_LCD：LCD 设备驱动代码对应的宏定义，这个宏控制 LCD 驱动相关代码是否会添加到工程中。

2）RT_USING_LCD：LCD 设备驱动框架代码对应的宏定义，这个宏控制 LCD 设备驱动框架的相关代码是否会添加到工程中。

3）BSP_USING_LCD1：LCD 转换通道的宏定义，这个宏决定具体的 LCD 控制器的配置。

2. SConscript 配置

Libraries/HAL_Drivers/SConscript 文件为 LCD 驱动添加了判断选项，代码如下所示。这是一段 Python 代码，表示如果定义了宏 RT_USING_LCD，drv_lcd.c 会被添加到工程的源文件中。

```
if GetDepend(['RT_USING_LCD']):
    src += Glob('drv_dac.c')
```

14.7 驱动验证

注册设备之后，LCD 设备将在 I/O 设备管理器中存在。运行以下代码，则可以使用 list_device 命令查看到注册的设备已包含 LCD 设备：

```
msh >list_device
device          type                  ref count
--------  --------------------- -----------
uart1     Character Device      2
lcd       Graphic device        0
```

之后就可以使用 I/O 设备驱动框架层提供的统一 API 进行操作了。

验证方法是，若开发板上有 LCD 接口，则可以编写简单的测试代码来对驱动进行测试验证。如 ART-Pi 开发板上有 LTDC，则显示接口。因此可以使用 LCD 设备驱动框架提供的 API 来控制 LCD 的显示，测试代码如下：

```c
void main(void)
{
    struct drv_lcd_device *lcd;
    lcd = (struct drv_lcd_device *)rt_device_find("lcd");

    while (1)
    {
        /* 全屏刷红 */
        for (int i = 0; i < LCD_BUF_SIZE / 2; i++)
        {
            lcd->lcd_info.framebuffer[2 * i] = 0x00;
            lcd->lcd_info.framebuffer[2 * i + 1] = 0xF8;
        }
        lcd->parent.control(&lcd->parent, RTGRAPHIC_CTRL_RECT_UPDATE, RT_NULL);
        rt_thread_mdelay(1000);
        /* 全屏刷绿 */
        for (int i = 0; i < LCD_BUF_SIZE / 2; i++)
        {
            lcd->lcd_info.framebuffer[2 * i] = 0xE0;
            lcd->lcd_info.framebuffer[2 * i + 1] = 0x07;
        }
        lcd->parent.control(&lcd->parent, RTGRAPHIC_CTRL_RECT_UPDATE, RT_NULL);
        rt_thread_mdelay(1000);
        /* 全屏刷蓝 */
        for (int i = 0; i < LCD_BUF_SIZE / 2; i++)
        {
            lcd->lcd_info.framebuffer[2 * i] = 0x1F;
            lcd->lcd_info.framebuffer[2 * i + 1] = 0x00;
        }
        lcd->parent.control(&lcd->parent, RTGRAPHIC_CTRL_RECT_UPDATE, RT_NULL);
        rt_thread_mdelay(1000);
    }
}
```

代码运行效果是，LCD 显示屏会周期性全屏刷新红、黄、绿三种颜色。

14.8　本章小结

本章讲解了 LCD 设备驱动开发的步骤，主要包括设备的操作方法、创建 LCD 设备，最后对 LCD 进行驱动配置与验证。需要注意的是，针对不同类型的 LCD 屏幕需要选择不同的设备实现方式。不同的 LCD 屏幕参数不同，比如分辨率、颜色深度等，需要自行根据屏幕进行参数调整。

第 15 章
传感器设备驱动开发

传感器（sensor）是物联网重要的一部分，"传感器之于物联网"就相当于"眼睛之于人类"。人类如果没有了眼睛就看不到这大千的花花世界，这对物联网来说也是一样。

如今随着物联网的发展，已经有大量的传感器被研发出来了，如加速度计、磁力计、陀螺仪、气压计、湿度计等。世界上的各大半导体厂商都有生产这些传感器，虽然增加了市场的可选择性，也加大了应用程序开发的难度。因为不同的传感器厂商、不同的传感器类别都需要配套自己独有的驱动才能运转起来，这样在开发应用程序时就需要针对不同的传感器进行适配，加大了开发难度。为了降低应用开发的难度，增加传感器驱动的可复用性，RT-Thread 设计了传感器设备驱动框架。传感器设备驱动框架抽象了传感器常见的操作方法，用于兼容不同厂商不同平台的特性，可以让开发者的应用程序具有更为广泛的通用性。

本章将带领读者了解传感器设备驱动的开发。本章会讲解传感器设备驱动的开发过程、传感器设备的操作方法与如何注册传感器设备，以及驱动配置和驱动验证。

15.1 传感器层级结构

传感器层级结构如图 15-1 所示。

1）应用层主要是开发者编写的应用代码，这些应用代码通过调用 I/O 设备管理层提供的统一接口进行传感器的读 / 写操作，实现特定的业务功能。比如采集传感器数据、配置传感器参数等。

2）I/O 设备管理层向应用层提供 rt_device_read、rt_device_write 等标准接口，应用层通过这些标准接口访问传感器设备。I/O 设备管理层进而调用传感器设备驱动框架层提供的接口完成对应的操作。

3）传感器设备驱动框架层是一层通用的软件抽象层，该层的框架与具体的硬件平台不相关。传感器设备驱动框架源码为 sensor.c，位于 RT-Thread 源码 components\drivers\sensors 文件夹中。传感器设备驱动框架提供以下功能。

① 向 I/O 设备管理层提供统一的接口供其调用。

② 传感器设备驱动框架向传感器设备驱动提供传感器设备操作方法 struct rt_sensor_

ops，包括 fetch_data、control。驱动开发者需要实现这些方法。

③ 提供注册管理接口 rt_hw_sensor_register，驱动开发者需要在注册设备时调用此接口。

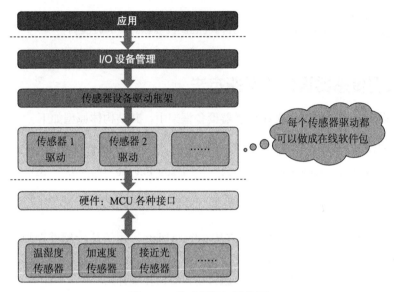

图 15-1　传感器层级结构图

4）传感器设备驱动层是针对具体的传感器硬件开发的驱动，操作具体的传感器芯片。传感器设备驱动源码为 sensor_xxx_xxx.c，一般以通用软件包的形式存在。传感器设备驱动需要实现传感器设备的操作方法接口 struct rt_sensor_ops，这些操作方法提供了访问和控制传感器硬件的能力。这一层也负责调用 rt_hw_sensor_register 接口注册传感器设备到操作系统。

5）最下面一层就是具体的传感器硬件了，包含市面上常用的传感器类型。不同的芯片厂商提供的传感器硬件或者驱动库并不完全一样，在结构与具体功能上会有细微差别，但是不会影响传感器驱动的对接。

传感器设备驱动开发的任务就是实现传感器设备操作方法接口 struct rt_sensor_ops，然后注册传感器设备。

传感器一般会同时支持多种类型数据的采集，如 AHT10 温湿度传感器就同时支持温度、湿度两种数据类型。此时应分别注册"温度""湿度"两个传感器设备。本章将以 AHT10 温湿度传感器驱动为例讲解传感器设备驱动的具体实现。

15.2　创建传感器设备

下面需要创建两个传感器设备，一般使用动态内存分配的方式为传感器设备分配内存空间，部分代码如下：

```
rt_sensor_t sensor_temp = RT_NULL, sensor_humi = RT_NULL;

/* 温度传感器 */
sensor_temp = rt_calloc(1, sizeof(struct rt_sensor_device));

/* 湿度传感器 */
sensor_humi = rt_calloc(1, sizeof(struct rt_sensor_device));
```

15.3　实现传感器设备的操作方法

传感器设备的操作方法定义在传感器设备框架中，其结构体原型如下：

```
struct rt_sensor_ops
{
    rt_size_t (*fetch_data)(struct rt_sensor_device *sensor, void *buf, rt_size_
        t len);
    rt_err_t (*control)(struct rt_sensor_device *sensor, int cmd, void *arg);
};
```

传感器设备框架定义了两个操作方法：fetch_data，用于从传感器获取数据；control，用于操作传感器设备，如上 / 下电、设定数据输出速率等。开发者需要在驱动文件中实现这些操作方法，具体的实现方式及参数的意义会在后面详细介绍。

15.3.1　fetch_data：获取传感器数据

操作方法 fetch_data 用于获取传感器数据，其原型如下所示：

```
rt_size_t (*fetch_data)(struct rt_sensor_device *sensor, void *buf, rt_size_t
    len);
```

fetch_data 方法的参数及返回值如表 15-1 所示。

表 15-1　fetch_data 方法的参数及返回值

参数	描述	返回值
sensor	rt_sensor_device 结构体的指针	❑ 若返回值大于 0，则返回实际获取到的数据个数
buf	存储获取到的传感器数据的内存首地址	❑ 若返回值为 0，则表示获取数据失败
len	想要获取的数据个数	

下面看一下 AHT10 传感器获取数据的示例。传感器设备驱动框架当前默认支持 3 种工作模式：轮询（RT_DEVICE_FLAG_RDONLY）、中断（RT_DEVICE_FLAG_INT_RX）和 FIFO（RT_DEVICE_FLAG_FIFO_RX）。我们需要在获取传感器数据时判断传感器的工作模式，然后根据不同的工作模式调用不同的 API 返回传感器数据。如下所示：

```
static rt_size_t aht10_temp_fetch_data(struct rt_sensor_device *sensor, void
    *buf, rt_size_t len)
{
    if (sensor->config.mode == RT_SENSOR_MODE_POLLING)
    {
```

```
        return _xxx_temp_polling_get_data(sensor, buf, len);
    }
    else if (sensor->config.mode == RT_SENSOR_MODE_INT)
    {
        return _xxx_temp_int_get_data(sensor, buf, len);
    }
    else if (sensor->config.mode == RT_SENSOR_MODE_FIFO)
    {
        return _xxx_temp_fifo_get_data(sensor, buf, len);
    }
    else
        return 0;
}
```

开发人员在返回数据时需要先标识传感器数据的数据类型，然后填充数据域与时间戳，如下所示。此示例代码就标识了这一组传感器数据属于温度数据。

```
sensor_data->type = RT_SENSOR_CLASS_TEMP
sensor_data->data.temp = temperature_x10;
sensor_data->timestamp = rt_sensor_get_ts();
```

以下是一些开发注意事项。

❏ 时间戳的获取函数请使用传感器设备驱动框架提供的时间戳获取函数 rt_sensor_get_ts。

❏ 在 FIFO 模式下，底层数据可能会有耦合，需要使用模块功能，将两个传感器作为一个模块，然后同时更新两个传感器的数据。

❏ 要将数据的单位转换为传感器设备驱动框架中规定的数据单位。

各类传感器的单位如表 15-2 所示。

表 15-2　各类传感器的单位

传感器	类型	单位	说明
加速度计	RT_SENSOR_CLASS_ACCE	mg	g=9.8m/s^2，常以 mg（1/1000g）为统计单位
陀螺仪	RT_SENSOR_CLASS_GYRO	mdps	1 dps=1000 mdps（毫度每秒）
磁力计	RT_SENSOR_CLASS_MAG	mGauss	1 Gauss=1000 mGauss（毫高斯）
环境光	RT_SENSOR_CLASS_LIGHT	lux	亮度流明值
接近光	RT_SENSOR_CLASS_PROXIMITY	cm	代表物体到传感器的距离大小
气压计	RT_SENSOR_CLASS_BARO	Pa	100 Pa = 1 hPa（百帕）
温度计	RT_SENSOR_CLASS_TEMP	℃/10	0.1℃
湿度计	RT_SENSOR_CLASS_HUMI	‰	相对湿度（常简写为 RH），常以 ‰ 表示
心率计	RT_SENSOR_CLASS_HR	bpm	每分钟心跳的次数
噪声	RT_SENSOR_CLASS_NOISE	Hz	频率单位
计步计	RT_SENSOR_CLASS_STEP	1	步数：无量纲单位 1
力传感器	RT_SENSOR_UNIT_MN	mN	压力的大小，常以 mN（1/1000N）为统计单位

15.3.2　control：控制传感器设备

操作方法 control 用于控制传感器设备，其原型如下所示：

```
rt_err_t (*control)(struct rt_sensor_device *sensor, int cmd, void *arg);
```

control 方法的参数及返回值如表 15-3 所示。

表 15-3　control 方法的参数及返回值

参数	描述	返回值
sensor	rt_sensor_device 结构体的指针	□ RT_EOK：执行成功
cmd	要执行的操作对应的命令字	□ −RT_ERROR：执行失败
arg	对应的参数	

传感器的控制依靠 control 方法实现，该方法通过判断传入的命令字，然后执行不同的操作，cmd 目前支持以下命令字：

```
#define   RT_SENSOR_CTRL_GET_ID      (0) /* 读取设备 ID */
#define   RT_SENSOR_CTRL_GET_INFO    (1) /* 获取设备信息（由框架实现，在驱动中不需要实现）*/
#define   RT_SENSOR_CTRL_SET_RANGE   (2) /* 设置传感器测量范围 */
#define   RT_SENSOR_CTRL_SET_ODR     (3) /* 设置传感器数据输出速率，单位是 Hz */
#define   RT_SENSOR_CTRL_SET_MODE    (4) /* 设置工作模式 */
#define   RT_SENSOR_CTRL_SET_POWER   (5) /* 设置电源模式 */
#define   RT_SENSOR_CTRL_SELF_TEST   (6) /* 自检 */
```

来看一个 AHT10 控制传感器设备的示例。我们需要在驱动里实现 control 方法，具体的实现可以参考下面的示例：

```
static rt_err_t aht10_temp_control(struct rt_sensor_device *sensor, int cmd,
    void *args)
{
    rt_err_t result = RT_EOK;

    switch (cmd)
    {
    case RT_SENSOR_CTRL_GET_ID:
        result = _xxx_temp_get_id(sensor, args);
        break;
    case RT_SENSOR_CTRL_SET_RANGE:
        result = _xxx_temp_set_range(sensor, (rt_int32_t)args);
        break;
    case RT_SENSOR_CTRL_SET_ODR:
        result = _xxx_temp_set_odr(sensor, (rt_uint32_t)args & 0xffff);
        break;
    case RT_SENSOR_CTRL_SET_MODE:
        result = _xxx_temp_set_mode(sensor, (rt_uint32_t)args & 0xff);
        break;
    case RT_SENSOR_CTRL_SET_POWER:
        result = _xxx_temp_set_power(sensor, (rt_uint32_t)args & 0xff);
        break;
    case RT_SENSOR_CTRL_SELF_TEST:
        break;
    default:
        return -RT_ERROR;
    }
    return result;
}
```

注意，control 方法传入参数的数据类型是由 struct rt_sensor_config 这个结构体规定的，因此 RT_SENSOR_CTRL_SET_RANGE 这个命令传来的参数是 rt_int32_t 类型的，需要经过一次强转换，才可以得到正确的参数。其他命令的参数也需要进行类似处理，struct rt_sensor_config 结构体的原型如下所示：

```
struct rt_sensor_config
{
    struct rt_sensor_intf    intf;       /* 传感器设备硬件接口 */
    ...
    rt_uint8_t               mode;       /* 传感器设备工作模式 */
    rt_uint8_t               power;      /* 传感器设备电源模式 */
    rt_uint16_t              odr;        /* 传感器设备输出数据速率 */
    rt_int32_t               range;      /* 传感器设备测量范围 */
};
```

15.4　设备注册

传感器设备需要注册设备到操作系统，注册时需要提供设备句柄 sensor、设备名称 name、操作接口 ops 等作为入参。传感器设备框架提供的注册接口如下所示：

```
int rt_hw_sensor_register(rt_sensor_t sensor,
                  const char            *name,
                  rt_uint32_t            flag,
                  void                  *data);
```

rt_hw_sensor_register 接口的参数及返回值如表 15-4 所示。

表 15-4　rt_hw_sensor_register 接口的参数及返回值

参数	描述	返回值
sensor	传感器设备句柄	❏ RT_EOK：执行成功 ❏ −RT_ERROR：执行失败
name	传感器设备名称	
flag	传感器设备模式标志	
data	私有数据域	

传感器的注册依靠该接口实现，开发者可以通过 flag 的标志判断传感器支持的工作模式，flag 目前支持以下标志：

```
#define RT_DEVICE_FLAG_RDONLY     0x001     /* 标准设备的只读模式，对应传感器的轮询模式 */
#define RT_DEVICE_FLAG_INT_RX     0x100     /* 中断接收模式 */
#define RT_DEVICE_FLAG_FIFO_RX    0x200     /* FIFO 接收模式 */
```

注意，rt_hw_sensor_register 接口会为传入的 name 自动添加前缀，如会为温度类型的传感器自动添加 temp_ 前缀。由于系统默认的设备名最长为 8 个字符，因此传入的名称超过 3 个字符会被裁掉。

来看一下 AHT10 传感器设备注册的示例。注册传感器设备之前，需要根据 struct rt_sensor_ops 的定义创建一个全局的 ops 结构体变量 sensor_ops，sensor_ops 将会赋值给创建后的传感器设备的 ops 参数。另外，我们需要在调用 rt_hw_sensor_register 接口前，完成传感器设备成员的初始化。注册部分代码如下：

```
/* 创建一个全局的 ops */
static struct rt_sensor_ops sensor_ops =
{
    aht10_temp_fetch_data,
    aht10_temp_control
};
int rt_hw_aht10_init(const char *name, struct rt_sensor_config *cfg)
{
    rt_int8_t result;
    rt_sensor_t sensor = RT_NULL;
    /* 创建传感器设备 */
    sensor = rt_calloc(1, sizeof(struct rt_sensor_device));
    ...
    /* 传感器设备成员的初始化 */
    sensor_temp->info.type       = RT_SENSOR_CLASS_TEMP;
    sensor_temp->info.vendor     = RT_SENSOR_VENDOR_UNKNOWN;
    sensor_temp->info.model      = "aht10";
    sensor_temp->info.unit       = RT_SENSOR_UNIT_DCELSIUS;
    sensor_temp->info.intf_type  = RT_SENSOR_INTF_I2C;
    sensor_temp->info.range_max  = SENSOR_TEMP_RANGE_MAX;
    sensor_temp->info.range_min  = SENSOR_TEMP_RANGE_MIN;
    sensor_temp->info.period_min = 5;

    /* 将 sensor_ops 赋值给传感器设备的 ops 参数 */
    rt_memcpy(&sensor_temp->config, cfg, sizeof(struct rt_sensor_config));
    sensor_temp->ops = &sensor_ops;
    /* 注册传感器设备 */
    result = rt_hw_sensor_register(sensor_temp, name, RT_DEVICE_FLAG_RDONLY, RT_NULL);
    ...
    LOG_I("temp sensor init success");
    return 0;
}
```

在示例代码中，aht10_temp_fetch_data 是操作方法函数名，即函数指针。其中传入参数 struct rt_sensor_config *cfg 是用来解耦硬件的通信接口的，通过在底层驱动初始化的时候传入这个参数，实现硬件接口的配置。rt_sensor_config 包含 struct rt_sensor_intf 结构体，该结构体抽象了传感器设备的硬件接口，原型如下：

```
struct rt_sensor_intf
{
    char       *dev_name;   /* 用于通信的设备名称 */
    rt_uint8_t  type;       /* 通信接口的类型，如 I2C 或 SPI */
    void       *user_data;  /* 私有数据，例如 I2C 的设备地址、SPI 的 CS 引脚等 */
};
```

其中，type 表示硬件通信接口的类型，dev_name 表示使用的通信设备的名称，例如 "i2c1"。user_data 是此接口类型的一些私有数据，如果是 I2C 的话，这里就是传感器对应的 I2C 设备地址，传入方式为 (void*)0x55。

在底层驱动初始化时，需要先初始化此结构体，然后作为参数传入，以便完成通信接口的解耦。示例代码如下所示：

```
#define AHT10_I2C_BUS   "i2c4"

int rt_hw_aht10_port(void)
{
    struct rt_sensor_config cfg;

    cfg.intf.dev_name  = AHT10_I2C_BUS;
    cfg.intf.user_data = (void *)AHT10_I2C_ADDR;

    rt_hw_aht10_init("aht10", &cfg);

    return RT_EOK;
}
INIT_ENV_EXPORT(rt_hw_aht10_port);
```

开发时的注意事项如下。

❑ 动态分配内存时建议使用 rt_calloc，该 API 会将申请到的内存初始化为 0，无须手动清零。

❑ 静态定义的变量要赋初值，未使用的变量初始化值为 0。

❑ 如果可能的话，驱动的实现请尽量支持多实例。

15.5　驱动配置

下面介绍传感器设备驱动的配置。

1. Kconfig 配置

传感器设备驱动一般会以软件包的形式存在，对传感器驱动进行配置的 Kconfig 文件位于软件包索引仓库（https://github.com/RT-Thread/packages）中，增加软件包需要在该仓库中增加相应的索引配置。若增加一个新的传感器软件包，新的软件包 Kconfig 的内容可以根据实际的功能编写完成，软件包的宏可以使用 PKG_USING_XXX，软件包中的功能性宏可以自定义，这里参考索引仓库中的 AHT10 传感器的 Kconfig 文件：

```
# Kconfig file for package aht10
menuconfig PKG_USING_AHT10
    bool "aht10: digital humidity and temperature sensor aht10 driver library"
    default n

# 配置相应的功能选项
if PKG_USING_AHT10
    config PKG_AHT10_PATH
        string
        default "/packages/peripherals/sensors/aht10"
    config AHT10_USING_SOFT_FILTER
        bool "Enable average filter by software"
        default n
```

```
    endif

    # 配置软件包版本选项
    choice
        prompt "Version"
        default PKG_USING_AHT10_LATEST_VERSION

        config PKG_USING_AHT10_V100
            bool "v1.0.0"
        config PKG_USING_AHT10_V200
            bool "v2.0.0(with sensor frame)"
        config PKG_USING_AHT10_LATEST_VERSION
            bool "latest"
    endchoice

    config PKG_AHT10_VER
        string
        default "v1.0.0"      if PKG_USING_AHT10_V100
        default "v2.0.0"      if PKG_USING_AHT10_V200
        default "latest"      if PKG_USING_AHT10_LATEST_VERSION

endif
```

具体的传感器设备的 Kconfig 文件如何编写，可以前往 RT-Thread 文档中心，参考软件包开发指南：https://www.rt-thread.org/document/site/#/rt-thread-version/rt-thread-standard/development-guide/package/package。

2. SConscript 配置

AHT10 传感器软件包的 SConscript 文件中包含 AHT10 软件包驱动添加情况判断选项，代码如下所示。这是一段 Python 代码，表示如果定义了宏 PKG_USING_AHT10，则软件包中的所有 .c / .cpp 文件都将添加到工程的 aht10 分组中。

```
from building import *

cwd  = GetCurrentDir()
src  = Glob('*.c') + Glob('*.cpp')
path = [cwd]

group = DefineGroup('aht10', src, depend = ['PKG_USING_AHT10'], CPPPATH = path)

Return('group')
```

15.6 驱动验证

传感器设备注册到操作系统之后，该设备将在 I/O 设备管理器中存在。运行添加了驱动的 RT-Thread 代码，之后使用 list_device 命令查看到注册的设备已包含传感器设备：

```
msh >list_device
device            type                  ref count
--------  --------------------  ----------
```

```
uart1    Character Device     2
pin      Miscellaneous Device 0
temp_aht Sensor Device        1
```

传感器设备注册成功之后则可以使用传感器设备驱动框架层提供的统一 API 设备进行操作了。由于传感器设备驱动框架提供了便于调试的 MSH 命令 sensor_polling，这个命令会操作注册到系统中的传感器设备，以轮询的方式采集数据，并打印出来。因此可以使用 sensor_polling 命令来验证注册的传感器设备能否正常工作。参照下面的方式在 MSH 中调用 sensor_polling 命令来完成测试：

```
msh >sensor_polling temp_aht
[I/sensor.cmd] num:  0, temp: 27.4 C, timestamp:33911
[I/sensor.cmd] num:  1, temp: 27.4 C, timestamp:34017
[I/sensor.cmd] num:  2, temp: 27.4 C, timestamp:34124
[I/sensor.cmd] num:  3, temp: 27.4 C, timestamp:34231
[I/sensor.cmd] num:  4, temp: 27.2 C, timestamp:34338
[I/sensor.cmd] num:  5, temp: 27.2 C, timestamp:34445
[I/sensor.cmd] num:  6, temp: 27.2 C, timestamp:34552
[I/sensor.cmd] num:  7, temp: 27.2 C, timestamp:34659
[I/sensor.cmd] num:  8, temp: 27.4 C, timestamp:34766
[I/sensor.cmd] num:  9, temp: 27.4 C, timestamp:34873
msh >
```

在 MSH 中调用 sensor_polling temp_aht 命令，将会以轮询模式打开 temp_aht，此传感器设备会连续采集 10 次温度数据并打印出来。我们可以根据 MSH 的输出温度值来判断传感器工作是否正常。

由于市面上的传感器设备绝大多数都是使用 I2C、SPI 接口通信，RT-Thread 提供了相应的 I2C、SPI 设备驱动框架，具有良好的通用性。截至本书编写时，RT-Thread 支持的传感器设备软件包有 aht10、ap3216c、bma400、bme280、ds18b20、mpu6xxx 等共计 52 个。查看所有软件包信息，请参考地址：https://gitee.com/RT-Thread-Mirror/packages/tree/master/peripherals/sensors。

15.7　本章小结

本章讲解了传感器设备驱动开发的步骤及方法，开发者需要创建传感器设备并实现传感器设备的操作方法，最后进行设备注册。

第 16 章
MTD NOR 设备驱动开发

随着 Flash（闪存，一种非易失性存储器件）技术的迅猛发展，它已成为目前嵌入式领域最常用的存储器件了。市场上主流的 Flash 分为两种：一种是 NOR Flash，另一种是 NAND Flash，二者由于技术原理不同，在应用上也有较大的区别。

1）NOR Flash 的容量一般在 MB 级别，常见的如 8MB、16MB 等，一般用于存储代码。

2）NAND Flash 的容量比 NOR Flash 大，从 MB 到 GB 级别，容量不等，一般用于大容量数据存储。

RT-Thread 将常用的存储设备进行了抽象，抽象成为 MTD（Memory Technology Device，内存技术设备）设备，具体又细分为 MTD NOR 设备和 MTD NAND 设备。其中，MTD NOR 设备可以直接对接上层文件系统（一般对接到 littlefs 文件系统——一个为微控制器设计的掉电安全文件系统），也可以对接底层 NOR Flash 硬件设备。MTD NOR 设备驱动框架针对 NOR Flash 常用的操作方式进行抽象，用于兼容不同厂商、不同型号的特性，可以让开发者的应用程序具有更为广泛的通用性。

本章将带领读者了解 MTD NOR 设备驱动的开发，涵盖 MTD NOR 设备驱动的开发过程、操作与注册方法，以及驱动配置和驱动验证。

16.1 MTD NOR 层级结构

MTD NOR 层级结构如图 16-1 所示。

1）MTD NOR 设备驱动框架的上层一般是用于对接文件系统，应用层调用文件系统的接口实现业务功能。目前在 RT-Thread 中，littlefs 文件系统底层对接的就是 MTD NOR 设备。

2）MTD NOR 设备驱动框架层是一层通用的软件抽象层，驱动框架与具体的硬件平台不相关。MTD NOR 设备驱动框架源码为 mtd_nor.c，位于 components/drivers/mtd 文件夹下。同级目录下还有一个 mtd_nand.c 文件，是

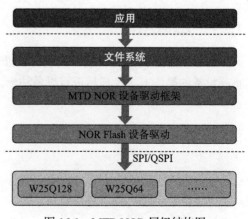

图 16-1　MTD NOR 层级结构图

MTD NAND 设备驱动框架对应的源码。MTD NOR 设备驱动框架提供以下功能。

① 向应用程序提供 MTD NOR 设备管理接口，即 rt_mtd_nor_read、rt_mtd_nor_write、rt_mtd_nor_read_id 等接口。

② 向底层驱动提供 MTD NOR 设备的通用操作方法 rt_mtd_nor_driver_ops（如 read_id、read、write、erase_block），驱动开发者需要实现这些操作方法。

③ 提供 MTD NOR 设备注册接口 rt_mtd_nor_register_device，驱动开发者需要在注册设备时调用此接口。

3）NOR Flash 设备驱动层是针对具体存储设备实现的 MTD NOR 设备驱动，是存储设备和 MTD NOR 驱动框架之间的桥梁。这里的存储设备指的是具体型号的 NOR Flash，如 W25Q128、W25Q64 等。

MTD NOR 设备驱动开发的主要任务就是实现 MTD NOR 设备操作方法接口 struct rt_mtd_nor_driver_ops，然后注册 MTD NOR 设备。本章将会以 SPI NOR Flash 设备驱动为例讲解 MTD NOR 设备驱动的具体实现。

16.2　创建 MTD NOR 设备

MTD NOR 设备驱动框架定义了 MTD NOR 设备基类结构 struct rt_mtd_nor_device，包含了设备基类、Flash 的块大小、块起始地址、块结束地址，以及 MTD NOR 设备的操作方法。MTD NOR 设备基类结构定义如下所示：

```
struct rt_mtd_nor_device
{
    struct rt_device parent;      /* 设备基类 */

    rt_uint32_t block_size;       /* Flash 的块大小 */
    rt_uint32_t block_start;      /* 块起始地址 */
    rt_uint32_t block_end;        /* 块结束地 */

    /* MTD NOR 设备的操作方法 */
    const struct rt_mtd_nor_driver_ops* ops;
};
```

由于 SPI NOR Flash 需要使用 SPI 总线进行通信，且在进行读、写、擦等操作时，会涉及这些动作的完整性，因此还需要一把锁对这些操作过程进行保护。所以创建 MTD NOR 设备时，一般会根据 MTD NOR 设备基类派生出私有的设备控制块。SPI NOR Flash 驱动可以从 MTD NOR 设备基类派生出设备控制块 struct spi_flash_mtd，其中增加了一些私有数据，如 SPI 相关的 rt_spi_device、用于写操作的锁，以及用户私有数据，代码如下所示：

```
struct spi_flash_mtd
{
    struct rt_mtd_nor_device mtd_device;    /* MTD NOR 设备基类 */
    struct rt_spi_device *   rt_spi_device; /* 通信用的 SPI 设备 */
    struct rt_mutex          lock;          /* 用于写操作的锁 */
```

```
        void *                    user_data;        /* 用户私有数据 */
};
```

16.3   实现 MTD NOR 设备的操作方法

MTD NOR 设备框架抽象了操作 NOR Flash 的方法，包含了读取设备 ID 的 read_id，读取数据的 read，写数据的 write，以及擦除数据的 erase_block。其原型如下所示：

```
struct rt_mtd_nor_driver_ops
{
    rt_err_t (*read_id)(struct rt_mtd_nor_device* device);
    rt_size_t (*read)(struct rt_mtd_nor_device* device, rt_off_t offset, rt_
        uint8_t* data, rt_uint32_t length);
    rt_size_t (*write)(struct rt_mtd_nor_device* device, rt_off_t offset, const
        rt_uint8_t* data, rt_uint32_t length);
    rt_err_t (*erase_block)(struct rt_mtd_nor_device* device, rt_off_t offset,
        rt_uint32_t length);
};
```

驱动开发者需要在驱动文件中实现这些操作方法，具体的实现方式及参数的意义会在后面详细介绍。

16.3.1   read_id：读取设备 ID

操作方法 read_id 用于读取 MTD NOR 设备的 ID，其原型如下所示。

```
rt_err_t (*read_id)(struct rt_mtd_nor_device* device);
```

read_id 方法的参数及返回值如表 16-1 所示。

表 16-1   read_id 方法的参数及返回值

参数	描述	返回值
device	MTD NOR 设备句柄	❏ rt_err_t 类型数值，设备 ID 号（32 位无符号整数）

读取设备 ID 的示例如下所示，这是 SPI NOR Flash 获取设备 ID 的代码，通过 SPI 总线向 Flash 发送读取 Flash ID 的命令，并将读到的 ID 构造为 32 位无符号整数返回。

```
static rt_err_t w25qxx_read_id(struct rt_mtd_nor_device *device)
{
    rt_uint8_t cmd;
    rt_uint8_t id_recv[3];

    struct spi_flash_mtd *mtd = (struct spi_flash_mtd *)device;

    w25qxx_lock(device);

    cmd = 0xFF; /* 复位 SPI Flash*/
    rt_spi_send(mtd->rt_spi_device, &cmd, 1);

    cmd = CMD_WRDI;
```

```
rt_spi_send(mtd->rt_spi_device, &cmd, 1);

/* 发送读取 Flash ID 的命令 */
cmd = CMD_JEDEC_ID;
rt_spi_send_then_recv(mtd->rt_spi_device, &cmd, 1, id_recv, 3);

w25qxx_unlock(device);

return (rt_uint32_t)(id_recv[0] << 16) | (id_recv[1] << 8) | id_recv[2];
}
```

16.3.2　read：从设备中读数据

操作方法 read 用于从 MTD NOR 设备中读取数据，其原型如下所示。

```
rt_size_t (*read)(struct rt_mtd_nor_device* device, rt_off_t offset, rt_uint8_t*
    data, rt_uint32_t length);
```

read 方法的参数及返回值如表 16-2 所示。

以下是从 SPI NOR Flash 设备读取数据的示例代码，通过 SPI 向 Flash 发送读取 Flash 数据的命令，将读取的数据保存在 data 指针指向的缓冲区中，然后返回读取的数据长度。注意在读取数据时，需要对读取过程进行上锁，防止数据出错。

表 16-2　read 方法的参数及返回值

参数	描述	返回值
device	MTD NOR 设备句柄	❑ length，表示数据长度
offset	偏移量，单位：字节	
data	读取的数据	
length	读取的数据长度	

```
static rt_size_t w25qxx_read(struct rt_mtd_nor_device *device, rt_off_t offset,
    rt_uint8_t *data, rt_size_t length)
{
    struct spi_flash_mtd *mtd = (struct spi_flash_mtd *)device;
    rt_uint8_t send_buffer[4];

    if((offset + length) > device->block_end * FLASH_BLOCK_SIZE)
        return 0;

    w25qxx_lock(device);

    send_buffer[0] = CMD_WRDI;
    rt_spi_send(mtd->rt_spi_device, send_buffer, 1);

    send_buffer[0] = CMD_READ;
    send_buffer[1] = (rt_uint8_t)(offset>>16);
    send_buffer[2] = (rt_uint8_t)(offset>>8);
    send_buffer[3] = (rt_uint8_t)(offset);
    rt_spi_send_then_recv(mtd->rt_spi_device,
                    send_buffer, 4,
                    data, length);

    w25qxx_unlock(device);
    return length;
}
```

16.3.3　write：向设备中写数据

操作方法 write 用于向 MTD NOR 设备中写入数据，其原型如下所示：

```
rt_size_t (*write)(struct rt_mtd_nor_device* device, rt_off_t offset, const rt_
    uint8_t* data, rt_uint32_t length);
```

write 方法的参数及返回值如表 16-3
所示。

下面是向 SPI NOR Flash 设备中写入
数据的代码，通过 SPI 向 Flash 发送写数
据的命令以及数据，然后返回写入的数据
长度。在示例代码中，驱动程序将待写入

表 16-3　write 方法的参数及返回值

参数	描述	返回值
device	MTD NOR 设备句柄	□ length，表示数据长度
offset	偏移量，单位：字节	
data	写入的数据	
length	写入的数据长度	

的数据按照 Flash 块的大小进行了分割，一个块一个块地循环写入 Flash 中。

```
static rt_size_t w25qxx_write(struct rt_mtd_nor_device *device, rt_off_t offset,
    const rt_uint8_t *data, rt_size_t length)
{
    struct spi_flash_mtd *mtd = (struct spi_flash_mtd *)device;
    rt_uint8_t send_buffer[4];
    rt_uint8_t *write_ptr ;
    rt_size_t   write_size,write_total;

    if((offset + length) > device->block_end * FLASH_BLOCK_SIZE)
        return 0;

    w25qxx_lock(device);

    ...

    write_size  = 0;
    write_total = 0;
    write_ptr   = (rt_uint8_t *)data;
    while(write_total < length)
    {
        send_buffer[0] = CMD_WREN;
        rt_spi_send(mtd->rt_spi_device, send_buffer, 1);

        /* 构造写数据的命令 */
        send_buffer[0] = CMD_PP;
        send_buffer[1] = (rt_uint8_t)(offset >> 16);
        send_buffer[2] = (rt_uint8_t)(offset >> 8);
        send_buffer[3] = (rt_uint8_t)(offset);

        /* 判断剩余的数据是否超过了当前块的区域 */
        if(((offset & (FLASH_PAGE_SIZE - 1)) + (length - write_total)) > FLASH_
            PAGE_SIZE)
        {
            write_size = FLASH_PAGE_SIZE - (offset & (FLASH_PAGE_SIZE - 1));
        }
        else /* 没有超出当前块的区域时，一次性写入所有剩余数据 */
        {
```

```
                write_size = (length - write_total);
        }

        /* 调用 RT-Thread SPI 设备框架 API，并写入数据到 Flash 设备 */
        rt_spi_send_then_send(mtd->rt_spi_device,
                              send_buffer, 4,
                              write_ptr + write_total, write_size);
        w25qxx_wait_busy(device);

        offset      += write_size;
        write_total += write_size;
    }

    send_buffer[0] = CMD_WRDI;
    rt_spi_send(mtd->rt_spi_device, send_buffer, 1);

    w25qxx_unlock(device);

    return length;
}
```

16.3.4　erase_block：擦除数据

操作方法 erase_block 是擦除 MTD NOR 设备数据的接口，擦除的最小长度是一个块的大小，其原型如下所示。

```
rt_err_t (*erase_block)(struct rt_mtd_nor_device* device, rt_off_t offset, rt_uint32_t length);
```

erase_block 方法的参数及返回值如表 16-4 所示。

下面是擦除 SPI NOR Flash 设备数据的代码。通过 SPI 向 Flash 发送块擦除的命令，然后返回执行结果。注意，在擦除 Flash 时要对擦除过程进行上锁。在示例代码中，先进行了必要的参数检查，接着在获取了互斥锁之后，循环调用 RT-Thread SPI 设备框架提

表 16-4　erase_block 方法的参数及返回值

参数	描述	返回值
device	MTD NOR 设备句柄	❑ 若返回 RT_EOK，则表示擦除成功
offset	偏移，单位：字节	
length	擦除块的大小	

供的 API 来发送擦除命令，对 Flash 设备完成擦除操作。这里每次擦除 4KB 的大小。

```
static rt_err_t w25qxx_erase_block(struct rt_mtd_nor_device *device, rt_off_t
    offset, rt_uint32_t length)
{
    struct spi_flash_mtd *mtd = (struct spi_flash_mtd *)device;
    rt_uint8_t  send_buffer[4];
    rt_uint32_t erase_size = 0;

    /* 由于 Flash 的擦除操作是按块大小对齐的，所以 offset 必须对齐到块大小 */
    if(offset != RT_ALIGN_DOWN(offset,FLASH_BLOCK_SIZE))
        return 0;

    if((offset + length) > device->block_end * FLASH_BLOCK_SIZE)
```

```
        return 0;

    /* 由于 Flash 的擦除操作是按块大小对齐的，所以 length 必须对齐到块大小 */
    if(length %   device->block_size != 0)
    {
        rt_kprintf("param length = %d ,error\n",length);
        return 0;
    }

    w25qxx_lock(device);

    send_buffer[0] = CMD_WREN;
    rt_spi_send(mtd->rt_spi_device, send_buffer, 1);
    w25qxx_wait_busy(device); /* 等待擦除完成 */
    while (erase_size < length)
    {
        send_buffer[0] = CMD_ERASE_4K;
        send_buffer[1] = (rt_uint8_t) (offset >> 16);
        send_buffer[2] = (rt_uint8_t) (offset >> 8);
        send_buffer[3] = (rt_uint8_t) (offset);
        rt_spi_send(mtd->rt_spi_device, send_buffer, 4);
        w25qxx_wait_busy(device);     /* 等待擦除完成 */

        erase_size += 4096;
        offset += 4096;
    }
    send_buffer[0] = CMD_WRDI;
    rt_spi_send(mtd->rt_spi_device, send_buffer, 1);

    w25qxx_unlock(device);
    return RT_EOK;
}
```

16.4   注册 MTD NOR 设备

实现 MTD NOR 设备的操作方法后，需要注册设备到操作系统，注册时需要提供设备句柄 device、设备名称 name 作为入参。MTD NOR 设备框架提供的注册接口如下所示。

```
rt_err_t rt_mtd_nor_register_device(const char *name,
                       struct rt_mtd_nor_device *device)
```

注 册 MTD NOR 设 备 接 口 rt_mtd_nor_register_device 接口的参数及返回值，如表 16-5 所示。

在注册 MTD NOR 设备前还需要根据 struct rt_mtd_nor_driver_ops 的 定 义 创 建 一个全局的 ops 结构体变量 w25qxx_mtd_ops,

表 16-5   rt_mtd_nor_register_device 接口的参数及返回值

参数	描述	返回值
name	MTD NOR 设备名称	□ 返回 RT_EOK,
device	MTD NOR 设备句柄	表示注册成功

将前面已经实现的操作方法赋值给 w25qxx_mtd_ops。w25qxx_mtd_ops 需要在注册 MTD NOR 设备前添加到 MTD NOR 设备基类结构中。注册 SPI NOR Flash 设备的代码示例如下。

```
const static struct rt_mtd_nor_driver_ops w25qxx_mtd_ops =
{
    w25qxx_read_id,
    w25qxx_read,
    w25qxx_write,
    w25qxx_erase_block,
};
rt_err_t w25qxx_mtd_init(const char *mtd_name,const char * spi_device_name)
{
    rt_err_t    result = RT_EOK;
    rt_uint32_t id;
    rt_uint8_t  send_buffer[3];

    struct rt_spi_device*   rt_spi_device;
    struct spi_flash_mtd*   mtd = (struct spi_flash_mtd *)rt_malloc(sizeof(struct
        spi_flash_mtd));

    RT_ASSERT(mtd != RT_NULL);

    /* 初始化 mutex 锁 */
    if (rt_mutex_init(&mtd->lock, mtd_name, RT_IPC_FLAG_FIFO) != RT_EOK)
    ...
    /* 查找 SPI 总线 */
    rt_spi_device = (struct rt_spi_device *)rt_device_find(spi_device_name);
    ...
    mtd->rt_spi_device = rt_spi_device;
    /* 配置 SPI 总线 */
    {
        struct rt_spi_configuration cfg;
        cfg.data_width = 8;
        cfg.mode = RT_SPI_MODE_0 | RT_SPI_MSB;
        cfg.max_hz = 20 * 1000 * 1000; /* 20Mhz */
        rt_spi_configure(rt_spi_device, &cfg);
    }
    /* 初始化 Flash 硬件 */
    ...
    /* 读取 Flash 设备 ID */
    id = w25qxx_read_id(&mtd->mtd_device);

    mtd->mtd_device.block_size  = 4096;
    mtd->mtd_device.block_start = 0;
    switch(id & 0xFFFF)
    {
        case MTC_W25Q80_BV: /* W25Q80BV */
            mtd->mtd_device.block_end = 256;
            break;
        case MTC_W25Q16_BV_CL_CV: /* W25Q16BV W25Q16CL W25Q16CV  */
        case MTC_W25Q16_DW: /* W25Q16DW  */
            mtd->mtd_device.block_end = 512;
            break;
        case  ...
    }
    mtd->mtd_device.ops = &w25qxx_mtd_ops;
    rt_mtd_nor_register_device(mtd_name,&mtd->mtd_device);

    return RT_EOK;
```

```
_error_exit:
    if(mtd != RT_NULL)
        rt_free(mtd);
    return result;
}
```

在注册 MTD NOR 设备的示例代码中，首先通过 SPI 初始化了 Flash 硬件，读取了 Flash 设备 ID，然后根据设备 ID 判断出了 Flash 型号，进而根据不同的 Flash 型号初始化 SPI NOR Flash 驱动的设备控制块 struct spi_flash_mtd，最后调用 rt_mtd_nor_register_device 接口完成 NOR Flash 设备的注册。

16.5 驱动配置

下面介绍 MTD NOR 设备驱动配置的细节 。

1. Kconfig 配置

下面参考 components/drivers/Kconfig 文件配置 MTD NOR 驱动的相关选项，如下所示：

```
config RT_USING_MTD_NOR
    bool "Using MTD Nor Flash device drivers"
    default n
```

其中，RT_USING_MTD_NOR 是 MTD NOR 设备驱动框架代码对应的宏定义，这个宏控制 NOR Flash 设备驱动相关代码是否会添加到工程中。

2. SConscript 配置

HAL_Drivers/SConscript 文件给出了 MTD NOR 驱动添加情况的判断，代码如下所示。这是一段 Python 代码，表示如果定义了宏 RT_USING_MTD_NOR，则 mtd_nor.c 会被添加到工程的源文件中。

```
if GetDepend(['RT_USING_MTD_NOR']):
    src += ['mtd_nor.c']
```

16.6 驱动验证

驱动开发者完成驱动的编写后，还需进行驱动的验证，保证编写的驱动可以正常使用，MTD NOR 设备驱动验证流程如下。

注册设备之后，MTD 设备将在 I/O 设备管理器中存在，MTD NOR 设备会被注册为 MTD Device 设备。运行添加了驱动的 RT-Thread 代码，然后在控制台中运行 list_device 命令，发现注册到系统的设备清单中已包含此设备，此后就可以使用 MTD NOR 设备驱动框架层的统一接口进行应用编写了。

```
msh >list_device
```

```
device              type                    ref count
--------  --------------------   ----------
uart1     Character Device       2
spi10     SPI Device             0
spi1      SPI Bus                0
W25Q256   MTD Device             0
```

16.7　本章小结

本章讲解了 MTD NOR 设备的开发步骤及方法，用户需要定义并实现这些操作方法，最后进行设备注册。

注意，目前大部分 Flash 设备都遵循 SFDP 标准（Serial Flash Discoverable Parameter），它是固态技术协会制定的串行 Flash 功能的参数表标准。这种 Flash 可以使用 SFUD 组件[⊖]直接驱动，不需要再单独编写 Flash 驱动。使用 SFUD 组件驱动的 Flash 会被注册为块设备。此时 Flash 设备可以直接对接到 Fat 文件系统，如果想使用 littlefs 文件系统，则需要借助 FAL 组件（Flash Abstraction Layer，Flash 抽象层）将块设备转换为 MTD NOR 设备。

　　⊖　英文全称是 Serial Flash Universal Driver，它是一款开源的串行 SPI Flash 通用驱动库。

第 17 章

MTD NAND 设备驱动开发

本章将带领读者了解 MTD NAND 设备驱动的开发，具体将讲解 MTD NAND 设备驱动的开发过程、操作与注册方法，以及驱动配置和驱动验证。

17.1 MTD NAND 层级结构

MTD NAND 层级结构如图 17-1 所示。

1）MTD NAND 设备驱动框架的上层一般对接文件系统，应用层调用文件系统的接口实现业务功能。

2）MTD NAND 设备驱动框架层是抽象出的一层通用软件层，其向应用层提供统一的接口供应用层调用。MTD NAND 设备驱动框架源码为 mtd_nand.c，位于 components/drivers/mtd 文件夹下。同级目录下还有一个 mtd_nor.c

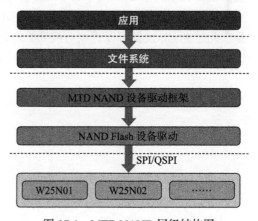

图 17-1　MTD NAND 层级结构图

文件，其为 MTD NOR 设备驱动框架对应的源码。MTD NAND 设备驱动框架提供以下功能。

① 向应用程序提供 MTD NAND 设备管理接口，即 rt_mtd_nand_read、rt_mtd_nand_write、rt_mtd_nand_read_id 等接口。

② 向底层驱动提供 MTD NAND 设备的通用操作方法 rt_mtd_nand_driver_ops（如 read_id、read_page、write_page、move_page、erase_block 等），驱动开发者需要实现这些操作方法。

③ 提供 MTD NAND 设备注册接口 rt_mtd_nand_register_device，驱动开发者注册设备时调用。

3）NAND Flash 设备驱动层是针对具体存储设备实现的 MTD NAND 设备驱动。这里的存储设备指的是具体型号的 NAND Flash，如 W25N01。

MTD NAND 设备驱动开发的主要任务就是实现 NAND 设备操作方法接口 struct rt_mtd_nand_driver_ops，然后注册 MTD NAND 设备。本章将会以 SPI NAND Flash W25N01 设备驱动为例讲解 MTD NAND 设备驱动的具体实现。

17.2 创建 MTD NAND 设备

MTD NAND 设备驱动框架定义了 MTD NAND 设备基类结构 struct rt_mtd_nand_device，包含了设备基类、Flash 的页大小、空闲区域大小、块数量等，以及最主要的 MTD NAND 设备的操作方法。MTD NAND 设备基类结构定义如下所示：

```
struct rt_mtd_nand_device
{
    struct rt_device parent;          /* 设备基类 */
    rt_uint16_t page_size;            /* 页大小 */
    rt_uint16_t oob_size;             /* 空闲区域大小 */
    rt_uint16_t oob_free;             /* 驱动使用后空闲区域剩余大小 */
    rt_uint16_t plane_num;            /* 平面数量 */
    rt_uint32_t pages_per_block;      /* 一个块所含的页数量 */
    rt_uint16_t block_total;          /* 块数量 */
    /* 仅供驱动使用 */
    rt_uint32_t block_start;          /* 可用块的起始地址 */
    rt_uint32_t block_end;            /* 可用块的结束地址 */
    /* 操作方法 */
    const struct rt_mtd_nand_driver_ops *ops;
};
```

17.3 实现 MTD NAND 设备的操作方法

MTD NAND 设备的操作方法原型如下所示：

```
struct rt_mtd_nand_driver_ops
{
    rt_err_t (*read_id)(struct rt_mtd_nand_device *device);

    rt_err_t (*read_page)(struct rt_mtd_nand_device *device,
                    rt_off_t page,
                    rt_uint8_t *data, rt_uint32_t data_len,
                    rt_uint8_t *spare, rt_uint32_t spare_len);

    rt_err_t (*write_page)(struct rt_mtd_nand_device *device,
                    rt_off_t page,
                    const rt_uint8_t *data, rt_uint32_t data_len,
                    const rt_uint8_t *spare, rt_uint32_t spare_len);
    rt_err_t (*move_page)(struct rt_mtd_nand_device *device, rt_off_t src_page,
        rt_off_t dst_page);

    rt_err_t (*erase_block)(struct rt_mtd_nand_device *device, rt_uint32_t
        block);
    rt_err_t (*check_block)(struct rt_mtd_nand_device *device, rt_uint32_t
        block);
    rt_err_t (*mark_badblock)(struct rt_mtd_nand_device *device, rt_uint32_t
        block);
};
```

对上述操作方法的说明如下。

1）read_id：读取 NAND 设备的 ID。

2）read_page：读取 NAND 设备的数据，单位为页。

3）write_page：向 NAND 设备中写数据，单位为页。

4）erase_block：对 NAND 设备进行块擦除，单位为块。

5）move_page：将一页的内容移动到另一页（目标页）。

6）check_block：检查该块是否为坏块。

7）mark_badblock：对坏块进行标记。

当 NAND 设备驱动对接 NFTL（Nand Flash Transport Layer，一款商业组件）时，就不需要实现 move_page、check_block、mark_badblock 这三个操作方法了。NFTL 已经具备坏块管理，并且它可以在 NAND Flash 上挂载文件系统 FatFS。感兴趣的读者可以看 NFTL 说明：https://www.rt-thread.com/products/middleware-31.html。

17.3.1　read_id：读取设备 ID

操作方法 read_id 用于读取 MTD NAND 设备 ID，其原型如下所示：

```
static rt_err_t _read_id(struct rt_mtd_nand_device *device)
```

read_id 方法的参数及返回值如表 17-1 所示。

表 17-1　read_id 方法的参数及返回值

参数	描述	返回值
device	MTD NAND 设备控制块	❑ RT_EOK：读取设备 ID 成功 ❑ –RT_ERROR：读取设备 ID 失败

以下是 SPI NAND Flash 设备获取设备 ID 的代码，其通过 SPI 总线发送读取 ID 的命令，从而获取设备 ID。

```
static rt_err_t _read_id(struct rt_mtd_nand_device *device)
{
    rt_uint8_t recv_buff[4] = { 0 };
    struct rt_spi_device *spi_device = nand_bus_dev;

    uint8_t cmd_data = READ_NAND_ID_CMD;
    rt_spi_send_then_recv(spi_device, &cmd_data, 1, recv_buff, 4);

    LOG_I("w25n device id is 0x%x%x%x.", recv_buff[1], recv_buff[2], recv_
        buff[3]);

    return RT_EOK;
}
```

17.3.2　read_page：从设备中读数据

操作方法 read_page 用于从 MTD NAND 设备中读取数据，其原型如下所示：

```
static rt_err_t _read_page(struct rt_mtd_nand_device *device,
                rt_off_t page,
                rt_uint8_t *data,
                rt_uint32_t data_len,
                rt_uint8_t *spare,
                rt_uint32_t spare_len)
```

read_page 方法的参数及返回值如表 17-2 所示。

表 17-2 read_page 方法的参数及返回值

参数	描述	返回值
device	MTD NAND 设备控制块	
page	页偏移量，以页为单位	
data	读取的数据	❏ RT_EOK：读取成功
data_len	读取的数据长度	❏ −RT_MTD_EECC：ECC 校验失败
spare	空闲区地址	
spare_len	空闲区长度	

read_page 方法用于从硬件设备中读取数据，可以同时或单独读取数据区和空闲区的数据，需要在方法实现时判断对应的缓冲区地址是否为空。其中参数 page 表示要读取的页。我们看一下从 SPI NAND Flash 设备读取数据的示例代码，如下所示。

```
static rt_err_t _read_page(struct rt_mtd_nand_device *device,
                rt_off_t page,
                rt_uint8_t *data,
                rt_uint32_t data_len,
                rt_uint8_t *spare,
                rt_uint32_t spare_len)
{

    int res = RT_EOK;
    int sr2 = 0;
    rt_uint8_t page_data[4], column_data[4];
    rt_uint16_t column_addr = 0;
    rt_uint8_t oob[PAGE_OOB_SIZE];
    struct rt_spi_device *spi_device = nand_bus_dev;

    ...
    page = page + (device->block_start) * (device->pages_per_block);
    if (page >= (device->block_end) * device->pages_per_block)
    {
        LOG_E("failed to read page, the page %d is out of bound.", page);
        return -RT_ERROR;
    }

    ...
    page_data[0] = READ_PAGE_CMD;
    page_data[1] = DUMMY_CMD;
    page_data[2] = (page >> 8) & 0xff;
    page_data[3] = page & 0xff;
    rt_spi_send(spi_device, &page_data, 4);
```

```
    ...
    if (data != RT_NULL && data_len != 0)
    {
        /* 0x03 cl_addr[16bit] dummy[8bit] */
        column_data[0] = READ_CMD;
        column_data[1] = (column_addr >> 8) & 0x0f; //only CA[11:0] is effective
        column_data[2] = column_addr & 0xff;
        column_data[3] = DUMMY_CMD;
        res = rt_spi_send_then_recv(spi_device, &column_data, 4, data, (data_
            len));

        ...
        column_addr = PAGE_DATA_SIZE;
        column_data[0] = READ_CMD;
        column_data[1] = (column_addr >> 8) & 0x0f; //only CA[11:0] is effective
        column_data[2] = column_addr & 0xff;
        column_data[3] = DUMMY_CMD;
        res = rt_spi_send_then_recv(spi_device, &column_data, 4, oob, (PAGE_OOB_
            SIZE));

        /* 校验 ECC */
#ifdef RT_USING_NFTL
        if (nftl_ecc_verify256(data, PAGE_DATA_SIZE, oob) != RT_MTD_EOK)
        {
            res = -RT_MTD_EECC;
            LOG_E("ECC failed!, page:%d", page);
        }
#endif

    }
    if (spare != RT_NULL && spare_len != 0)
    {
        column_addr = PAGE_DATA_SIZE;
        /* 数据: 0x03 cl_addr[16bit] dummy[8bit] */
        column_data[0] = READ_CMD;
        column_data[1] = (column_addr >> 8) & 0x0f; //only CA[11:0] is effective
        column_data[2] = column_addr & 0xff;
        column_data[3] = DUMMY_CMD;
        res = rt_spi_send_then_recv(spi_device, &column_data, 4, oob, (PAGE_OOB_
            SIZE));

        if (spare != RT_NULL)
        {
            rt_memcpy(spare, oob, PAGE_OOB_SIZE);
        }
    }

    return RT_EOK;
}
```

17.3.3 write_page：向设备中写数据

操作方法 write_page 用于向 MTD NAND 设备中写数据，其原型如下所示：

```
static rt_err_t _write_page(struct rt_mtd_nand_device *device,
```

```
        rt_off_t page,
        const rt_uint8_t *data,
        rt_uint32_t data_len,
        const rt_uint8_t *spare,
        rt_uint32_t spare_len)
```

write_page 方法的参数及返回值如表 17-3 所示。

表 17-3　write_page 方法的参数及返回值

参数	描述	返回值
device	MTD NAND 设备控制块	
page	偏移量，以页为单位	
data	读取的数据	❑ RT_EOK：读取成功
data_len	读取的数据长度	❑ −RT_MTD_EECC：ECC 检查失败
spare	空闲区地址	
spare_len	空闲区长度	

　　write_page 方法用于向 SPI NAND Flash 设备中写数据，可以同时或单独写入数据区和空闲区，需要在方法实现时判断对应的缓冲区地址是否为空。其中参数 page 表示要写入的页，根据页偏移计算实际页地址，然后通过 SPI 发送写命令将数据写入 SPI NAND Flash。我们看一下从 SPI NAND Flash 设备写入数据的示例代码，如下所示。

```
rt_err_t _write_page(struct rt_mtd_nand_device *device,
        rt_off_t page,
        const rt_uint8_t *data, rt_uint32_t data_len,
        const rt_uint8_t *spare, rt_uint32_t spare_len)
{
    struct rt_spi_device *spi_device = nand_bus_dev;
    rt_uint8_t cmd_data[3], execute_data[4];
    rt_uint16_t column_addr = 0;
    rt_uint8_t oob[PAGE_OOB_SIZE];

    RT_ASSERT(spi_device != RT_NULL && device != NULL);
    RT_ASSERT(data_len <= device->page_size);
    RT_ASSERT(spare_len <= device->oob_size);

    page = page + device->block_start * device->pages_per_block;
    if (page >= (device->block_end) * device->pages_per_block)
    {
        return -RT_ERROR;
    }

    if (data != RT_NULL && data_len != 0)
    {
        column_addr = 0;
        /* 数据: 0x02 cl_addr[16bit] write_buff */
        cmd_data[0] = WRITE_NAND;
        cmd_data[1] = (column_addr>>8)&0x0f;
        cmd_data[2] = column_addr&0xff;
        ...
        rt_spi_send_then_send(spi_device, cmd_data, sizeof(cmd_data), data,
```

```
            (data_len));
        /* 写执行 */
        /* 数据: 0x10 dummy[8bit] page_addr[16bit] */
        execute_data[0] = WRITE_EXECUTE;
        execute_data[1] = DUMMY_CMD;
        execute_data[2] = (page>>8)&0xff;
        execute_data[3] = page&0xff;
        rt_spi_send(spi_device,&execute_data,sizeof(execute_data));
            ...
        if (spare != RT_NULL && spare_len != 0)
        {
            if (spare != RT_NULL && spare_len > 0)
            {
                memcpy(oob, spare, spare_len);
            }
            /* 计算 ECC */
#ifdef RT_USING_NFTL
            nftl_ecc_compute256(data, PAGE_DATA_SIZE, oob);

#endif
            column_addr = PAGE_DATA_SIZE;
            /* 数据: 0x02 cl_addr[16bit] write_buff */
            cmd_data[0] = WRITE_NAND;
            cmd_data[1] = (column_addr >> 8) & 0x0f;
            cmd_data[2] = column_addr & 0xff;
            rt_spi_send_then_send(spi_device, cmd_data, sizeof(cmd_data), oob,
                (spare_len));

            /* 写执行 */
            /* 数据: 0x10 dummy[8bit] page_addr[16bit]*/
            execute_data[0] = WRITE_EXECUTE;
            execute_data[1] = DUMMY_CMD;
            execute_data[2] = (page >> 8) & 0xff;
            execute_data[3] = page & 0xff;
            rt_spi_send(spi_device, &execute_data, sizeof(execute_data));
            ...
        }
    }
    else if (spare != RT_NULL && spare_len != 0)
    {
        column_addr = PAGE_DATA_SIZE;
        /* 数据: 0x02 cl_addr[16bit] write_buff */
        cmd_data[0] = WRITE_NAND;
        cmd_data[1] = (column_addr >> 8) & 0x0f;
        cmd_data[2] = column_addr & 0xff;
        rt_spi_send_then_send(spi_device, cmd_data, sizeof(cmd_data), spare,
            (spare_len));
        /* 写执行 */
        /* 数据: 0x10 dummy[8bit] page_addr[16bit] */
        execute_data[0] = WRITE_EXECUTE;
        execute_data[1] = DUMMY_CMD;
        execute_data[2] = (page >> 8) & 0xff;
        execute_data[3] = page & 0xff;
        rt_spi_send(spi_device, &execute_data, sizeof(execute_data));

        ...
```

```
    }
    ...

    return 0;
}
```

17.3.4　erase_block：擦除设备

操作方法 erase 用于对 MTD NAND 设备进行块擦除，擦除的最小单位是一个块大小，其原型如下所示。

```
rt_err_t _erase_block(struct rt_mtd_nand_device *device, rt_uint32_t block)
```

erase_block 方法的参数及返回值如表 17-4 所示。

表 17-4　erase_block 方法的参数及返回值

参数	描述	返回值
device	MTD NAND 设备控制块	❑ RT_EOK：擦除成功
block	块偏移量	

在实现 erase_block 方法时，可以先根据块偏移量计算要擦除的块地址，然后发送 SPI 命令进行块擦除。实现时可以参考擦除 SPI NAND Flash 设备数据的代码，如下所示。

```
rt_err_t _erase_block(struct rt_mtd_nand_device *device, rt_uint32_t block)
{
    struct rt_spi_device *spi_device = nand_bus_dev;
    rt_uint8_t erase_cmd[4];
    int res = RT_EOK;
    rt_uint16_t page_addr = 0;
    ...

    /* 块擦除 */
    /* 数据: 0xd8 dummy[8bit] page_addr[16bit] */
    block = block + device->block_start;
    page_addr = block * (device->pages_per_block);

    erase_cmd[0] = BLOCK_ERASE;
    erase_cmd[1] = DUMMY_CMD;
    erase_cmd[2] = (page_addr >> 8) & 0xff;
    erase_cmd[3] = page_addr & 0xff;

    res = rt_spi_send(spi_device, erase_cmd, sizeof(erase_cmd));
    if (res != sizeof(erase_cmd))
    {
        LOG_E("erase block err. err num %x.", res);
        return -RT_ERROR;
    }
    ...
    return RT_EOK;
}
```

17.4　注册 MTD NAND 设备

NAND 设备的操作方法等都实现后需要注册设备到操作系统，注册 MTD NAND 设备的函数如下所示。驱动开发者在注册 MTD NAND Flash 时，需要提供 NAND Flash 的属性值，如页大小、每个块的页数量以及总块数等。

```
rt_err_t rt_mtd_nand_register_device(const char *name, struct rt_mtd_nand_device
    *device);
```

注册接口 rt_mtd_nand_register_device 的参数及返回值如表 17-5 所示。

在注册 MTD NAND 设备前还需要根据 struct rt_mtd_nand_driver_ops 的定义创建一个全局的 ops 结构体变量 nand_ops，将上文中已经实现的操作方法赋值给 nand_ops。创建出的 nand_ops 需要在注册 MTD NAND 设备前添加到 MTD NAND 设备基类结构中。注册 SPI NAND Flash 设备的示例代码如下所示。

表 17-5　rt_mtd_nand_register_device 接口的参数及返回值

参数	描述	返回值
name	NAND 设备名称	❑ RT_EOK：注册成功
device	NAND 设备控制块	

```
static const struct rt_mtd_nand_driver_ops nand_ops =
{
    _read_id,
    _read_page,
    _write_page,
    0,
    _erase_block,
    0,
    0,
};
    static rt_err_t nand_bus_init(void)
    {
    rt_err_t result = RT_EOK;
    struct rt_spi_configuration cfg;

    __HAL_RCC_GPIOA_CLK_ENABLE();
    result = rt_hw_spi_device_attach(SPI_BUS_NAME, SPI_NAND_FLASH_BUS_NAME,
        GPIOA, GPIO_PIN_4);
    if (result != RT_EOK)
    {
        LOG_E("nand bus %s attach to bus %s failed.", SPI_NAND_FLASH_BUS_NAME,
            SPI_BUS_NAME);
        return -RT_ERROR;
    }

    nand_bus_dev = (struct rt_spi_device *) rt_device_find( SPI_NAND_FLASH_BUS_
        NAME);
    if (nand_bus_dev == RT_NULL)
    {
        LOG_E("can't find nand bus %s.", SPI_NAND_FLASH_BUS_NAME);
        return RT_ERROR;
    }
```

```
    cfg.data_width = 8;
    cfg.mode = RT_SPI_MASTER | RT_SPI_MODE_0 | RT_SPI_MSB;
    cfg.max_hz = 20 * 1000 * 1000;

    rt_spi_configure(nand_bus_dev, &cfg);

    return RT_EOK;
}

int rt_hw_nand_init(void)
{
    rt_err_t result = RT_EOK;

    result = nand_bus_init();
    if (result != RT_EOK)
    {
        return -RT_ERROR;
    }

    nand_dev.page_size = 2048;
    nand_dev.pages_per_block = 64;
    nand_dev.plane_num = 1;
    nand_dev.oob_size = 64;
    nand_dev.oob_free = 64 - ((2048) * 3 / 256);
    nand_dev.block_start = 0;
    nand_dev.block_end = 1024;
    nand_dev.block_total = 1024;
    nand_dev.ops = &nand_ops;

    result = rt_mtd_nand_register_device(SPI_NAND_FLASH_NAME, &nand_dev);
    if (result != RT_EOK)
    {
        rt_device_unregister(&nand_dev.parent);
        return -RT_ERROR;
    }

    ...

    LOG_I("spi nand flash init success.");

    _read_id(&nand_dev);

    return RT_EOK;
}
INIT_ENV_EXPORT(rt_hw_nand_init);
```

17.5　驱动配置

下面介绍 MTD NAND 设备驱动的配置。

1. Kconfig 配置

下面参考 components/drivers/Kconfig 文件配置 NAND 驱动的相关选项，如下所示：

```
config RT_USING_MTD_NAND
    bool "Using MTD NAND Flash device drivers"
    default n
```

其中，RT_USING_MTD_NAND 是 MTD NAND 设备驱动框架代码对应的宏定义，这个宏控制 NAND 驱动框架代码是否会添加到工程中。

2. SConscript 配置

HAL_Drivers/SConscript 文件给出了 NAND 驱动添加情况的判断，代码如下所示。这是一段 Python 代码，表示如果定义了宏 RT_USING_MTD_NAND，则设备驱动框架源码 mtd_nand.c 会被添加到工程的源文件中。

```
if GetDepend(['RT_USING_MTD_NAND']):
    src += ['mtd_nand.c']
```

17.6　驱动验证

NAND 设备驱动验证流程如下所示。

运行添加了驱动的 RT-Thread 代码，将代码编译下载到开发板中，然后在控制台使用 list_device 命令查看已注册的设备，此时已经包含 MTD NAND 设备，如下所示：

```
msh >list_device
device           type              ref count
--------  ----------------  -----------
uart1     Character Device       2
nand0     MTD Device             1
```

MTD NAND 框架提供了 NAND 设备的测试命令，在验证驱动时，可以使用 MTD 命令操作设备。MTD NAND 设备操作命令如下所示：

```
msh />mtd_nand

mtd_nand [OPTION] [PARAM ...]
    id         <name>             Get nandid by given name
    read       <name> <bn> <pn>   Read data on page <pn> of block <bn> of device
        <name>
    readoob    <name> <bn> <pn>   Read oob  on page <pn> of block <bn> of device
        <name>
    write      <name> <bn> <pn>   Run write test on page <pn> of block <bn> of
        device <name>
    erase      <name> <bn>        Erase on block <bn> of device <name>
    eraseall <name>               Erase all block on device <name>
```

1）读取 NAND 设备 ID：使用 mtd_nand id 命令读取设备的 ID。

```
msh />mtd_nand id nand0
[I/drv_mtd_nand] w25n device id is 0xefaa21.
```

2）读、写、擦测试：使用 mtd_nand 读、写、擦命令测试相应操作。首先擦除块，然后读取数据，检查是否擦除成功，接着写入数据，然后读取数据，检查写入情况。

```
msh />mtd_nand erase nand0 1
msh />mtd_nand read nand0 1 1
000000: ff ff ff ff ff ff ff ff ff ff ff ff ff ff ff ff  ................
000010: ff ff ff ff ff ff ff ff ff ff ff ff ff ff ff ff  ................
000020: ff ff ff ff ff ff ff ff ff ff ff ff ff ff ff ff  ................
000030: ff ff ff ff ff ff ff ff ff ff ff ff ff ff ff ff  ................
...
0007f0: ff ff ff ff ff ff ff ff ff ff ff ff ff ff ff ff  ................
000000: ff ff ff ff ff ff ff ff ff ff ff ff ff ff ff ff  ................
000010: ff ff ff ff ff ff ff ff ff ff ff ff ff ff ff ff  ................
000020: ff ff ff ff ff ff ff ff ff ff ff ff ff ff ff ff  ................
000030: ff ff ff ff ff ff ff ff ff ff ff ff ff ff ff ff  ................
msh />
msh />mtd_nand write nand0 1 1
msh />mtd_nand read nand0 1 1
000000: 00 01 02 03 04 05 06 07 08 09 0a 0b 0c 0d 0e 0f  ................
000010: 10 11 12 13 14 15 16 17 18 19 1a 1b 1c 1d 1e 1f  ................
000020: 20 21 22 23 24 25 26 27 28 29 2a 2b 2c 2d 2e 2f   !"#$%&'()*+,-./
000030: 30 31 32 33 34 35 36 37 38 39 3a 3b 3c 3d 3e 3f  0123456789:;<=>?
000040: 40 41 42 43 44 45 46 47 48 49 4a 4b 4c 4d 4e 4f  @ABCDEFGHIJKLMNO
000050: 50 51 52 53 54 55 56 57 58 59 5a 5b 5c 5d 5e 5f  PQRSTUVWXYZ[\]^_
...
msh />
```

17.7　本章小结

　　本章讲解了 MTD NAND 设备的开发步骤及方法，用户需要定义设备的操作方法，并实现这些操作方法，最后进行设备注册。在驱动验证时，可以使用 mtd_nand 专用命令进行验证。

第 18 章
脉冲编码器设备驱动开发

　　脉冲编码器（Pulse Encoder）是一种以光学、磁性等方式感知和测试位置的设备，一般用于旋转结构（如电机），可用于测速、测转动方向、测移动角度与距离等。脉冲编码器按照感应方式分为光电式、接触式和电磁感应式三种。光电式的精度与可靠性都优于其他两种。脉冲编码器按照工作原理可以分为增量式和绝对式两种。增量式编码器将位移转换成周期性的电信号，周期性的电信号转换成脉冲计数；绝对式的脉冲编码器每一个位置对应一个数字编码。增量式编码器的优点是原理构造简单、抗干扰能力强、可靠性高，适合于长距离传输。绝对式的脉冲编码器的优点是由机械位置确定编码，每个位置编码唯一，无须记忆，简化了软件开发难度。

　　增量式编码器又可以细分为单脉冲编码器和 AB 相编码器。其中，单脉冲编码器使用较简单。假设某智能小车的电机上安装了单脉冲编码器，其旋转一圈会产生 360 个脉冲信号，则测量单位时间内编码器产生的脉冲数量就可以计算出电机的旋转圈数，进而获取到小车的移动速度。但是单脉冲编码器只能获取电机的转动速度，并不能获得电机的转动方向，也就不能判断小车的移动方向。为了获取小车的真实移动方向，我们可以将单脉冲编码器替换为 AB 相编码器。AB 相编码器同时输出两路脉冲，并且两路脉冲之间的相位差就反映了电机的旋转方向。AB 相编码器的脉冲计数方法可以参考图 18-1。

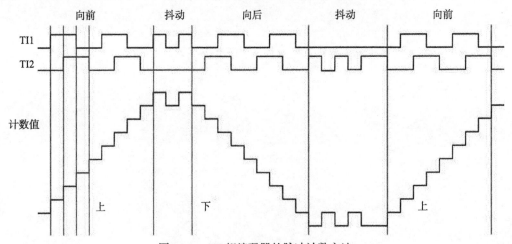

图 18-1　AB 相编码器的脉冲计数方法

其中 TI1 和 TI2 分别为两路脉冲信号，其相位相差 90°，当 TI1 相对于 TI2 相位超前时，表示电机的旋转方向为向前（forward），计数值持续增长，表示电机在朝一个方向持续旋转。单位时间的计数值（counter）就代表了电机的旋转速度。当电机减速并调换旋转方向时，会有一段时间的抖动（jitter），这时不应该计数。当电机旋转方向调换完成，即 TI1 相对于 TI2 相位落后了 90°，表示电机开始反向旋转（backward），此时也应该调换计数方向，持续减少计数值，单位时间内的计数值的变化同样代表了电机的旋转速度。后面每当电机调换一次旋转方向，计数值也相应地增加或减少。这样就可以清晰地获得小车的移动速度和移动方向了，如果将移动速度累加起来，还可以获得小车真正移动的距离。

RT-Thread 针对脉冲编码器的功能开发了脉冲编码器设备驱动框架。开发者可以直接基于设备框架提供的接口获取脉冲的计数，不论是单脉冲编码器还是 AB 相脉冲编码器都可以使用相同的编程接口，大大提高了应用的兼容能力。本章将带领读者了解 RT-Thread 上脉冲编码器设备驱动的开发，主要工作就是将硬件 MCU 的编码器功能对接到设备框架。

18.1　脉冲编码器层级结构

脉冲编码器层级结构如图 18-2 所示。

下面结合图 18-2 所示来进行分析。

1）应用层主要是开发者编写的应用代码，这些应用代码通过调用 I/O 设备管理层提供的统一接口进行脉冲编码器设备的读和控制操作，实现特定的业务功能。比如电机的转速监测、小车的车速控制等。

2）I/O 设备管理层向应用层提供 rt_device_read、rt_device_write 等标准接口，应用层可以通过这些标准接口访问脉冲编码器设备。I/O 设备管理层进而调用脉冲编码器设备驱动框架层提供的接口，完成对应的操作。

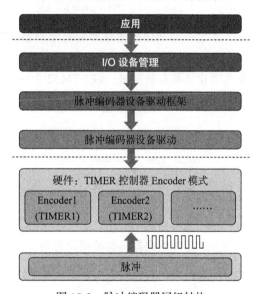

图 18-2　脉冲编码器层级结构

3）脉冲编码器设备驱动框架层是一层通用的软件抽象层，驱动框架与具体的硬件平台无关。脉冲编码器设备驱动框架源码为 pulse_encoder.c，位于 RT-Thread 源码的 components\drivers\misc 文件夹中。脉冲编码器设备驱动框架提供以下功能。

① 向 I/O 设备管理层提供统一的接口供其调用。

② 脉冲编码器设备驱动框架向脉冲编码器设备驱动层提供设备操作方法 struct rt_pulse_encoder_ops，包括 init、get_count、clear_count、control。驱动开发者需要实现这些方法。

③ 提供注册管理接口 rt_device_pulse_encoder_register，驱动开发者需要在注册设备时调用此接口。

4）脉冲编码器设备驱动层是针对具体的 MCU 硬件开发的驱动，可操作具体的 MCU 芯片，以完成框架规定的操作。脉冲编码器设备驱动源码位于具体的 bsp 目录下，一般命名为 drv_pulse_encoder.c。脉冲编码器设备驱动需要实现设备的操作方法 struct rt_pulse_encoder_ops，这些操作方法提供了访问和控制 MCU 定时器硬件的能力。该驱动也负责调用 rt_device_pulse_encoder_register 接口注册脉冲编码器设备到操作系统。

5）最下面一层就是具体的硬件了，主要是不同 MCU 上具体的编码器外设，不同的芯片厂商提供的库并不完全一样，这些差别并不会影响驱动的对接。

脉冲编码器设备驱动开发的主要任务就是实现脉冲编码器设备操作方法接口 struct rt_pulse_encoder_ops，然后注册脉冲编码器设备。下面将会以 STM32 的脉冲编码器驱动为例讲解脉冲编码器驱动的具体实现。

18.2 创建脉冲编码器设备

本节介绍如何创建脉冲编码器设备。对脉冲编码器设备来说，在驱动开发时需要先从 struct rt_pulse_encoder_device 结构中派生出新的脉冲编码器设备模型，然后根据自己的设备类型定义私有数据域。以 STM32 为例，部分代码如下所示：

```
struct stm32_pulse_encoder_device
{
    struct rt_pulse_encoder_device pulse_encoder; /* 脉冲编码器设备基类 */
    TIM_HandleTypeDef tim_handler;              /* STM32 定时器控制句柄 */
    IRQn_Type encoder_irqn;                     /* STM32 定时器中断类型 */
    rt_int32_t over_under_flowcount;            /* STM32 编码器计数溢出次数 */
    char *name;                                 /* STM32 脉冲编码器名称 */
};
```

脉冲编码器驱动根据此类型定义脉冲编码器设备对象并初始化相关变量。一般 MCU 都支持多个脉冲编码器，脉冲编码器驱动也可以支持多个脉冲编码器设备。

```
#define PULSE_ENCODER1_CONFIG                         \
    {                                                 \
        .tim_handler.Instance    = TIM1,             \
        .encoder_irqn            = TIM1_UP_TIM10_IRQn, \
        .name                    = "pulse1"          \
    }

/* 定义脉冲编码器对象 */
static struct stm32_pulse_encoder_device stm32_pulse_encoder_obj [] =
{
    PULSE_ENCODER1_CONFIG,
};
```

18.3 实现脉冲编码器设备的操作方法

使用脉冲编码器需要初始化，获取计数值、清除计数值、控制脉冲编码器等，脉冲编码器设备的操作方法结构体原型如下：

```
struct rt_pulse_encoder_ops
{
    rt_err_t (*init)(struct rt_pulse_encoder_device *pulse_encoder);
    rt_int32_t (*get_count)(struct rt_pulse_encoder_device *pulse_encoder);
    rt_err_t (*clear_count)(struct rt_pulse_encoder_device *pulse_encoder);
    rt_err_t (*control)(struct rt_pulse_encoder_device *pulse_encoder, rt_
        uint32_t cmd, void *args);
};
```

脉冲编码器设备框架定义了 4 个操作方法，都是对 MCU 脉冲编码器基本功能的抽象。其中：init 方法用于初始化脉冲编码器；get_count 方法用于获取脉冲编码器的计数值；clear_count 用于清除脉冲编码器的计数值；control 方法用于控制脉冲编码器。这些方法的具体实现方式及参数的意义会在后面详细介绍。

18.3.1　init：初始化脉冲编码器

操作方法 init 用于初始化脉冲编码器设备，其原型如下所示：

```
rt_err_t (*init)(struct rt_pulse_encoder_device *pulse_encoder);
```

init 方法的参数及返回值如表 18-1 所示。

表 18-1　init 方法的参数及返回值

参数	描述	返回值
pulse_encoder	脉冲编码器设备句柄	❑ RT_EOK：执行成功 ❑ -RT_ERROR：执行失败

脉冲编码器设备在初始化时会调用 init 方法。在 STM32 上，脉冲编码器驱动的 init 方法的实现方式如下所示。

```
rt_err_t pulse_encoder_init (struct rt_pulse_encoder_device *pulse_encoder)
{
    TIM_Encoder_InitTypeDef sConfig;
    TIM_MasterConfigTypeDef sMasterConfig;
    struct stm32_pulse_encoder_device *stm32_device;
    stm32_device = (struct stm32_pulse_encoder_device*) pulse_encoder;

    stm32_device->tim_handler.Init.Prescaler = 0;
    sConfig.EncoderMode = TIM_ENCODERMODE_TI12;
    ...
    /* 设置定时器初始化参数，此处省略代码细节 */

    if (HAL_TIM_Encoder_Init (&stm32_device->tim_handler, &sConfig) != HAL_OK)
    {
        LOG_E ("pulse_encoder init failed");
        return -RT_ERROR;
    }

    sMasterConfig.MasterOutputTrigger = TIM_TRGO_RESET;
```

```
sMasterConfig.MasterSlaveMode = TIM_MASTERSLAVEMODE_DISABLE;

if (HAL_TIMEx_MasterConfigSynchronization (&stm32_device->tim_handler,
    &sMasterConfig))
{
    LOG_E ("TIMx master config failed");
    return -RT_ERROR;
}
else
{
    HAL_NVIC_SetPriority (stm32_device->encoder_irqn, 3, 0);

    /* 开启定时器 TIMx 对应的全局中断 */
    HAL_NVIC_EnableIRQ (stm32_device->encoder_irqn);

    /* 清除相关中断标志 */
    __HAL_TIM_CLEAR_FLAG (&stm32_device->tim_handler, TIM_FLAG_UPDATE);
    /* 启用编码器更新请求源 */
    __HAL_TIM_URS_ENABLE (&stm32_device->tim_handler);
}

return RT_EOK;
}
```

在示例代码中，STM32 的驱动实现先定义了编码器的控制器句柄，并对句柄进行了初始化操作，然后调用 STM32 HAL 库提供的编码器初始化接口，对实际硬件进行了初始化操作。因为编码器需要中断的配合，所以在此方法最后的实现了相关的中断。

18.3.2 control：控制脉冲编码器

操作方法 control 的作用是控制脉冲编码器设备，应用开发人员在使用脉冲编码器时通常需要了解一些脉冲编码器的信息，或控制脉冲编码器的工作方式，这就需要实现脉冲编码器的控制方法。控制脉冲编码器方法的原型如下所示：

```
rt_err_t (*control)(struct rt_pulse_encoder_device *pulse_encoder, rt_uint32_t
    cmd, void *args);
```

control 方法的参数及返回值如表 18-2 所示。

表 18-2 control 方法的参数及返回值

参数	描述	返回值
pulse_encoder	脉冲编码器设备句柄	❑ RT_EOK：执行成功 ❑ -RT_ERROR：执行失败
caps	控制命令	
args	控制参数	

该方法根据控制命令 cmd 和控制参数 args 控制脉冲编码器设备，主要用于获取编码器类型、开关编码器、将编码器计数清零。参数 cmd 可取以下宏定义值，其中 PULSE_ENCODER_CMD_GET_TYPE 和 PULSE_ENCODER_CMD_CLEAR_COUNT 已在脉冲编码器设备驱动框架内部实现了，不需要在驱动中处理。

```
/* 脉冲编码器控制命令 */
#define PULSE_ENCODER_CMD_GET_TYPE        (128 + 0)    /* 获取脉冲编码器类型 */
#define PULSE_ENCODER_CMD_ENABLE          (128 + 1)    /* 开启脉冲编码器 */
#define PULSE_ENCODER_CMD_DISABLE         (128 + 2)    /* 关闭脉冲编码器 */
#define PULSE_ENCODER_CMD_CLEAR_COUNT     (128 + 3)    /* 清除编码器的计数值 */
```

我们看一下 STM32 脉冲编码器 control 方法的实现，代码如下所示。在示例代码中，驱动先判断控制命令是开启还是关闭脉冲编码器，之后调用 STM32 HAL 库提供的编码器操作接口来完成相应的脉冲编码器操作。

```
rt_err_t pulse_encoder_control (struct rt_pulse_encoder_device *pulse_encoder,
    rt_uint32_t cmd, void *args)
{
    rt_err_t result;
    struct stm32_pulse_encoder_device *stm32_device;
    stm32_device = (struct stm32_pulse_encoder_device*) pulse_encoder;

    result = RT_EOK;

    switch (cmd)
    {
    case PULSE_ENCODER_CMD_ENABLE:
        HAL_TIM_Encoder_Start (&stm32_device->tim_handler, TIM_CHANNEL_ALL);
        HAL_TIM_Encoder_Start_IT (&stm32_device->tim_handler, TIM_CHANNEL_ALL);
        break;
    case PULSE_ENCODER_CMD_DISABLE:
        HAL_TIM_Encoder_Stop (&stm32_device->tim_handler, TIM_CHANNEL_ALL);
        HAL_TIM_Encoder_Stop_IT (&stm32_device->tim_handler, TIM_CHANNEL_ALL);
        break;
    default:
        result = -RT_ENOSYS;
        break;
    }

    return result;
}
```

18.3.3　get_count：获取编码器计数

操作方法 get_count 用于获取编码器当前的计数值，其原型如下所示：

```
rt_int32_t (*get_count)(struct rt_pulse_encoder_device *pulse_encoder);
```

get_count 方法的参数及返回值如表 18-3 所示。

表 18-3　get_count 方法的参数及返回值

参数	描述	返回值
pulse_encoder	脉冲编码器设备句柄	❑ 返回值为 rt_int32_t 类型，表示 32 位有符号编码器计数值

我们来看一下 STM32 上脉冲编码器 get_count 方法的实现，部分代码如下所示。

```
rt_int32_t pulse_encoder_get_count (struct rt_pulse_encoder_device *pulse_
```

```
encoder)
{
    struct stm32_pulse_encoder_device *stm32_device;
    stm32_device = (struct stm32_pulse_encoder_device*) pulse_encoder;
    return (rt_int32_t)((rt_int16_t)__HAL_TIM_GET_COUNTER (&stm32_device->tim_
        handler) + stm32_device->over_under_flowcount * AUTO_RELOAD_VALUE);
}
```

在示例代码中,由于 STM32 的编码器的计数范围只有 16 位,为了方便应用开发者使用,提高应用开发的便利性,STM32 在驱动内部处理了编码器计数的溢出中断,并将溢出次数记录在了 over_under_flowcount 这个变量里。因此在实现 get_count 方法时,返回值包括当前的编码器计数值,以及之前溢出的次数乘以计数器的计数周期。这样就将计数值的范围从 16 位增长至了 32 位。

18.3.4　clear_count：清空编码器计数

操作方法 clear_count 用于清空编码器的计数值。其原型如下所示:

```
rt_err_t (*clear_count)(struct rt_pulse_encoder_device *pulse_encoder);
```

clear_count 方法的参数及返回值如表 18-4 描述。

表 18-4　clear_count 方法的参数及返回值

参数	描述	返回值
pulse_encoder	脉冲编码器设备句柄	❑ RT_EOK：执行成功 ❑ 其他错误码：执行失败

我们来看一下 STM32 上脉冲编码器 clear_count 方法的实现,代码如下所示。可以看到,示例代码不仅使用 STM32 HAL 库提供的接口清除了编码器的计数值,还清零了溢出中断次数的记录。

```
rt_err_t pulse_encoder_clear_count (struct rt_pulse_encoder_device *pulse_
    encoder)
{
    struct stm32_pulse_encoder_device *stm32_device;
    stm32_device = (struct stm32_pulse_encoder_device*) pulse_encoder;
    stm32_device->over_under_flowcount = 0;  /* 清零溢出中断次数 */
    __HAL_TIM_SET_COUNTER (&stm32_device->tim_handler, 0);
    return RT_EOK;
}
```

18.4　注册脉冲编码器设备

注册脉冲编码器设备的接口 rt_device_pulse_encoder_register 的原型如下所示:

```
rt_err_t rt_device_pulse_encoder_register (struct rt_pulse_encoder_device *pulse_
    encoder, const char *name, void *user_data);
```

rt_device_pulse_encoder_register 接口的参数及返回值如表 18-5 所示。

表 18-5　rt_device_pulse_encoder_register 接口的参数及返回值

参数	描述	返回值
pulse_encoder	脉冲编码器设备句柄	❑ RT_EOK：执行成功
name	脉冲编码器设备名称	❑ 其他错误码：执行失败
user_data	用户数据	

在注册脉冲编码器设备之前，需要根据 struct rt_pulse_encoder_ops 的定义创建一个全局的 ops 结构体变量 _ops。_ops 将在注册脉冲编码器设备时赋值给脉冲编码器设备的 ops 参数。在 STM32 中注册设备的代码如下所示。

```
/* 保存脉冲编码器操作方法函数指针 */
static const struct rt_pulse_encoder_ops _ops =
{
    .init = pulse_encoder_init,
    .get_count = pulse_encoder_get_count,
    .clear_count = pulse_encoder_clear_count,
    .control = pulse_encoder_control,
};
int hw_pulse_encoder_init (void)
{
    int i;
    int result;

    result = RT_EOK;
    for (i = 0; i < sizeof (stm32_pulse_encoder_obj) /sizeof (stm32_pulse_
        encoder_obj [0]); i++)
    {
        stm32_pulse_encoder_obj [i].pulse_encoder.type = AB_PHASE_PULSE_ENCODER;
        stm32_pulse_encoder_obj [i].pulse_encoder.ops = &_ops;

        if (rt_device_pulse_encoder_register (&stm32_pulse_encoder_obj [i].
            pulse_encoder, stm32_pulse_encoder_obj [i].name, RT_NULL) != RT_EOK)
        {
            LOG_E ("% s register failed", stm32_pulse_encoder_obj [i].name);
            result = -RT_ERROR;
        }
    }

    return result;
}
INIT_BOARD_EXPORT (hw_pulse_encoder_init);
```

18.5　脉冲编码器中断处理

如 18.3.3 节提到的，为了更好、更方便地供应用开发者使用，可以在驱动中处理编码器的溢出中断，当编码器计数值溢出时，在驱动里记录下溢出的次数，进而可以扩大驱动的计数值范围。在 STM32 中实现的中断处理代码如下所示。

```
void pulse_encoder_update_isr(struct stm32_pulse_encoder_device *device)
{
    if (__HAL_TIM_GET_FLAG(&device->tim_handler, TIM_FLAG_UPDATE) != RESET)
    {
        __HAL_TIM_CLEAR_IT(&device->tim_handler, TIM_IT_UPDATE);
        if (__HAL_TIM_IS_TIM_COUNTING_DOWN(&device->tim_handler))
        {
            /* 检测到计数器向下溢出了，溢出计数值减 1 */
            device->over_under_flowcount--;
        }
        else
        {
            /* 检测到计数器向上溢出了，溢出计数值加 1 */
            device->over_under_flowcount++;
        }
    }
    ...
}
#ifdef BSP_USING_PULSE_ENCODER1
void TIM1_UP_IRQHandler(void)
{
    /* 进入中断 */
    rt_interrupt_enter();
    pulse_encoder_update_isr(&stm32_pulse_encoder_obj[PULSE_ENCODER1_INDEX]);
    /* 退出中断 */
    rt_interrupt_leave();
}
#endif
#ifdef BSP_USING_PULSE_ENCODER2
void TIM2_IRQHandler(void)
{
    /* 进入中断 */
    rt_interrupt_enter();
    pulse_encoder_update_isr(&stm32_pulse_encoder_obj[PULSE_ENCODER2_INDEX]);
    /* 退出中断 */
    rt_interrupt_leave();
}
...
```

在示例代码中，STM32 的脉冲编码器驱动处理了定时器的计数值溢出事件，包括向上溢出和向下溢出。当计数值一直增加，超出了硬件计数值的范围时，就会触发向上溢出中断，这时将驱动的溢出计数值加 1。当计数值一直减少，超出硬件计数值的范围时，会触发向下溢出中断，这时将驱动的溢出计数值减 1。

18.6 驱动配置

下面介绍脉冲编辑器设备的驱动配置。

1. Kconfig 配置

下面参考 bsp/stm32/stm32f407-atk-explorer/board/Kconfig 文件，对脉冲编码器驱动进行相关配置，如下所示：

```
menuconfig BSP_USING_PULSE_ENCODER
    bool "Enable Pulse Encoder"
    default n
    select RT_USING_PULSE_ENCODER
    if BSP_USING_PULSE_ENCODER
        config BSP_USING_PULSE_ENCODER4
            bool "Enable Pulse Encoder4"
            default n
    endif
```

我们来看一下此配置文件中一些关键字段的意义。

❑ BSP_USING_PULSE_ENCODER：脉冲编码器驱动代码对应的宏定义，这个宏控制脉冲编码器驱动相关代码是否会添加到工程中。

❑ RT_USING_PULSE_ENCODER：脉冲编码器驱动框架代码对应的宏定义，这个宏控制脉冲编码器驱动框架的相关代码是否会添加到工程中。

❑ BSP_USING_PULSE_ENCODER4：脉冲编码器设备 4 对应的宏定义，这个宏控制脉冲编码器设备 4 是否会注册到系统。

2. SConscript 配置

HAL_Drivers/SConscript 文件进行了脉冲编码器驱动添加情况的判断，代码如下所示。这是一段 Python 代码，表示如果定义了宏 BSP_USING_PULSE_ENCODER，则 drv_pulse_encoder.c 会被添加到工程的源文件中。

```
if GetDepend (['BSP_USING_PULSE_ENCODER']):
    src += ['drv_pulse_encoder.c']
```

18.7 驱动验证

注册设备后，脉冲编码器设备将在 I/O 设备管理器中存在。验证设备功能时，我们需要运行添加了驱动的 RF-Thread 代码，将其编译下载到开发板中，然后在控制台中运行 list_device 命令，可以看到已注册的设备包含了脉冲编码器设备：

```
msh >list_device
device            type                  ref count
--------  --------------------  -----------
uart1     Character Device        2
pulse1    Miscellaneous Device    0
```

在应用程序中按照如下思路编写测试代码。

1）根据脉冲编码器的设备名称查找设备并获取设备句柄。

2）通过控制指令使能设备。

3）读取脉冲编码器的计数值。

可以参考如下例程编写自己的测试代码。

```
/*
 * 程序清单：这是一个脉冲编码器设备使用例程
```

```
 * 例程导出了 pulse_encoder_sample 命令到控制终端
 * 命令调用格式：pulse_encoder_sample
 * 程序功能：每隔 500 ms 读取一次脉冲编码器外设的计数值，然后清空计数值，将读取到的计数值打印出来。
 */
#include <rtthread.h>
#include <rtdevice.h>
#define PULSE_ENCODER_DEV_NAME     "pulse1"    /* 脉冲编码器名称 */

static int pulse_encoder_sample(int argc, char *argv[])
{
    rt_err_t ret = RT_EOK;
    rt_device_t pulse_encoder_dev = RT_NULL;    /* 脉冲编码器设备句柄 */
    rt_uint32_t index;
    rt_int32_t count;

    /* 查找脉冲编码器设备 */
    pulse_encoder_dev = rt_device_find(PULSE_ENCODER_DEV_NAME);
    if (pulse_encoder_dev == RT_NULL)
    {
        rt_kprintf("pulse encoder sample run failed! can't find %s device!\n",
            PULSE_ENCODER_DEV_NAME);
        return RT_ERROR;
    }
    /* 以只读方式打开设备 */
    ret = rt_device_open(pulse_encoder_dev, RT_DEVICE_OFLAG_RDONLY);
    if (ret != RT_EOK)
    {
        rt_kprintf("open %s device failed!\n", PULSE_ENCODER_DEV_NAME);
        return ret;
    }

    for (index = 0; index <= 10; index ++)
    {
        rt_thread_mdelay(500);
        /* 读取脉冲编码器计数值 */
        rt_device_read(pulse_encoder_dev, 0, &count, 1);
        /* 清空脉冲编码器计数值 */
        rt_device_control(pulse_encoder_dev, PULSE_ENCODER_CMD_CLEAR_COUNT, RT_
            NULL);
        rt_kprintf("get count %d\n", count);
    }
    rt_device_close(pulse_encoder_dev);
    return ret;
}
/* 导出到 msh 命令列表中 */
MSH_CMD_EXPORT(pulse_encoder_sample, pulse encoder sample);
```

编译下载后，运行注册的测试命令后可看到如下信息，如果计数值随电机的转动正常
变化，则表明脉冲编码器设备工作正常。

```
msh >pulse_encoder_sample encoder_tim1
get count 101
get count 203
get count 304
```

18.8 本章小结

本章讲解了脉冲编码器设备的开发步骤及方法，用户需要定义设备的操作方法，并实现这些操作方法，最后进行设备注册。需要注意的是，在驱动编写中，可以开启并处理编码器硬件的溢出中断，记录溢出次数，进而扩大编码器的计数范围。

第 19 章
加解密设备驱动开发

加解密（Encryption/Decryption）是一种文件、消息的加密与解密技术。随着物联网快速发展，物联网设备对信息安全，对数据的加解密有着越来越强的需求。为保证物联网设备的信息安全，软件层面引入了 TLS 安全传输层协议，同时硬件芯片上也逐渐添加了安全相关的加解密模块，甚至出现了专为安全设计的安全芯片。芯片上的硬件安全模块相比纯软件安全算法，拥有更快的运算速度，更小的资源占用。但大多数物联网设备上仍在使用纯软件的安全算法，造成这个现象的最重要原因就是安全芯片硬件接口不一，种类繁杂，软件对接起来比较困难。

因此 RT-Thread 推出了 hwcrypto 硬件加解密驱动框架，并对接了常见的安全传输套件，如散列算法（MD5、SHA）、对称加解密（AES）、CRC、随机数、大数运算等。只要硬件支持加解密模块，就能直接使用基于硬件加解密的安全传输套件，使传输速度提升数倍。

19.1　加解密设备层级结构

加解密设备层级结构如图 19-1 所示。

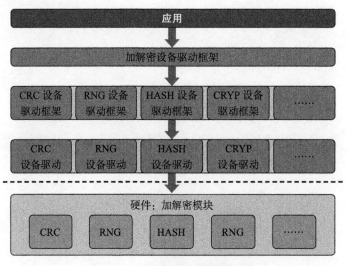

图 19-1　加解密设备层级结构图

1）应用层可调用加解密设备框架提供的统一接口实现业务逻辑，实现如文本加密、解密等操作。

2）加解密设备驱动框架层是一层通用的软件层，为应用层提供统一的接口供其调用。加解密设备驱动框架源码位于 RT-Thread 源码仓库的 components/drivers/hwcrypto 文件夹中。加解密设备驱动框架层是各种加解密设备共性的抽象，向上为应用层提供统一的接口，向下对接不同类型的硬件驱动。加解密设备驱动框架层提供了一套操作方法集合 struct rt_hwcrypto_ops，包含了各类加解密设备的通用操作，驱动开发者需要实现这些操作方法。同时提供注册设备的接口 rt_hwcrypto_register，驱动开发者需要使用此接口完成设备的注册。

3）CRC 设备驱动框架等子设备框架都提供了对应的操作方法集合，如 struct hwcrypto_crc_ops、struct hwcrypto_rng_ops、struct hwcrypto_hash_ops 等。只有实现了底层某一类型子设备框架的操作方法后，与其相对应的应用层的接口才能正常使用。

4）各类加解密设备驱动（如 CRC 设备驱动）的实现与平台相关，这些驱动可操作具体 MCU 的加解密外设。加解密设备驱动位于具体的 bsp 目录下，源码名称一般为 drv_crypto.c。加解密设备驱动不仅需要实现上层框架的操作方法，还需要实现下层各类子设备的操作方法（访问和控制加解密硬件）。

加解密驱动开发主要任务就是实现加解密设备操作方法 rt_hwcrypto_ops，然后注册加解密设备。本章将会以 STM32 的加解密设备为例介绍相应驱动的具体实现方法。

19.2　创建加解密设备

STM32 的加解密设备模型从 struct rt_hwcrypto_device 派生，并增加了自己的私有数据，这里主要是加了一把互斥锁，解决同一设备资源同时被多个线程持有的问题。代码如下所示：

```
struct stm32_hwcrypto_device
{
    struct rt_hwcrypto_device dev;  /* 加解密设备基类 */
    struct rt_mutex mutex;
};
```

19.3　实现加解密设备的操作方法

使用加解密设备通常需要用设备句柄加上加密算法类型创建出一个具体的子设备上下文，然后将该上下文作为入参和要加密的数据一起传入与此加密算法相对应的应用层 API，完成数据的加密，之后获取加密结果。最后删除上下文，释放资源。加解密设备的操作方法结构体原型如下：

```
struct rt_hwcrypto_ops
{
```

```
rt_err_t (*create)(struct rt_hwcrypto_ctx *ctx);
void (*destroy)(struct rt_hwcrypto_ctx *ctx);
rt_err_t (*copy)(struct rt_hwcrypto_ctx *des, const struct rt_hwcrypto_ctx
    *src);
void (*reset)(struct rt_hwcrypto_ctx *ctx);
};
```

操作方法是对各类加解密子设备共性的抽象：create 方法用于创建对应的子设备；destroy 方法用于销毁对应的子设备；copy 方法用于复制设备上下文；reset 方法用于复位设备。它们的入参都是同一个数据类型 struct rt_hwcrypto_ctx，代表了硬件加解密设备的上下文信息，其原型如下所示。

```
struct rt_hwcrypto_ctx
{
    struct rt_hwcrypto_device *device;    /* 绑定的加解密设备 */
    hwcrypto_type type;                   /* 加解密子设备类型 */
    void *contex;                         /* 硬件上下文 */
};
```

此数据类型在加解密设备基类 struct rt_hwcrypto_device 的基础上，添加了加解密子设备类型和硬件上下文两个成员，便于获取具体的子设备类型以及其对应的硬件上下文，方便驱动针对不同的子设备来配置硬件。

19.3.1 create：创建设备

前面提到使用加解密设备需要先根据入参的上下文创建对应的子设备，create 方法就是用于创建对应的子设备，其原型如下所示。

```
rt_err_t (*create)(struct rt_hwcrypto_ctx *ctx);
```

create 方法的参数及返回值如表 19-1 所示。

表 19-1 create 方法的参数及返回值

参数	描述	返回值
ctx	加解密设备的上下文信息	❑ RT_EOK：函数执行成功 ❑ −RT_ERROR：函数执行失败

create 方法要求设备驱动针对入参 ctx 的 type 成员代表的子设备类型来初始化此上下文结构体，并完成子设备的创建。初始化时，要完成对应子设备的硬件初始化，并将硬件设备的句柄保存在 ctx 的 contex 硬件上下文成员中。我们还要将子设备的操作方法也赋值给相对应的结构体成员，完成子设备上下文的初始化。下面看一下 STM32 上 create 方法是如何实现的，部分代码如下所示：

```
static rt_err_t _crypto_create(struct rt_hwcrypto_ctx *ctx)
{
    rt_err_t res = RT_EOK;
    /* 判断加解密硬件设备类型 */
    switch (ctx->type & HWCRYPTO_MAIN_TYPE_MASK)
```

```
{
    #if defined(BSP_USING_CRC)
        case HWCRYPTO_TYPE_CRC:
        {
            CRC_HandleTypeDef *hcrc = rt_calloc(1, sizeof(CRC_
                HandleTypeDef));
            ...
            hcrc->Instance = CRC;
            hcrc->Init.DefaultPolynomialUse = DEFAULT_POLYNOMIAL_ENABLE;
            ...
            /* 此处省略部分 HAL 库设置初始化参数的代码 */
            if (HAL_CRC_Init(hcrc) != HAL_OK)
            {
                res = -RT_ERROR;
            }
            #endif
          ctx->contex = hcrc;
            ((struct hwcrypto_crc *)ctx)->ops = &crc_ops;
            break;
        }
    #endif /* BSP_USING_CRC */
    ...
    #if defined(BSP_USING_HASH)
        case HWCRYPTO_TYPE_MD5:
        case HWCRYPTO_TYPE_SHA1:
        case HWCRYPTO_TYPE_SHA2:
        {
            /* 创建用于散列处理的操作方法 */
            ...
            break;
        }
    #endif /* BSP_USING_HASH */

    #if defined(BSP_USING_CRYP)
        ...
    #endif /* BSP_USING_CRYP */

    default:
        res = -RT_ERROR;
        break;
    }

    return res;
}
```

由上可知，create 方法判断了要创建的上下文的子设备类型，据此初始化对应的硬件设备，并将得到的硬件设备的句柄保存在 ctx 的 contex 硬件上下文成员中。最后将子设备的操作方法也赋值给相应的结构体成员。

加解密设备驱动框架支持不同类型子设备，如 CRC、RNG、HASH、CRYP 等。不同的设备都有自己的私有结构体，这个结构会和硬件的设计相配合。接下来以 CRC 冗余校验设备为例讲解子设备的上下文创建及对应子设备操作方法的实现。

CRC 设备句柄结构体的原型如下所示：

```
struct hwcrypto_crc
{
    struct rt_hwcrypto_ctx parent;          /* 从标准设备继承 */
    struct hwcrypto_crc_cfg crc_cfg;        /* CRC 配置结构体 */
    const struct hwcrypto_crc_ops *ops;     /* CRC 操作方法结构体 */
};
```

CRC 设备句柄结构体在加解密设备上下文结构的基础上增加了适合自身的私有数据：配置结构体和私有操作方法集合。其中，CRC 配置结构体包含了使用 CRC 时常用的一些配置项，如初始值、多项式、宽度等，其原型如下所示：

```
struct hwcrypto_crc_cfg
{
    rt_uint32_t last_val;              /* CRC 初始值   */
    rt_uint32_t poly;                 /* CRC 多项式   */
    rt_uint16_t width;                /* CRC 宽度   */
    rt_uint32_t xorout;               /* CRC 结果异或值 */
#define CRC_FLAG_REFIN    (0x1 << 0)  /* 输入数据反转 */
#define CRC_FLAG_REFOUT   (0x1 << 1)  /* 输出数据反转 */
    rt_uint16_t flags;                /* CRC 输入或输出数据反转 */
};
```

CRC 的操作方法结构体，包含了 CRC 类型的子设备常用的操作方法 update，它用于计算并返回 CRC 的值。CRC 的操作方法结构体原型如下所示。

```
struct hwcrypto_crc_ops
{
    /* 计算 CRC 的值，并返回 CRC 值 */
    rt_uint32_t (*update)(struct hwcrypto_crc *ctx, const rt_uint8_t *in, rt_
        size_t length);
};
```

CRC 设备操作方法 update 的原型如下：

```
rt_uint32_t (*update)(struct hwcrypto_crc *ctx, const rt_uint8_t *in, rt_size_t
    length);
```

update 方法的参数及返回值如表 19-2 所示。

该操作方法将根据 CRC 设备句柄的配置参数配置 CRC 计算方法，计算入参 in 的 CRC 值并通过返回值返回给调用者。我们看一下 STM32 中的 CRC 子设备 update 方法的实现，其部分代码如下所示：

表 19-2　update 方法的参数及返回值

参数	描述	返回值
ctx	CRC 设备句柄	
in	要计算 CRC 的数据	□ 计算出的 CRC 值
length	数据的长度	

```
static rt_uint32_t _crc_update(struct hwcrypto_crc *ctx, const rt_uint8_t *in,
    rt_size_t length)
{
    rt_uint32_t result = 0;
    struct stm32_hwcrypto_device *stm32_hw_dev = (struct stm32_hwcrypto_device *)
        ctx->parent.device->user_data;

#if defined(SOC_SERIES_STM32L4)|| defined(SOC_SERIES_STM32F0) || ...
```

```
    CRC_HandleTypeDef *HW_TypeDef = (CRC_HandleTypeDef *)(ctx->parent.contex);
#endif

    rt_mutex_take(&stm32_hw_dev->mutex, RT_WAITING_FOREVER);
#if defined(SOC_SERIES_STM32L4) || defined(SOC_SERIES_STM32F0) || ...
    if (memcmp(&crc_backup_cfg, &ctx->crc_cfg, sizeof(struct hwcrypto_crc_cfg))
        != 0)
    {
        /* 设置 CRC 多项式 */
        if (HW_TypeDef->Init.DefaultPolynomialUse == DEFAULT_POLYNOMIAL_DISABLE)
        {
            HW_TypeDef->Init.GeneratingPolynomial = ctx ->crc_cfg.poly;
        }
        else
        {
            HW_TypeDef->Init.GeneratingPolynomial = DEFAULT_CRC32_POLY;
        }

        /* 配置 CRC 数据格式 */
        switch (ctx ->crc_cfg.flags)
        {
        case 0:                    /* 输出/输入数据都不反转 */
            HW_TypeDef->Init.InputDataInversionMode   = CRC_INPUTDATA_INVERSION_
                NONE;
            HW_TypeDef->Init.OutputDataInversionMode  = CRC_OUTPUTDATA_INVERSION_
                DISABLE;
            break;
        case CRC_FLAG_REFIN:  /* 输入数据反转 */
            HW_TypeDef->Init.InputDataInversionMode   = CRC_INPUTDATA_INVERSION_
                BYTE;
            break;
        ...
        default :
            goto _exit;
        }
        /* 设置 CRC 数据长度 */
        HW_TypeDef->Init.CRCLength = ctx ->crc_cfg.width;
        /* 设置 CRC 初始值 */
        if (HW_TypeDef->Init.DefaultInitValueUse == DEFAULT_INIT_VALUE_DISABLE)
        {
            HW_TypeDef->Init.InitValue = ctx ->crc_cfg.last_val;
        }
        /* 初始化 CRC */
        if (HAL_CRC_Init(HW_TypeDef) != HAL_OK)
        {
            goto _exit;
        }
        memcpy(&crc_backup_cfg, &ctx->crc_cfg, sizeof(struct hwcrypto_crc_cfg));
    }
    /* 判断 CRC 状态 */
    if (HAL_CRC_STATE_READY != HAL_CRC_GetState(HW_TypeDef))
    {
        goto _exit;
    }
#else
```

```
        if (ctx->crc_cfg.flags != 0 || ctx->crc_cfg.last_val != 0xFFFFFFFF || ctx-
            >crc_cfg.xorout != 0 || length % 4 != 0)
        {
            goto _exit;
        }
        length /= 4;
#endif
    /* 计算 CRC 值 */
    result = HAL_CRC_Accumulate(ctx->parent.contex, (rt_uint32_t *)in, length);

#if defined(SOC_SERIES_STM32L4) || defined(SOC_SERIES_STM32F0) || ...
    if (HW_TypeDef->Init.OutputDataInversionMode)
    {
        ctx ->crc_cfg.last_val = reverse_bit(result);
    }
    else
    {
        ctx ->crc_cfg.last_val = result;
    }
    crc_backup_cfg.last_val = ctx ->crc_cfg.last_val;
    result = (result ? result ^ (ctx ->crc_cfg.xorout) : result);
#endif
/* defined(SOC_SERIES_STM32L4)|| defined(SOC_SERIES_STM32F0) || ... */

_exit:
    rt_mutex_release(&stm32_hw_dev->mutex);

    return result;
}
```

STM32 实现的 CRC 子设备的操作方法先从 CRC 设备句柄 ctx 中获取 HAL 库对应的 CRC 控制块，然后根据 CRC 设备句柄 ctx 中配置结构体的配置项，对 HAL 库的 CRC 控制块进行初始化，最后直接使用 HAL 库提供的 CRC 计算 API 完成对输入数据的 CRC 计算操作。

```
static const struct hwcrypto_crc_ops crc_ops =
{
    .update = _crc_update,
};
```

在实现 create 方法时，需要先检测要创建上下文的子设备类型。如果是 CRC 类型的上下文，就将前面实现的 CRC 子设备类型对应的操作方法 crc_ops 赋值给相应的上下文结构体成员。其他类型的子设备实现的方法是相同的，只是具体的结构体定义与操作方法有差异，这里不再赘述。

19.3.2　destroy：销毁设备

操作方法 destroy 用于销毁加解密设备的上下文并释放相应的子设备，其原型如下：

```
void (*destroy)(struct rt_hwcrypto_ctx *ctx);
```

destroy 根据 ctx 子设备类型参数 type 选择具体的加解密底层设备，并销毁底层设备。

在 STM32 中销毁加解密设备接口的部分代码如下所示：

```
static void _crypto_destroy(struct rt_hwcrypto_ctx *ctx)
{
    switch (ctx->type & HWCRYPTO_MAIN_TYPE_MASK)
    {
        #if defined(BSP_USING_CRC)
            case HWCRYPTO_TYPE_CRC:
                __HAL_CRC_DR_RESET((CRC_HandleTypeDef *)ctx-> contex);
                HAL_CRC_DeInit((CRC_HandleTypeDef *)(ctx->contex));
                break;
        #endif /* BSP_USING_CRC */

        #if defined(BSP_USING_RNG)
            case HWCRYPTO_TYPE_RNG:
            ...
                break;
        #endif /* BSP_USING_RNG */

        #if defined(BSP_USING_HASH)
            case HWCRYPTO_TYPE_MD5:
            case ...
                __HAL_HASH_RESET_HANDLE_STATE((HASH_HandleTypeDef *)(ctx-
                    >contex));
                HAL_HASH_DeInit((HASH_HandleTypeDef *)(ctx->contex));
                break;
        #endif /* BSP_USING_HASH *

        #if defined(BSP_USING_CRYP)
            case HWCRYPTO_TYPE_AES:
            case HWCRYPTO_TYPE_DES:
            case ...
                HAL_CRYP_DeInit((CRYP_HandleTypeDef *)(ctx->contex));
                break;
        #endif /* BSP_USING_CRYP */

    default:
        break;
    }

    rt_free(ctx->contex);
}
```

在示例代码中，destroy 方法根据加解密设备上下文 ctx 中的子设备类型分别处理各个子设备的上下文销毁工作，大体都是先从入参 ctx 的硬件上下文 contex 中获取 HAL 库提供的硬件句柄，然后调用 HAL 库对应的销毁 API 完成对应子设备的销毁工作。

19.3.3　copy：复制上下文

操作方法 copy 用于复制加解密设备的上下文，其原型如下所示：

```
rt_err_t (*copy)(struct rt_hwcrypto_ctx *des, const struct rt_hwcrypto_ctx
    *src);
```

copy 方法的参数及返回值如表 19-3 所示。

该操作方法将根据 ctx 的 type 成员选择加解密底层设备类型，并将 src 参数指向的目标上下文复制给 des 参数，完成上下文的复制。在 STM32 中复制加解密设备上下文的部分代码如下所示：

表 19-3　copy 方法的参数及返回值

参数	描述	返回值
des	目标上下文	☐ RT_EOK：函数执行成功
src	源上下文	☐ -RT_ERROR：函数执行失败

```c
static rt_err_t _crypto_clone(struct rt_hwcrypto_ctx *des, const struct rt_
    hwcrypto_ctx *src)
{
    rt_err_t res = RT_EOK;

    switch (src->type & HWCRYPTO_MAIN_TYPE_MASK)
    {
#if defined(BSP_USING_CRC)
        case HWCRYPTO_TYPE_CRC:
            if (des->contex && src->contex)
            {
                rt_memcpy(des->contex, src->contex, sizeof(CRC_
                    HandleTypeDef));
            }
            break;
#endif /* BSP_USING_CRC */

#if defined(BSP_USING_RNG)
        case HWCRYPTO_TYPE_RNG:
            if (des->contex && src->contex)
            {
                rt_memcpy(des->contex, src->contex, sizeof(RNG_
                    HandleTypeDef));
            }
            break;
#endif /* BSP_USING_RNG */

#if defined(BSP_USING_HASH)
        case HWCRYPTO_TYPE_MD5:
        case ...
            if (des->contex && src->contex)
            {
                rt_memcpy(des->contex, src->contex, sizeof(HASH_
                    HandleTypeDef));
            }
            break;
#endif /* BSP_USING_HASH */

#if defined(BSP_USING_CRYP)
        case HWCRYPTO_TYPE_AES:
        case HWCRYPTO_TYPE_DES:
        case ...
            if (des->contex && src->contex)
            {
                rt_memcpy(des->contex, src->contex, sizeof(CRYP_
                    HandleTypeDef));
            }
```

```
            break;
        #endif /* BSP_USING_CRYP */

    default:
        res = -RT_ERROR;
        break;
    }
    return res;
}
```

19.3.4　reset：复位设备

reset 方法用于复位加解密设备上下文对应的硬件设备，其原型如下：

```
void (*reset)(struct rt_hwcrypto_ctx *ctx);
```

reset 方法参数 ctx 表示加解密设备句柄，它将根据 ctx 配置参数 type 选择加解密底层设备类型，复位底层设备。

STM32 复位加解密设备方法的部分代码如下所示：

```
static void _crypto_reset(struct rt_hwcrypto_ctx *ctx)
{
    switch (ctx->type & HWCRYPTO_MAIN_TYPE_MASK)
    {
#if defined(BSP_USING_CRC)
    case HWCRYPTO_TYPE_CRC:
        __HAL_CRC_DR_RESET((CRC_HandleTypeDef *)ctx-> contex);
        break;
#endif /* BSP_USING_CRC */

#if defined(BSP_USING_RNG)
    case HWCRYPTO_TYPE_RNG:
    ...
        break;
#endif /* BSP_USING_RNG */

#if defined(BSP_USING_HASH)
    case HWCRYPTO_TYPE_MD5:
    case ...
        break;
#endif /* BSP_USING_HASH*/

#if defined(BSP_USING_CRYP)
    case HWCRYPTO_TYPE_AES:
    case HWCRYPTO_TYPE_DES:
    case ...
        break;
#endif /* BSP_USING_CRYP */

    default:
        break;
    }
}
```

19.4 注册加解密设备

加解密设备的操作方法实现后需要注册设备到操作系统，注册加解密设备的接口如下所示：

```
rt_err_t rt_hwcrypto_register(struct rt_hwcrypto_device *device, const char
    *name);
```

rt_hwcrypto_register 接口的参数及返回值如 19-4 所示。

在注册加解密设备之前，需要根据 struct rt_hwcrypto_ops 的定义创建一个全局的 ops 结构体变量 _ops。_ops 将在注册加解密设备时赋值给加解密设备的 ops 成员。在 STM32 中注册设备的代码如下所示。

表 19-4 rt_hwcrypto_register 接口的参数及返回值

参数	描述	返回值
device	加解密设备句柄	❑ RT_EOK：注册成功
name	加解密设备名称	❑ 其他错误码：注册失败

```c
static const struct rt_hwcrypto_ops _ops =
{
    .create = _crypto_create,
    .destroy = _crypto_destroy,
    .copy = _crypto_clone,
    .reset = _crypto_reset,
};

int stm32_hw_crypto_device_init(void)
{
    static struct stm32_hwcrypto_device _crypto_dev;
    rt_uint32_t cpuid[3] = {0};

    _crypto_dev.dev.ops = &_ops;
#if defined(BSP_USING_UDID)
    /* 获取 CPU ID */
    cpuid[0] = HAL_GetREVID();
    cpuid[1] = HAL_GetDEVID();
#endif

#endif /* BSP_USING_UDID */

    _crypto_dev.dev.id = 0;
    rt_memcpy(&_crypto_dev.dev.id, cpuid, 8);

    _crypto_dev.dev.user_data = &_crypto_dev;
    /* 注册加解密设备 */
    if (rt_hwcrypto_register(&_crypto_dev.dev, RT_HWCRYPTO_DEFAULT_NAME) != RT_
        EOK)
    {
        return -RT_ERROR;
    }
    rt_mutex_init(&_crypto_dev.mutex, RT_HWCRYPTO_DEFAULT_NAME, RT_IPC_FLAG_
        FIFO);
```

```
        return RT_EOK;
}
INIT_DEVICE_EXPORT(stm32_hw_crypto_device_init);
```

19.5　驱动配置

下面介绍加解密设备的驱动配置。

1. Kconfig 配置

下面参考 HAL_Drivers/Kconfig 文件，对加解密设备进行相关配置，如下所示：

```
config BSP_USING_CRC
    bool "Enable CRC (CRC-32 0x04C11DB7 Polynomial)"
    select RT_USING_HWCRYPTO
    select RT_HWCRYPTO_USING_CRC
    # "Crypto device frame dose not support above 8-bits granularity"
    # "Reserve progress, running well, about 32-bits granularity, such as
        stm32f1, stm32f4"
    depends on (SOC_SERIES_STM32L4 || SOC_SERIES_STM32F0 ||...)
    default n

config BSP_USING_RNG
    bool "Enable RNG (Random Number Generator)"
    select RT_USING_HWCRYPTO
    select RT_HWCRYPTO_USING_RNG
    depends on (SOC_SERIES_STM32L4 || SOC_SERIES_STM32F4 || ...)
    default n
```

我们来看一下此配置文件中一些关键字段的意义。

❑ BSP_USING_CRC：CRC 子设备驱动代码对应的宏定义，这个宏控制 CRC 子设备驱动相关代码是否会添加到工程中。

❑ RT_USING_HWCRYPTO：加解密设备驱动框架代码对应的宏定义，这个宏控制加解密设备驱动框架的相关代码是否会添加到工程中。

❑ RT_HWCRYPTO_USING_CRC：加解密设备驱动框架支持多个子设备框架，这个宏控制 CRC 子设备框架的相关代码是否会添加到工程中。

2. SConscript 配置

HAL_Drivers/SConscipt 文件给出了加解密驱动添加情况的判断选项，代码如下所示。这是一段 Python 代码，表示如果定义了宏 RT_USING_HWCRYPTO，则 drv_crypto.c 会被添加到工程的源文件中。

```
if GetDepend('RT_USING_HWCRYPTO'):
    src += ['drv_crypto.c']
```

19.6　驱动验证

注册设备之后，加解密设备将在 I/O 设备管理器中存在。验证设备功能时，我们需要运行代码，将代码编译下载到开发板中，然后在控制台运行 list_device 命令查看注册的设备中已包含加解密设备（hwcryto），如下所示。

```
msh >list_device
device          type                 ref count
--------  --------------------  ----------
hwcryto   Miscellaneous Device  0
uart1     Character Device      2
```

之后则可以使用加解密设备驱动框架层提供的统一 API 对加解密设备进行操作了。大体步骤如下所示，具体示例可以参考 RT-Thread 文档中的设备驱动 "CRYPTO 设备" 部分。

1）创建具体加解密类型的上下文。

2）对上下文进行配置，如设置密钥等。

3）执行相应的功能，获得处理后的结果。

4）删除上下文，释放资源。

19.7 本章小结

本章讲解了硬件加解密设备驱动开发的步骤：创建加解密设备，实现设备的操作方法等。RT-Thread 中的加解密设备驱动框架相对复杂，因为它提供了多种硬件接入的抽象，如 CRC、RNG、HASH、CRYP，这为应用开发者提供了丰富的硬件加解密选择，但也增加了驱动编写的难度，因此需要在编写驱动时特别注意不同子类型加密设备的对接方法。

第 20 章
PM 设备驱动开发

PM（Power Management，电源管理系统）是目前嵌入式设备中必不可少的技术，其作用是在满足用户对性能需求的前提下，尽可能地降低系统功耗来延长设备的待机时间。随着嵌入式设备的功能变得越来越丰富，性能也越来越强，高性能与有限的电池能量的矛盾也越来越突出，硬件低功耗设计与软件低功耗管理的联合应用成为解决矛盾的有效手段。

RT-Thread 的 PM 电源管理框架就是为了方便开发者进行电源管理而设计的，因为其作用是降低系统功耗，一般也被称作低功耗管理框架。PM 电源管理框架是基于分层设计的思想设计的，为应用层提供统一的 API 接口，可以分离应用对单一芯片平台的依赖，为底层提供通用的电源管理模式，让底层驱动的适配变得更加简单。

PM 电源管理框架包含如下特性。

1）基于工作模式来管理功耗，当系统空闲时动态调整工作模式，支持多个休眠等级。

2）对应用透明，组件在底层自动完电源管理。

3）支持运行模式下的动态变频，根据模式自动更新设备的频率配置，确保在不同的运行模式都可以正常工作。

4）支持设备电源管理，确保在不同的休眠模式下可以正确地自动挂起和恢复设备。

5）支持可选的休眠时间补偿，让依赖操作系统时基（tick）的应用可以透明地使用。

6）向上层提供电源管理设备访问接口，如果使用了 devfs 组件，也可以通过文件系统接口访问电源管理设备。

本章将带领读者了解 PM 设备驱动的开发，主要工作是将硬件 MCU 的电源管理功能对接到设备框架，涵盖 PM 电源管理驱动的开发过程、驱动配置和驱动验证。

20.1 PM 层级结构

PM 框架的层级结构如图 20-1 所示。下面结合层级结构图进行具体分析。

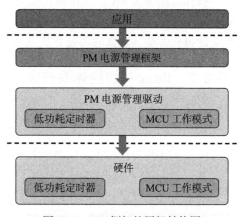

图 20-1 PM 框架的层级结构图

1）应用层主要是应用开发者编写的应用代码，应用会参与系统的电源管理，可直接调用 PM 电源管理框架提供的统一接口实现业务逻辑。

2）PM 电源管理框架层是一层通用的软件抽象管理层，驱动框架与具体的硬件平台不相关。PM 电源管理框架源码为 pm.c，位于 components\drivers\pm 文件夹中。该框架向应用层提供统一的电源管理接口，向底层驱动提供电源管理的操作方法 struct rt_pm_ops，驱动开发者需要实现这些操作方法。除此之外，PM 电源管理框架还提供电源管理设备的注册接口 rt_system_pm_init，驱动开发者需要在注册设备时调用此接口。

3）PM 电源管理驱动和具体的硬件平台相关，是硬件平台和 PM 电源管理框架之间的桥梁。PM 驱动源码位于具体的 bsp 目录下，一般命名为 drv_pm.c。该源码文件主要实现了 struct rt_pm_ops 中定义的 PM 操作方法，这些操作方法提供了访问和控制芯片频率及工作模式的能力，并且使用 rt_system_pm_init 接口注册 PM 设备。

PM 驱动开发的主要任务就是实现电源管理的操作方法 struct rt_pm_ops，然后注册 PM 设备。本章将会以 STM32 的 PM 设备驱动为例，讲解 PM 设备驱动的具体实现。

20.2   实现 PM 设备的操作方法

PM 设备的操作方法定义在 PM 电源管理框架中，是对 MCU 电源管理基本功能的抽象。其结构体原型如下：

```
struct rt_pm_ops
{
    void (*sleep)(struct rt_pm *pm, rt_uint8_t mode);
    void (*run)(struct rt_pm *pm, rt_uint8_t mode);
    void (*timer_start)(struct rt_pm *pm, rt_uint32_t timeout);
    rt_tick_t (*timer_get_tick)(struct rt_pm *pm);
    void (*timer_stop)(struct rt_pm *pm);
};
```

操作方法分为 MCU 工作模式相关和低功耗定时器控制相关两类，其中 sleep、run 是与 MCU 工作模式相关的操作方法，timer_start、timer_stop、timer_get_tick 是与低功耗定时器相关的操作方法。具体的实现方式及参数意义会在后面详细介绍。

20.2.1   sleep：切换休眠模式

操作方法 sleep 将根据传入的参数进行芯片休眠模式的切换。应用层将借助此方法进行休眠模式请求、释放的操作，实现系统的休眠模式切换。sleep 方法的原型如下：

```
void (*sleep)(struct rt_pm *pm, rt_uint8_t mode);
```

sleep 方法的参数如表 20-1 所示。

mode 代表芯片支持的休眠模式，在 PM 电源管理框架中不同休眠模式类型的定义如表 20-2 所示。实现 sleep 方

表 20-1   sleep 方法的参数说明

参数	描述
pm	PM 设备操作句柄
mode	芯片休眠模式

法时，可根据芯片支持情况选择要采用的休眠模式。

表 20-2　休眠模式类型说明

模式	等级	描述
PM_SLEEP_MODE_NONE	0	系统处于活跃状态，未进行任何降低功耗的操作
PM_SLEEP_MODE_IDLE	1	空闲模式，该模式在系统空闲时停止 MCU 和部分时钟，任意事件或中断均可以唤醒
PM_SLEEP_MODE_LIGHT	2	轻度睡眠模式，MCU、多数时钟和外设停止工作，唤醒后需要进行时间补偿
PM_SLEEP_MODE_DEEP	3	深度睡眠模式，MCU 停止，仅少数低功耗外设工作，可被特殊中断唤醒
PM_SLEEP_MODE_STANDBY	4	待机模式，MCU 停止，设备上下文丢失（可保存至特殊外设），唤醒后通常需要复位 MCU
PM_SLEEP_MODE_SHUTDOWN	5	关断模式，比待机模式功耗更低，上下文通常不可恢复，唤醒后需要复位 MCU

下面是 STM32 中实现的 sleep 方法，它主要是将芯片支持的休眠模式对应到 PM 组件定义的休眠模式上，并根据传入的参数执行对应的休眠操作。

```
static void sleep(struct rt_pm *pm, uint8_t mode)
{
    switch (mode)
    {
    case PM_SLEEP_MODE_NONE:
        break;

    case PM_SLEEP_MODE_IDLE:        /* 进入空闲模式 */
        __WFI();
        break;

    case PM_SLEEP_MODE_LIGHT:       /* 进入轻度睡眠模式 */
        ...
        break;

    case PM_SLEEP_MODE_DEEP:        /* 进入深度睡眠模式 */
        HAL_PWREx_EnterSTOP2Mode(PWR_STOPENTRY_WFI);
        SystemClock_ReConfig(pm->run_mode);
        break;

    case PM_SLEEP_MODE_STANDBY:     /* 进入待机模式 */
        HAL_PWR_EnterSTANDBYMode();
        break;

    case PM_SLEEP_MODE_SHUTDOWN:    /* 进入关断模式 */
        HAL_PWREx_EnterSHUTDOWNMode();
        break;

    default:
        RT_ASSERT(0);
        break;
    }
}
```

20.2.2 run：切换运行模式

操作方法 run 根据传入参数切换芯片的运行模式，也就是变换 MCU 运行速度。其原型如下，应用层借助此操作方法进行运行模式切换操作，实现系统的运行模式切换：

```
void (*run)(struct rt_pm *pm, rt_uint8_t mode);
```

run 方法的参数如表 20-3 所示。

mode 代表芯片运行模式，在 PM 电源管理框架中不同运行模式的定义如表 20-4 所示。run 方法实现时可根据芯片支持情况选择要采用的运行模式。

表 20-3 run 方法的参数

参数	描述
pm	PM 设备操作句柄
mode	芯片运行模式

表 20-4 运行模式

模式	描述
PM_RUN_MODE_HIGH_SPEED	高速模式，适用于一些超频的场景
PM_RUN_MODE_NORMAL_SPEED	正常模式，是默认的运行模式
PM_RUN_MODE_MEDIUM_SPEED	中速模式，降低 MCU 运行速度，从而降低运行功耗
PM_RUN_MODE_LOW_SPEED	低速模式，MCU 运行速度进一步降低

下面是 STM32 中实现的 run 方法。mode 会根据芯片支持的模式对应 PM 组件定义的模式。PM_RUN_MODE_HIGH_SPEED 通常用于支持超频的芯片，若 MCU 不支持此模式，实现驱动可以采取和 PM_RUN_MODE_NORMAL_SPEED 模式相同的实现方式。

```
static void run(struct rt_pm *pm, uint8_t mode)
{
    static uint8_t last_mode;
    static char *run_str[] = PM_RUN_MODE_NAMES;
    if (mode == last_mode)
        return;
    last_mode = mode;
    /* 1. 设置 MSI 作为 SYSCLK 时钟源，以修改 PLL */
    SystemClock_MSI_ON();
    /* 2. 根据运行模式切换时钟频率 (HSI) */
    switch (mode)
    {
    case PM_RUN_MODE_HIGH_SPEED:
    case PM_RUN_MODE_NORMAL_SPEED:
        HAL_PWREx_DisableLowPowerRunMode();
        SystemClock_80M();
        HAL_PWREx_ControlVoltageScaling(PWR_REGULATOR_VOLTAGE_SCALE1);
        break;
    case PM_RUN_MODE_MEDIUM_SPEED:
        HAL_PWREx_DisableLowPowerRunMode();
        SystemClock_24M();
        HAL_PWREx_ControlVoltageScaling(PWR_REGULATOR_VOLTAGE_SCALE2);
        break;
    case PM_RUN_MODE_LOW_SPEED:
        SystemClock_2M();
        HAL_PWREx_EnableLowPowerRunMode();
```

```
        break;
    default:
        break;
    }
    /* 3. 关闭 MSI 时钟 */
    SystemClock_MSI_OFF();
    /* 4. 更新外设时钟 */
    uart_console_reconfig();
    HAL_SYSTICK_Config(HAL_RCC_GetHCLKFreq() / RT_TICK_PER_SECOND);
    HAL_SYSTICK_CLKSourceConfig(SYSTICK_CLKSOURCE_HCLK);
    rt_kprintf("switch to %s mode, frequency = %d MHz\n",
                run_str[mode], run_speed[mode][0]);
}
```

20.2.3　timer_start：定时器启动

操作方法 timer_start 用于低功耗定时器启动，在进入休眠前 PM 组件会判断是否需要开启定时器，如需开启则调用此方法。其原型如下：

```
void (*timer_start)(struct rt_pm *pm, rt_uint32_t timeout);
```

timer_start 方法的参数如表 20-5 所示。

在某些休眠模式下，内核心跳定时器可能会被停止，此时需要启动一个定时器对休眠的时间进行计量，唤醒后对心跳（系统时钟）进行补偿。时间补偿的定时器必须在该模式下仍能正常工作，并唤醒系统，否则没有意义！

<table>
<tr><td colspan="2">表 20-5　timer_start 方法的参数</td></tr>
<tr><td>参数</td><td>描述</td></tr>
<tr><td>pm</td><td>PM 设备操作句柄</td></tr>
<tr><td>timeout</td><td>最近的下次任务就绪时间</td></tr>
</table>

timer_start 方法用于启动低功耗定时器，以定时将芯片从低功耗模式唤醒并按时执行任务。下面是 STM32 中实现的 timer_start 方法。需要注意传入参数的时间单位，如果芯片定时器的时间单位与 RT-Thread 系统的计时单位不同，则需要进行换算。下面的代码借助封装的 API 间接调用 STM32 HAL 库提供的低功耗定时器的启动 API，来完成低功耗定时器的启动操作。

```
static void pm_timer_start(struct rt_pm *pm, rt_uint32_t timeout)
{
    if (timeout != RT_TICK_MAX)
    {
        /* 将 OS Tick 转换为定时器超时值 */
        timeout = stm32l4_pm_tick_from_os_tick(timeout);
        if (timeout > stm32l4_lptim_get_tick_max())
        {
            timeout = stm32l4_lptim_get_tick_max();
        }
        /* 打开定时器 */
        stm32l4_lptim_start(timeout);
    }
}
rt_err_t stm32l4_lptim_start(rt_uint32_t reload)
{
```

```
    HAL_LPTIM_TimeOut_Start_IT(&LptimHandle, 0xFFFF, reload);

    return (RT_EOK);
}
```

20.2.4　timer_get_tick：获取时钟值

操作方法 timer_get_tick 用于为低功耗定时器获取 tick 计数值，芯片从低功耗状态被唤醒后会调用此方法，获取的定时器计数值用于补偿休眠状态下丢失的系统时钟运行时长。其原型如下，返回值是 MCU 保持在低功耗状态的系统时钟计数值：

```
rt_tick_t (*timer_get_tick)(struct rt_pm *pm);
```

timer_get_tick 方法的参数如表 20-6 所示。

表 20-6　timer_get_tick 方法的参数说明

参数	描述	返回值
pm	PM 设备操作句柄	□ 系统时钟计数值

要注意，系统时钟和硬件定时器可能存在的时钟数值转换问题。

下面是 STM32 中实现的 timer_get_tick 方法。

```
static rt_tick_t pm_timer_get_tick(struct rt_pm *pm)
{
    rt_uint32_t timer_tick;
    timer_tick = stm32l4_lptim_get_current_tick();
    return stm32l4_os_tick_from_pm_tick(timer_tick);
}
rt_uint32_t stm32l4_lptim_get_current_tick(void)
{
    return HAL_LPTIM_ReadCounter(&LptimHandle);
}
```

20.2.5　timer_stop：定时器停止

操作方法 timer_stop 用于停止低功耗定时器，当获取到低功耗定时器的计数值后，就会停止低功耗定时器。其原型如下：

```
void (*timer_stop)(struct rt_pm *pm);
```

timer_stop 方法的参数如表 20-7 所示。

操作方法 timer_stop 用于在系统被唤醒后停止运行低功耗定时器。下面是 STM32 中实现的 timer_stop 方法。STM32 实现的 timer_stop 方法直接在内部调用封装好的 API，使用 STM32 HAL 库提供的功能关闭低功耗定时器。

表 20-7　timer_stop 方法
的参数

参数	描述
pm	PM 设备操作句柄

```
static void pm_timer_stop(struct rt_pm *pm)
{
    /* 停止定时器 */
```

```
    stm32l4_lptim_stop();
}
void stm32l4_lptim_stop(void)
{
    rt_uint32_t _ier;

    _ier = LptimHandle.Instance->IER;
    LptimHandle.Instance->ICR = LptimHandle.Instance->ISR & _ier;
}
```

20.3　注册 PM 设备

将设备注册到操作系统时需要提供注册接口（即操作方法）作为入参，注册接口 rt_system_pm_init 如下所示：

```
void rt_system_pm_init(const struct rt_pm_ops *ops,
                       rt_uint8_t            timer_mask,
                       void                  *user_data);
```

rt_system_init 接口的参数如表 20-8 所示。

注意：休眠模式的时间补偿需要在初始化阶段通过设置 timer_mask 对应模式的比特位来控制开启。例如，需要开启深度睡眠模式下的时间补偿，在实现定时器相关的操作方法后，在初始化时设置相应的比特位：

表 20-8　rt_system_pm_init 接口的参数说明

参数	描述
ops	电源管理操作方法
timer_mask	开启时间补偿定时器的掩码
user_data	私有数据域，根据具体需求传入参数

```
/* 设置深度睡眠模式对应的比特位，使能休眠时间补偿 */
rt_uint8_t timer_mask = 0;
timer_mask = 1UL << PM_SLEEP_MODE_DEEP;
```

在注册 PM 设备之前，还需要根据 struct rt_pm_ops 的定义创建一个全局的结构体变量 _ops。_ops 将在初始化时通过注册接口中的 ops 参数，添加到 PM 设备基类结构中。在 STM32 中注册设备的具体代码如下所示。

```
static struct rt_pm_ops _ops =
{
    sleep,
    run,
    pm_timer_start,
    pm_timer_stop,
    pm_timer_get_tick
};

int drv_pm_hw_init(void)
{
    rt_uint8_t timer_mask = 0;
    __HAL_RCC_PWR_CLK_ENABLE();
    /* 设置深度睡眠模式对应的比特位，使能休眠时间补偿 */
```

```
    timer_mask = 1UL << PM_SLEEP_MODE_DEEP;
    /* 初始化系统 PM 框架 */
    rt_system_pm_init(&_ops, timer_mask, RT_NULL);
    return 0;
}
INIT_BOARD_EXPORT(drv_pm_hw_init);
```

在使用注册接口时需要注意参数 user_data，其作用是可以根据芯片平台的需要传递自定义的参数。在 STM32 的 PM 电源管理驱动中未使用 user_data。

20.4 驱动配置

下面介绍 PM 设备的驱动配置细节。

1. Kconfig 配置

下面基于 Kconfig 文件，对 PM 驱动进行相关配置，如下所示：

```
config BSP_USING_PM
    bool "Enable PM"
    select RT_USING_PM
    default n
```

我们来看一下此配置文件中一些关键字段的意义。

1）BSP_USING_PM：打开 PM 电源管理驱动，在配置中添加此宏定义，PM 电源管理驱动相关代码将被添加到工程中。

2）RT_USING_PM：打开 PM 电源管理框架，在配置中添加此宏定义，PM 电源管理框架相关代码将被添加到工程中。

以上配置被选中，相关宏定义会在 rtconfig.h 文件中生成，由整个工程使用。

2. SConscript 配置

Libraries/HAL_Drivers/SConscript 文件给出了是否添加 PM 驱动的条件选项，代码如下所示。这是一段 Python 代码，表示如果 rtconfig 中定义了宏 BSP_USING_PM，则 PM 驱动文件 drv_pm.c 将被添加到工程中。

```
if GetDepend(['RT_USING_PM']):
    src += ['drv_pm.c']
```

20.5 驱动验证

PM 电源管理框架本身提供的调试命令可以测试 PM 设备的功能，将驱动代码编译下载到开发板中，PM 设备将被注册到 RT-Thread 的设备管理器中。注意，开启 PM 电源管理框架后，可能需要手动增大 idle 线程的栈，具体可根据 PM 电源管理驱动的实际使用情况调整。程序运行起来后，我们可以使用 list_device 命令查看到注册的设备已包含 PM 设备：

```
msh >list_device
```

```
device          type                 ref count
--------      --------------------   ----------
pm            PM Pseudo Device       0
uart9         Character Device       2
pin           Miscellaneous Device   0
```

接着在 MSH 命令行中，使用 PM 电源管理框架提供的调试命令检查 PM 设备能否正常工作，常用的命令如下：

```
msh />pm_request 0
msh />pm_release 0
msh />pm_run 2
msh />pm_dump
```

这些 PM 命令代表的意义如下。

1）pm_request：请求休眠模式。第一个参数为休眠模式编号，此处参数 "0" 代表 PM_SLEEP_MODE_NONE 模式。

2）pm_release：释放休眠模式。第一个参数为休眠模式编号，一般与 pm_request 成对使用。

3）pm_run：切换运行模式。第一个参数为运行模式编号。

4）pm_dump：查看系统 PM 状态，输出系统 PM 模式列表，具体如下所示。

```
| Power Management Mode | Counter | Timer |
+-----------------------+---------+-------+
|            None Mode  |    0    |   0   |
|            Idle Mode  |    0    |   0   |
|      LightSleep Mode  |    1    |   0   |
|       DeepSleep Mode  |    0    |   1   |
|         Standby Mode  |    0    |   0   |
|        Shutdown Mode  |    0    |   0   |
+-----------------------+---------+-------+
pm current sleep mode: LightSleep Mode
pm current run mode:   Normal Speed
msh />
```

在 pm_dump 的模式列表里，休眠模式的优先级是从高到低排列的。Counter 一栏标识请求的计数值，根据上面的日志可以看出 LightSleep 模式被请求一次，因此当前工作处于轻度休眠状态；Timer 一栏标识了当前休眠模式是否开启了睡眠时间补偿，从日志可以看出，仅 DeepSleep 模式开启了时间补偿。最下面分别显示了当前所处的休眠模式以及运行模式等级。

20.6　本章小结

本章讲解了如何开发 PM 设备驱动，包括实现 PM 设备的操作方法、注册 PM 设备，以及 PM 设备的配置与验证。RT-Thread 根据常用电源管理模式与分层设计思想所设计的 PM 电源管理框架为开发者提供了更便利的电源管理方式。

第三篇

高　级　篇

第 21 章　WLAN 设备驱动开发

第 22 章　ETH 设备驱动开发

第 23 章　AUDIO MIC 设备驱动开发

第 24 章　AUDIO SOUND 设备驱动开发

第 25 章　USBD 设备驱动开发

第 26 章　USBH 设备驱动开发

第 27 章　CAN 设备驱动开发

第 21 章
WLAN 设备驱动开发

WLAN（Wireless Local Area Networks，无线局域网）使用无线信道代替有线传输介质（如网线）连接两个或多个设备形成一个局域网。和有线接入技术相比，WLAN 网络使用自由、网络部署灵活、实施简单、成本低、扩展性好。

随着 WLAN 技术的发展普及，为了改善无线网络产品之间的互通性，Wi-Fi 联盟推出了 Wi-Fi 技术标准，Wi-Fi 技术慢慢成为 WLAN 的主流和事实上的技术标准。RT-Thread 开发的 WLAN 设备驱动框架主要功能也是用于 Wi-Fi 设备的接入和管理。

RT-Thread 对 WLAN 设备的基本功能进行了抽象，开发了 WLAN 设备驱动框架，这套框架具备控制和管理 Wi-Fi 设备的功能。本章将带领读者了解 RT-Thread 上 WLAN 设备驱动的开发，主要工作就是将 MCU 或模组支持的 Wi-Fi 功能对接到设备框架。

21.1　WLAN 层级结构

WLAN 层级结构如图 21-1 所示。

1）应用层主要是开发者需要编写的业务代码，比如连接、断开 Wi-Fi，获取 Wi-Fi 基本信息等。应用层需要调用 WLAN 驱动框架的接口来进一步管理 Wi-Fi 设备。

2）WLAN 管理框架层包括两部分：WLAN 管理框架部分和 WLAN 私有工作队列部分，该层用于实现较为复杂的 WLAN 逻辑功能。WLAN 管理框架层的相关源码位于 RT-Thread 源码的 components/drivers/wlan 文件夹中。这里简单介绍一下 WLAN 管理框架层各部分代码的功能，具体如下所示。

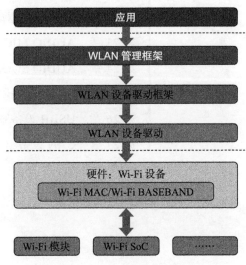

图 21-1　WLAN 层级结构图

① wlan_cfg.h、wlan_cfg.c 用于存储配置，比如保存一些 Wi-Fi 的名称与密码，以自动重连等，当然需要注册对应的操作方法以实现持久存储，保证掉电不易失；WLAN 管理框架还提供 struct rt_wlan_cfg_ops，以实现 Wi-Fi 信息持久存储的目的。这个内容与存储设备

相关，并不属于 WLAN 设备，因此本章并没有提及操作方法如何对接。

② wlan_cmd.c 是我们在命令行中常用的命令，该文件提供了 wifi join 命令来连接 Wi-Fi，以及 wifi scan 命令来扫描 Wi-Fi。

③ wlan_lwip.c 用于解析 Wi-Fi 数据流信息的 TCP/IP 报文并提交到 lwIP 中，处理逻辑与 wlan_prot.c 联系比较紧密。因为 TCP/IP 数据流只是 Wi-Fi 协议涉及数据的一部分，所以需要从中单独获取。

④ wlan_mgnt.c、wlan_mgnt.h 是 WLAN 管理框架，用以直接调用 WLAN 驱动以执行具体工作，主要是组合多个基础的 Wi-Fi 接口命令来完成一个复杂的命令。例如，调用命令去连接 Wi-Fi 时，不仅需要使用连接 Wi-Fi 的命令，还需要等待 Wi-Fi 连接的回调通知来通知应用层。

⑤ wlan_prot.c、wlan_prot.h 则是经过处理后暴露给上层应用的接口，可以获取通知以及特定数据流，例如 TCP/IP 数据流。

⑥ wlan_workqueue.c、wlan_workqueue.h 是 WLAN 私有工作队列，以解决 WLAN 多个工作的执行问题，这样就不必每个小任务都创建一个自己的线程，可以节省系统资源。

3）WLAN 设备驱动框架层是对 WLAN 基础功能的抽象，源码是 wlan_dev.h、wlan_dev.c，位于 RT-Thread 源码的 components/drivers/wlan 文件夹中。

WLAN 设备驱动框架提供以下功能。

① 为上层的 WLAN 管理框架层提供 WLAN 的基础命令，供上层调用。

② 向 WLAN 设备驱动提供 Wi-Fi 设备操作方法 struct rt_wlan_dev_ops，包括 wlan_init、wlan_mode、wlan_scan、wlan_join 等。WLAN 设备驱动需要全部或者部分实现这些操作方法，实现越完全、功能越完整。

③ 向 WLAN 设备驱动提供 WLAN 设备注册接口 rt_wlan_dev_register，驱动开发者需要在注册设备时调用此接口。

4）WLAN 设备驱动层是针对具体的 Wi-Fi 设备（如 Wi-Fi 模块）开发的驱动，与具体的 Wi-Fi 设备通信，以完成框架规定的操作。WLAN 设备驱动源码位于具体的 bsp 目录下，一般命名为 drv_wlan.c。WLAN 设备驱动需要实现 WLAN 设备的操作方法 struct rt_wlan_dev_ops，这些操作方法提供了访问和控制 MCU 定时器硬件的能力。该驱动也负责调用 rt_wlan_dev_register 接口注册 WLAN 设备到操作系统。

5）最下面一层就是具体的硬件了，不同的厂商开发出不同的 Wi-Fi 设备，也会提供不同的驱动库文件，一般厂商都不会提供驱动库文件的源码。不过使用库文件也能很好地对接 RT-Thread 设备驱动层。

总体来说，Wi-Fi 设备驱动需要实现 WLAN 设备框架的操作方法 struct rt_wlan_dev_ops，它会调用 rt_wlan_dev_register 接口注册 WLAN 设备到操作系统。

本章将会以 RW007（上海睿赛德电子科技有限公司开发的高速 Wi-Fi 模块）的 spi_wifi_rw007.c 驱动为例讲解 Wi-Fi 设备驱动的具体实现。在讲解实现方法之前，还是要明确：①使用 SoC 方式开发时，需要依靠模组厂商提供的包括 Wi-Fi 功能的芯片库来开发；

②使用 MCU 加 Wi-Fi 模块这种两个或者两个以上硬件开发，且 MCU 使用 UART、SPI 或 USB 等外设方式控制 Wi-Fi 模组时，则需要依靠外设驱动 Wi-Fi 的库（或者源码）。这两种方式使用的库并不是同一个，开发方式也不同，不过对接 WLAN 驱动框架的流程是相同的。

21.2 创建 WLAN 设备

本节介绍如何创建 WLAN 设备。在实现 WLAN 设备方法前需要提供一个 WLAN 设备，即实例化一个 WLAN 设备。这个实例化的设备后续需要进行对接操作方法、注册到设备驱动框架等一系列操作。在 RW007 中，实例化 WLAN 设备的代码如下所示：

```
struct rw007_wifi
{
    /* WLAN 设备的结构体 */
    struct rt_wlan_device *wlan;
    /* RW007 需要使用 SPI 传输信息，使用 SPI 接口 */
    struct rw007_spi * hspi;
};
/* wifi_sta、wifi_ap 都是示例化出来的；由于 RW007 是双模的，可以同时开启 Wi-Fi STA 模式与 Wi-
    Fi AP 模式，因此实例化了两个设备 */
static struct rw007_wifi wifi_sta, wifi_ap;
```

上述示例代码同时实例化了两个 WLAN 设备，分别对应 STA 模式与 AP⊖模式。其中，STA 的意思是站点，每一个连接到无线网络中的终端（如笔记本电脑、手机等可以联网的用户设备）都可称为一个站点。

实例化 WLAN 设备之后，还需要去逐步完善 WLAN 设备的内容。下面来介绍如何实现 WLAN 设备的操作方法。

21.3 实现 WLAN 设备的操作方法

WLAN 设备的操作方法定义在 WLAN 设备框架中，主要就是 rt_wlan_dev_ops 结构体，结构体内容如下：

```
struct rt_wlan_dev_ops
{
    rt_err_t (*wlan_init)(struct rt_wlan_device *wlan);
    rt_err_t (*wlan_mode)(struct rt_wlan_device *wlan, rt_wlan_mode_t mode);
    rt_err_t (*wlan_scan)(struct rt_wlan_device *wlan, struct rt_scan_info
        *scan_info);
    rt_err_t (*wlan_join)(struct rt_wlan_device *wlan, struct rt_sta_info *sta_
        info);
    rt_err_t (*wlan_softap)(struct rt_wlan_device *wlan, struct rt_ap_info *ap_
```

⊖ AP 的意思是无线接入点，是无线网络的创建者，是网络的中心节点。一般家庭或办公室使用的无线路由器就一个 AP。

```
        info);
    rt_err_t (*wlan_disconnect)(struct rt_wlan_device *wlan);
    rt_err_t (*wlan_ap_stop)(struct rt_wlan_device *wlan);
    rt_err_t (*wlan_ap_deauth)(struct rt_wlan_device *wlan, rt_uint8_t mac[]);
    rt_err_t (*wlan_scan_stop)(struct rt_wlan_device *wlan);
    int (*wlan_get_rssi)(struct rt_wlan_device *wlan);
    rt_err_t (*wlan_set_powersave)(struct rt_wlan_device *wlan, int level);
    int (*wlan_get_powersave)(struct rt_wlan_device *wlan);
    rt_err_t (*wlan_cfg_promisc)(struct rt_wlan_device *wlan, rt_bool_t start);
    rt_err_t (*wlan_cfg_filter)(struct rt_wlan_device *wlan, struct rt_wlan_
        filter *filter);
    rt_err_t (*wlan_cfg_mgnt_filter)(struct rt_wlan_device *wlan, rt_bool_t
        start);
    rt_err_t (*wlan_set_channel)(struct rt_wlan_device *wlan, int channel);
    int (*wlan_get_channel)(struct rt_wlan_device *wlan);
    rt_err_t (*wlan_set_country)(struct rt_wlan_device *wlan, rt_country_code_t
        country_code);
    rt_country_code_t (*wlan_get_country)(struct rt_wlan_device *wlan);
    rt_err_t (*wlan_set_mac)(struct rt_wlan_device *wlan, rt_uint8_t mac[]);
    rt_err_t (*wlan_get_mac)(struct rt_wlan_device *wlan, rt_uint8_t mac[]);
    int (*wlan_recv)(struct rt_wlan_device *wlan, void *buff, int len);
    int (*wlan_send)(struct rt_wlan_device *wlan, void *buff, int len);
    int (*wlan_send_raw_frame)(struct rt_wlan_device *wlan, void *buff, int
        len);
};
```

Wi-Fi 框架需要实现的操作方法比较多，我们将讲解 7 个比较重要的方法，剩下的方法也需要按照要求来实现。

在实现 WLAN 驱动时，需要按照自己设备的特征来对接 WLAN 框架。如果是片上 SoC 开发，拥有 Wi-Fi 库的直接调用提供的接口；如果是通过 SPI、UART、USB 等方式间接控制的，需要发送对应的指令。

21.3.1　wlan_init：初始化设备

操作方法 wlan_init 用于初始化 Wi-Fi 设备，主要是 Wi-Fi 启动前的一些配置，一般所使用的模块会提供初始化接口，实现此方法时只需对该接口进行封装即可。其原型如下所示：

```
rt_err_t (*wlan_init)(struct rt_wlan_device *wlan);
```

wlan_init 方法的参数及返回值如表 21-1 所示。

RW007 是通过 SPI 间接控制的，因此所有的 Wi-Fi 功能都是通过 SPI 与 RW007 模块通信实现的。如果使用其他方式开发，其需要实现的功能是一致的。

表 21-1　wlan_init 方法的参数及返回值

参数	描述	返回值
wlan	WLAN 设备句柄	❑ RT_EOK，表示设置成功

初始化 Wi-Fi 是个比较重要的步骤，关系到后续操作能不能正常运行。以下是初始化方法的实现示例：

```
    static rt_err_t wlan_init(struct rt_wlan_device *wlan)
```

```
{
    ...
    spi_set_data(wlan, RW00x_CMD_INIT, RT_NULL, 0);
    ...
    return RT_EOK;
}
```

可以看到 RW007 这里的操作非常简单，直接调用 SPI 发送 RW00x_CMD_INIT 命令就完成了操作。不过如果不使用 RW007 而使用其他的方式，比如使用 Wi-Fi 厂商的 Wi-Fi 库，也是一样的开发思路。

21.3.2 wlan_scan：扫描

操作方法 wlan_scan 用于扫描环境中的 Wi-Fi 信息。其中一个入参是 rt_wlan_device 结构体，另一个入参是用于存储扫描结果的 rt_scan_info 结构体，wlan_scan 方法并不会返回环境内的 Wi-Fi 信息，Wi-Fi 信息由扫描完成的回调函数提供，同样是 rt_scan_info 的结构体类型。其原型如下所示：

```
rt_err_t (*wlan_scan)(struct rt_wlan_device *wlan, struct rt_scan_info *scan_
    info);
```

wlan_scan 方法的参数及返回值如表 21-2 所示。

RW007 是通过 SPI 间接控制的，要实现扫描 Wi-Fi 信息的功能，使用 SPI 发

表 21-2 wlan_scan 方法的参数及返回值

参数	描述	返回值
wlan	WLAN 设备句柄	❑ RT_EOK，表示成功
scan_info	扫描 Wi-Fi 的参数	

送对应命令即可。本次的发送命令为 RW00x_CMD_SCAN，可以参照如下代码示例：

```
static rt_err_t wlan_scan(struct rt_wlan_device *wlan, struct rt_scan_info
    *scan_info){
    ...
    spi_set_data(wlan, RW00x_CMD_SCAN, RT_NULL, 0);
    ...
    return RT_EOK;
}
```

不同的模组厂商对 Wi-Fi 扫描命令并不完全一致，所以要注意使用方式。如果使用其他 Wi-Fi 模组厂商库开发，则需要调用厂商提供的对应函数来实现。

21.3.3 wlan_get_rssi：获取信号强度

操作方法 wlan_get_rssi 用于获取 Wi-Fi 设备信号强度，入参是 rt_wlan_device 的结构体参数。其原型如下所示：

```
int (*wlan_get_rssi)(struct rt_wlan_device *wlan);
```

wlan_get_rssi 方法的参数及返回值如表 21-3 所示。

WLAN 设备驱动框架通过该方法获取

表 21-3 wlan_get_rssi 方法的参数及返回值

参数	描述	返回值
wlan	WLAN 设备句柄	❑ int 类型，信号强度值

接收信号强度值。RW007 实现此方法是直接发送 RW00x_CMD_GET_RSSI 命令即可。下面是该方法的实现示例：

```
static int wlan_get_rssi(struct rt_wlan_device *wlan)
{
    int rssi = -1;
    rt_uint32_t size_of_data;
    spi_get_data(wlan, RW00x_CMD_GET_RSSI, &rssi, &size_of_data);
    return rssi;
}
```

RSSI（Received Signal Strength Indicator）是接收信号的强度指示，这在一定程度上可以判定信号的强弱，传输能力的大小。如果提供的库函数并不能直接获取 RSSI，也可以通过类似接口来实现该目的。

21.3.4　wlan_cfg_promisc：配置混杂模式

操作方法 wlan_cfg_promisc 是开启或者关闭 Wi-Fi 设备的混杂模式，其原型如下所示：

```
rt_err_t (*wlan_cfg_promisc)(struct rt_wlan_device *wlan, rt_bool_t start);
```

wlan_cfg_promisc 方法的参数及返回值如表 21-4 所示。

表 21-4　wlan_cfg_promisc 方法的参数及返回值

参数	描述	返回值
wlan	WLAN 设备句柄	❑ RT_EOK，表示设置成功
start	布尔值，打开或者关闭混杂模式	

混杂模式，简单来说就是一个抓包模式。在 RW007 中实现时，主要还是使用 RW00x_CMD_CFG_PROMISC 命令。下面是该方法的实现示例：

```
static rt_err_t wlan_cfg_promisc(struct rt_wlan_device *wlan, rt_bool_t start)
{
    ...
    spi_set_data(wlan, RW00x_CMD_CFG_PROMISC, &start, sizeof(start));
    ...
    return RT_EOK;
}
```

在混杂模式下可以监听环境中所有的 Wi-Fi 报文，如果是明文的就可以直接看到，如果是加密的只能看到有数据，并不能看到数据内容。比如，以 AirKiss 方式配网就需要模块处于混杂模式，以监听环境中的 Wi-Fi 报文，从而抓取 Wi-Fi 的 SSID 与密码。

21.3.5　wlan_set_channel：设置信道

操作方法 wlan_set_channel 用于设置 Wi-Fi 设备的信道。其入参为 rt_wlan_device 结构体与 channel 参数。channel 是一个整数类型，定义了具体的信道号。其原型如下所示：

```
rt_err_t (*wlan_set_channel)(struct rt_wlan_device *wlan, int channel);
```

wlan_set_channel 方法的参数及返回值如表 21-5 所示。

表 21-5 wlan_set_channel 方法的参数及返回值

参数	描述	返回值
wlan	WLAN 设备句柄	❏ RT_EOK,表示设置成功
channel	通道标号	

下面是该方法的实现示例,该方法的实现方式与上述其他操作方法基本一致,也是使用 SPI 发送命令实现的。

```
static rt_err_t wlan_set_channel(struct rt_wlan_device *wlan, int channel)
{
    ...
    spi_set_data(wlan, RW00x_CMD_SET_CHANNEL,  &channel, sizeof(channel));
    ...
    return RT_EOK;
}
```

"信道"这个概念是属于 Wi-Fi 无线通信方面的表述,不同信道之间有隔离的作用,某一信道的数据一般不会被其他信道接收到,避免因为信号相互干扰而降低通信质量。

21.3.6 wlan_set_country:设置国家码

操作方法 wlan_set_country 用于设置 Wi-Fi 设备的国家码。其拥有两个入参:一个为 rt_wlan_device 结构体类型,另一个为 enum 类型的数据,也可以理解为整型数据。其原型如下所示:

```
rt_err_t (*wlan_set_country)(struct rt_wlan_device *wlan, rt_country_code_t
    country_code);
```

wlan_set_country 方法的参数及返回值如表 21-6 所示。

表 21-6 wlan_set_country 方法的参数及返回值

参数	描述	返回值
wlan	WLAN 设备句柄	❏ RT_EOK,表示设置成功
country_code	国家码	

在 RW007 中,RW00x_CMD_SET_COUNTRY 是设置国家码的命令,下面是该方法的实现示例:

```
static rt_err_t wlan_set_country(struct rt_wlan_device *wlan, rt_country_code_t
    country_code)
{
    ...
    spi_set_data(wlan, RW00x_CMD_SET_COUNTRY, &country_code, sizeof(country_code));
    ...
    return RT_EOK;
}
```

不同的国家和地区有不同的无线信道资源管理标准。可能有国家安全或者政策规定等原因，国家码一定程度上限制了信道的范围。

21.3.7　wlan_send：发送数据

操作方法 wlan_send 用于控制 Wi-Fi 设备发送数据。其原型如下所示：

```
int (*wlan_send)(struct rt_wlan_device *wlan, void *buff, int len);
```

wlan_send 方法的参数及返回值如表 21-7 所示。

表 21-7　wlan_send 方法的参数及返回值

参数	描述	返回值
wlan	WLAN 设备句柄	
buff	数据缓存	❑ RT_EOK，表示设置成功
len	数据长度	

wlan_send 是 WLAN 框架用于发送数据的底层方法。下面是该方法的实现示例：

```
static int wlan_send(struct rt_wlan_device *wlan, void *buff, int len)
{
    ...
    struct spi_data_packet * data_packet;
    ...
    /* 判断是 STA 还是 AP，标记对应的数据包 */
    if (wlan == wifi_sta.wlan)
    {
        data_packet->data_type = DATA_TYPE_STA_ETH_DATA;
    }
    else
    {
        data_packet->data_type = DATA_TYPE_AP_ETH_DATA;
    }
    data_packet->data_len = len;

    ...
    /* 准备数据，待发送 */
    rt_mb_send(&hspi->spi_tx_mb, (rt_ubase_t)data_packet);
    rt_event_send(&spi_wifi_data_event, RW007_MASTER_DATA);
    ...
    return len;
}
```

因为现在的 Wi-Fi 模块基本都支持 STA 与 AP 两种模式共存，所以不同的模式有不同的入口函数或者入口参数，在实现代码时需要注意。

21.4　注册 WLAN 设备

注册设备的 rt_wlan_dev_register 接口如下所示：

```
rt_err_t rt_wlan_dev_register(struct rt_wlan_device *wlan,
```

```
                        const char *name,
                        const struct rt_wlan_dev_ops *ops,
                        rt_uint32_t flag,
                        void *user_data);
```

rt_wlan_dev_register 接口的参数与返回值如表 21-8 所示。

表 21-8 rt_wlan_dev_register 接口的参数与返回值

参数	描述	返回值
wlan	WLAN 设备句柄	
name	设备名称，设备名称的最大长度由 rtconfig.h 中定义的宏 RT_NAME_MAX 指定，多余部分会被自动截掉	❑ RT_EOK，注册成功
ops	WLAN 设备的操作方法，参见 21.3 节	❑ -RT_ERROR，注册失败，如 wlan 为空或者 name 已经存在
flag	设备模式标志	
user_data	自定义数据，可为空	

注意：应当避免重复注册设备，否则会引发断言错误，导致在通过名称查找设备时无法准确找到对应设备。

在注册 WLAN 设备前还需要根据 struct rt_wlan_dev_ops 的定义创建一个全局的操作方法结构体变量 ops，将前面已经实现的操作方法赋值给 ops。创建出的 ops 需要在注册 WLAN 设备时通过传参的方式添加到 WLAN 设备基类结构中。注册 WLAN 设备的代码示例如下。

```
/* 实现的 WLAN 驱动 */
const static struct rt_wlan_dev_ops ops =
{
    .wlan_init         = wlan_init,
    ...
    .wlan_send         = wlan_send,
};

static int rt_hw_wifi_init(void)
{
    static struct rt_wlan_device wlan_sta, wlan_ap;
    ...
    /* 使用 rt_wlan_dev_register 注册到 I/O 设备框架中，注册为 AP 模式 */
    result = rt_wlan_dev_register(&wlan_ap, RT_WLAN_DEVICE_AP_NAME, &ops, 0,
        &wifi_ap);
    ...
    /* 使用 rt_wlan_dev_register 注册到 I/O 设备框架中，注册为 STA 模式 */
    result = rt_wlan_dev_register(&wlan_ap,RT_WLAN_DEVICE_STA_NAME, &ops, 0,
        &wifi_sta);
    ...
    return RT_EOK;
}
INIT_DEVICE_EXPORT(rt_hw_rtc_init);
```

21.5 驱动配置

下面介绍 WLAN 设备的驱动配置的细节。

1. Kconfig 配置

下面参考软件包 RW007 的 Kconfig 文件，对 WLAN 驱动进行相关配置，如下所示：

```
menuconfig PKG_USING_RW007
    bool "rw007: SPI WIFI rw007 driver"
    select RT_USING_SPI
    select RT_USING_PIN
    select RT_USING_SAL
    select RT_USING_LWIP
    select RT_USING_WIFI
    default n
    help
        if "PKG_USING_RW007" is opened, "RT_USING_LWIP" will be default selected.

if PKG_USING_RW007
    config PKG_RW007_PATH
        string
        default "/packages/iot/WiFi/rw007"
    ...
endif
```

关键字段的含义如下。

❑ RT_USING_SAL：启用 SAL 套接字抽象层，网络功能需要启用该功能才能使用 BSD Socket 接口进行编程。

❑ RT_USING_LWIP：启用 lwIP 协议栈，用以解析 TCP/IP 报文，因此必须使用这个宏。

❑ RT_USING_WIFI：启用 WLAN 框架，以使用该框架提供的函数与功能，如果要使 lwIP 正常工作，则需要自行向 WLAN 框架提供 TCP/IP 报文数据，即依赖 rt_wlan_dev_report_data 接口向 lwIP 传递数据。

2. SConscript 配置

rw007/SConscript 文件给出了 WLAN 设备驱动添加情况的判断，代码如下所示。这是一段 Python 代码，表示如果启用 RW007 软件包，则宏 PKG_USING_RW007 以及 spi_wifi_rw007.c 会被添加到工程的源文件中。在 STM32 的平台上可以启用 RW007_USING_STM32_DRIVERS 来添加 SPI 的程序，使 RW007 能正常使用 SPI 进行数据收发。

```
SOURCES          = ["src/spi_wifi_rw007.c"]
if GetDepend(['RW007_USING_STM32_DRIVERS']):
    SOURCES      += ["example/rw007_stm32_port.c"]
```

21.6　驱动验证

WLAN 设备注册到操作系统中之后，它将在 I/O 设备管理器中存在。可在控制台界面使用 list_device 命令查看到已注册的设备包含了 WLAN 设备：

```
msh />list_device
```

```
device            type              ref count
--------  --------------------  ----------
...
wlan1     Network Interface      0
wlan0     Network Interface      1
...
```

注册成功之后则可以在应用层使用 WLAN 设备驱动框架层提供的统一 API 对 WLAN 设备进行操作了，例如在终端工具中使用 wifi join 命令来加入某个网络；使用 wifi scan 去扫描并获取环境中的网络信号。验证方法如下：

```
msh />wifi scan
              SSID                              MAC               security       rssi chn Mbps
--------------------  -----------------  --------------  ---- --- ----
TP-LINK_3894          54:75:95:91:38:94  WPA2_AES_PSK    -29    1  300
ChinaNet-NcCQ         f4:b8:a7:5a:65:64  WPA2_MIXED_PSK -58    1  130
TP-LINK_D1FE          68:77:24:8d:d1:fe  WPA2_AES_PSK    -62   11  300
TPGuest_D1FE          6a:77:24:9d:d1:fe  WPA2_AES_PSK    -63   11  300
LULU                  50:64:2b:d0:7d:4c  WPA2_MIXED_PSK -67    3  144
ChinaNet-8Y3C         d8:32:14:f7:fa:b9  WPA2_MIXED_PSK -67    6  300
CMCC-3wYY             04:8c:16:2e:8a:e4  WPA2_MIXED_PSK -67   10  144
HUAWEI-1B92DW         c2:38:91:f7:6b:57  WPA2_AES_PSK    -70    6  144
ChinaNet-WXJJ         98:f4:28:33:16:3d  WPA2_MIXED_PSK -71    9  144
HUAWEI-E8MKFC         b4:86:55:56:bc:0c  WPA2_AES_PSK    -73    6  300
                      b4:86:55:56:bc:0d  WPA2_AES_PSK    -76    6  300
QQ858456025           70:3a:d8:0f:49:38  WPA2_AES_PSK    -82   13  144
b023e044              a0:43:b0:23:e0:44  WPA2_MIXED_PSK -90    6   72
msh />
msh />wifi join TP-LINK_3894 xxxxxxxxxxx
[I/WLAN.mgnt] wifi connect success ssid:TP-LINK_3894
msh />
msh />
msh />wifi disc
[I/WLAN.mgnt] disconnect success!
msh />
msh />
```

21.7 本章小结

本章讲解 WLAN 设备驱动编写方法，用户需要定义并实现设备的操作方法，最后进行设备注册。

第 22 章
ETH 设备驱动开发

随着物联网的到来，嵌入式设备的联网需求也越来越多。虽然接入网络的方式有很多，但对网络数据的处理都离不开网络协议栈的支持。不同于 PC 上的系统资源，嵌入式设备上的资源普遍较少，很难运行功能完善的网络协议栈。目前常见的解决方案有两种。第一种方案是将网络协议栈运行在模块上，如比较常见的 Wi-Fi 模块 ESP8266。这种方案的优点是主控芯片只需要使用 AT 命令与模块通信即可接入网络，并完成网络数据的收发，资源占用较少；缺点就是网速较慢，编程方式不灵活。第二种方案是将一种较轻型的网络协议栈直接运行在主控芯片上，如 lwIP。这种方案的优点是编程方式灵活，有丰富的网络 API 可以直接使用，且一般网速较快；缺点是较为耗费资源。

RT-Thread 同时支持这两种解决方案，且将这两种方案抽象成一种，即上层应用只需要使用 SAL（Socket Abstraction Layer，套接字抽象层）组件提供的 BSD Socket 编程，下层则借助 Netdev（Network Interface Device，网络接口设备）同时支持 AT 和 lwIP 的方式接入网络。RT-Thread 将 lwIP 的移植部分抽象出来，实现了 ETH（Ethernet）设备驱动框架。驱动开发者只需要实现 ETH 设备就完成了 lwIP 的对接，以及 Netdev 网卡设备的自动注册。应用开发者编写的网络应用会自动匹配合适的 Netdev 网卡设备进行网络通信（参见 22.1 节）。

本章将带领读者了解 ETH 设备驱动开发的过程，将 ETH 的收 / 发驱动对接到 lwIP 中，以实现联网功能。

22.1 ETH 层级结构

ETH 层级结构如图 22-1 所示。

1）应用层主要是开发者编写的业务代码，通常是使用 BSD Socket 接口的应用。

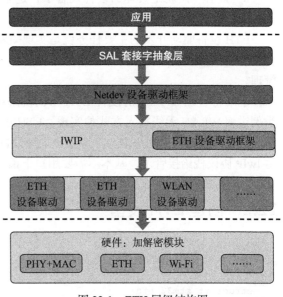

图 22-1 ETH 层级结构图

2）SAL 套接字抽象层是 RT-Thread 对不同网络协议栈或网络实现接口的抽象，并为上层提供一组标准的 BSD Socket API，这样开发者只需要关心和使用网络应用层提供的网络接口，而无须关心底层具体网络协议栈的类型和实现，极大地提高了系统的兼容性，方便开发者完成协议栈的适配和网络相关的开发。

3）Netdev 设备驱动框架层用于管理注册到 RT-Thread 上的网卡设备，每一个用于网络连接的设备都可以注册成网卡，为了适配更多种类的网卡，避免系统对单一网卡的依赖，RT-Thread 系统提供了 Netdev 组件来管理和控制网卡。

4）lwIP 协议栈是解析 TCP/IP 报文的具体执行者，也是 RT-Thread 默认提供的轻型网络协议栈。lwIP 负责具体的网络协议解析，根据报文特点选择发出响应报文并将有用的信息存储起来等待应用层取用。lwIP 中可移植的部分被 RT-Thread 抽象为 ETH 设备驱动框架，其源码为 ethernetif.c/ethernetif.h（不同版本下的路径不同，但名称相同），位于 RT-Thread 源码的 components/net/lwip/port 目录下。ETH 设备驱动框架提供了一组操作方法（eth_tx 帧发送、eth_rx 帧接收）供驱动开发者使用，并提供了 ETH 设备的注册接口 eth_device_init 供 ETH 设备驱动层使用。注意，如果是通过 WLAN 的方式接入网络，除了共用 ethernetif.c 的部分驱动外，还有依据接入特点所编写的驱动，位于 components/drivers/wlan 目录下的 wlan_lwip.c 中。

5）ETH 设备驱动层是不同网卡设备的接入驱动。根据接入方式的不同，板载 ETH 方式的设备驱动源码一般为 drv_eth.c，位于具体 bsp 目录下；对于 WLAN 设备驱动源码，本章主要介绍网络数据是如何接入 lwIP 中的，即关于收发接口的处理，其他部分参考第 21 章的内容。

6）最后一层就是具体的硬件设备了，这里包括不同的 ETH 模块，如芯片自带的 PHY 和 MAC，或者外置的 Wi-Fi 模块。

ETH 设备驱动开发的主要任务就是实现帧发送与帧接收两项功能，也就是对接 ETH 设备的 eth_tx 方法与 eth_rx 方法，然后调用 eth_device_init 将 ETH 设备注册到设备框架中管理。

本章将会以 STM32 的硬件 ETH 为例讲解板载 ETH 接入方式的实现，同时以 RW007 为例讲解 WLAN 无线接入方式的实现。ETH 设备与其他设备的驱动开发的重点不太一致，因为对其他设备来说用户需要考虑直接操控设备的需求，对 ETH 设备而言，ETH 的控制都由 lwIP 协议栈给接管了，基本不需要用户干预。

22.2　创建 ETH 设备

对 ETH 设备来说，在驱动开发时需要先从 struct eth_device 结构中派生出新的 ETH 设备模型，然后根据自己的设备类型定义私有数据域。以 STM32 为例，部分代码如下所示：

```
struct rt_stm32_eth
{
    struct eth_device parent;                /* ETH 设备基类 */
```

```
#ifndef PHY_USING_INTERRUPT_MODE
    rt_timer_t poll_link_timer;            /* 中断模式下用的定时器结构 */
#endif
    rt_uint8_t  dev_addr[MAX_ADDR_LEN];    /* 接口的地址信息 */
    rt_uint32_t    ETH_Speed;              /* 接口速度 */
    rt_uint32_t    ETH_Mode;               /* 工作模式 */
};
static struct rt_stm32_eth stm32_eth_device;
```

对使用 WLAN 方式接入的设备，诸如 RW007，需要实例化 WLAN 设备。这个结构体同第 21 章中需要实现的结构体是相同的，如果你实现了 WLAN 设备驱动，那么 ETH 设备也就被创建了，我们会在后面的开发过程中继续完善第 21 章未完成的 TCP/IP 报文收发工作。

```
/* 对 WLAN 设备来说，TCP/IP 数据只是传输数据的一部分，因此网络数据是在
lwip_port_des 中处理的，lwip_port_des 是注册到 rt_wlan_device 的 prot 中的 */
struct lwip_prot_des
{
    struct rt_wlan_prot prot;
    struct eth_device eth;
    rt_int8_t connected_flag;
    struct rt_timer timer;
    struct rt_work work;
};
struct rw007_wifi
{
    /* WLAN 设备的结构体 */
    struct rt_wlan_device *wlan;
    /* RW007 需要使用 SPI 传输信息，所以使用 SPI 接口 */
    struct rw007_spi * hspi;
};
/* RW007 是双模的，可以同时开启 Wi-Fi STA 模式与 Wi-Fi AP 模式，因此实例化了两个设备 */
static struct rw007_wifi wifi_sta, wifi_ap;
```

22.3　实现 ETH 设备的操作方法

ETH 操作方法定义在 ETH 设备驱动框架中，有三个非常重要的部分，分别是 netif、eth_rx、eth_tx。这 3 个成员是 ETH 能接入网络的关键。本节将会介绍这 3 个成员的相互关系。ETH 设备的结构体如下：

```
/* ETH 设备接口 */
struct eth_device
{
    ...
    /* lwIP 中定义的网络接口 */
    struct netif *netif;
    ...
    /* ETH 设备操作方法 */
    struct pbuf* (*eth_rx)(rt_device_t dev);
    rt_err_t (*eth_tx)(rt_device_t dev, struct pbuf* p);
};
```

下面对 3 个成员进行简单介绍。

❑ netif：该结构是 lwIP 协议栈中的一个数据处理节点，比如，一个地址为 192.168.0.100 地址的网卡。lwIP 本身支持添加多个 netif。每个 netif 都拥有自己独有的收发接口：netif->linkoutput 和 netif->input。不过收发接口实现已经由 RT-Thread 的 ETH 设备驱动框架实现了，用户只需要关注 eth_device_init 接口即可，这极大地降低了开发工作难度。

❑ eth_rx：数据帧接收接口，可使 TCP/IP 数据包发送到对应的 netif->input 接口中。

❑ eth_tx：数据帧发送接口，可使 lwIP 已经封装好的 TCP/IP 数据包通过 netif->linkoutput 接口发送出去。

22.3.1　eth_rx：数据接收

操作方法 eth_rx 用于 ETH 数据报文的接收，其原型如下所示：

```
struct pbuf* (*eth_rx)(rt_device_t dev);
```

eth_rx 方法的参数与返回值如表 22-1 所示。

我们需要实现针对 ETH 设备的 eth_rx 方法。在底层接收到数据时，需要将数据传输到 TCP/IP 协议栈中，方式就是将 TCP/IP 数据填充到 pbuf 中。注意，pbuf 结构是一个有指针参与的链式结构，其中

表 22-1　eth_rx 方法的参数与返回值

参数	描述	返回值
rt_device_t	rt_device 设备句柄	❑ *pbuf：表示 lwIP 数据包指针

的数据在内存中可能是不连续的，不能简单地直接复制过去。我们看一个 STM32 上板载 ETH 驱动的实现，代码如下所示。

```
struct pbuf *rt_stm32_eth_rx(rt_device_t dev)
{
    ...
    /* 从底层获取 ETH 帧的信息，如数据长度、数据地址  */
    len = EthHandle.RxFrameInfos.length;
    buffer = (uint8_t *)EthHandle.RxFrameInfos.buffer;

    if (len > 0)
    {
        /* 从 lwIP 的缓冲区里分配一段链式存储空间 */
        p = pbuf_alloc(PBUF_RAW, len, PBUF_POOL);
    }
    ...
    if (p != NULL)
    {
        ...
        for (q = p; q != NULL; q = q->next)
        {
            byteslefttocopy = q->len;
            payloadoffset = 0;
            ...
```

```
        /* 将 ETH 数据复制到 pbuf 中 */
        SMEMCPY((uint8_t *)((uint8_t *)q->payload + payloadoffset),
            (uint8_t *)((uint8_t *)buffer + bufferoffset), byteslefttocopy);
        bufferoffset = bufferoffset + byteslefttocopy;
      }
    }
    ...
    return p;
}
```

实现 eth_rx 功能需要底层硬件的支持，在 STM32 中也就是 EthHandle 的内容，通过解析这个寄存器的内容来获取 TCP/IP 数据。注意，我们需要使用 pbuf_alloc 来申请 pbuf 空间，然后复制底层的数据到 pbuf 中。下面再看一下 WLAN 设备如何处理数据接收，先看来一段 RW007 实现的示例代码。

```
static void wifi_data_process_thread_entry(void *parameter)
{
    ...
    while(1)
    {
      /* RW007 的接收线程一直运行，ETH 数据是其中的一种接收数据类型；如果是采用库方式开发，
        Wi-Fi 库会提供网络数据的回调函数注册接口，上传 ETH 数据到 TCP/IP 协议栈中 */
      if(rt_mb_recv(&dev->spi_rx_mb, (rt_ubase_t *)&data_packet, RT_WAITING_
          FOREVER) == RT_EOK)
      {
        if (data_packet->data_type == DATA_TYPE_STA_ETH_DATA)
        {
            /* 通过该函数上报数据到 TCP/IP 协议栈中 */
            rt_wlan_dev_report_data(wifi_sta.wlan, (void *)data_packet-
                >buffer, data_packet->data_len);
        }
        else if (data_packet->data_type == DATA_TYPE_AP_ETH_DATA)
        {
            /* 通过该函数上报数据到 TCP/IP 协议栈中 */
            rt_wlan_dev_report_data(wifi_ap.wlan, (void *)data_packet-
                >buffer, data_packet->data_len);
        }
        ...
      }
      ...
    }
    ...
}
```

将 ETH 数据填充到 pbuf 已经在 wlan_lwip.c 中实现过了，只需要调用 rt_wlan_dev_report_data 接口就可以实现 ETH 数据向 TCP/IP 协议栈传输的目的，即实现了 eth_rx 方法的功能。

在 lwIP 协议栈内接收数据的是一个名为 erx 的线程，需要在硬件数据到达之后通知接收线程来接收数据，在没有数据到达时会处于挂起状态。ETH 设备使用 eth_device_ready 接口来通知线程接收数据，而 WLAN 设备则是使用 rt_wlan_dev_report_data 接口来达到相同的目的。可以参考 STM32 中关于这部分的处理，代码如下所示。

```
void HAL_ETH_RxCpltCallback(ETH_HandleTypeDef *heth)
{
    rt_err_t result;
    result = eth_device_ready(&(stm32_eth_device.parent));
    if (result != RT_EOK)
    {
        LOG_I("RxCpltCallback err = %d", result);
    }
}
```

由于 STM32 的 HAL 库提供了 ETH 数据接收完成的中断回调函数，因此直接在此回调函数里调用 eth_device_ready 接口来通知接收线程接收数据即可。

22.3.2　eth_tx：数据发送

操作方法 eth_tx 用于实现 ETH 数据报文的发送，其原型如下所示：

```
rt_err_t (*eth_tx)(rt_device_t dev, struct pbuf* p);
```

eth_tx 方法的参数与返回值如表 22-2 所示。

对于 ETH 设备，我们需要实现 eth_tx 方法。pbuf 结构是一个有指针参与的链式结构，其中的数据在内存中是不连续的，为了便于驱动发送，需要根据 pbuf 的结构来将数据复制

表 22-2　eth_tx 方法的参数与返回值

参数	描述	返回值
rt_device_t	rt_device 设备句柄	❑ RT_EOK：发送成功
*pbuf	lwIP 数据包指针	❑ −RT_ERROR：发送失败

到连续空间中，然后调用底层数据发送接口并完成发送。我们看一下 STM32 上板载 ETH 驱动的实现，代码如下所示。

```
rt_err_t rt_stm32_eth_tx(rt_device_t dev, struct pbuf *p)
{
    ...
    /* pbuf 复制到连续空间上，发送数据 */
    for (q = p; q != NULL; q = q->next)
    {
        ...
        while ((byteslefttocopy + bufferoffset) > ETH_TX_BUF_SIZE)
        {
            SMEMCPY((uint8_t *)((uint8_t *)buffer + bufferoffset), (uint8_t *)
                ((uint8_t *)q->payload + payloadoffset), (ETH_TX_BUF_SIZE -
                bufferoffset));
            ...
        }
        ...
    }
    ...
    /* 调用底层发送接口发送数据 */
    state = HAL_ETH_TransmitFrame(&EthHandle, framelength);
    if (state != HAL_OK)
    {
        LOG_E("eth transmit frame faild: %d", state);
```

```
    }
    ret = RT_EOK;
error:
    /* error 处理 */
    ...
    return ret;
}
```

WLAN 设备的数据拼接过程已经在 wlan_lwip.c 中实现过了，数据已经不需要再拼接，已经是一个处于连续空间的完整数据流。也就是说，在 WLAN 设备驱动中只要实现了 wlan_send，eth_tx 的方法实现就完成了。

22.4　注册 ETH 设备

接下来需要注册 ETH 设备。ETH 设备被创建时，Netdev 设备也会被一同创建，并注册到 I/O 设备管理器中，注册 ETH 设备的 eth_device_init 接口如下所示：

```
rt_err_t eth_device_init(struct eth_device * dev, const char *name);
```

eth_device_init 接口的参数与返回值如表 22-3 所示。

表 22-3　eth_device_init 接口的参数与返回值

参数	描述	返回值
eth_device	ETH 设备句柄	❏ RT_EOK：注册成功
name	设备名称，设备名称的最大长度由 rtconfig.h 中定义的宏 RT_NAME_MAX 指定，多余部分会被自动截掉	❏ –RT_ERROR：注册失败，ETH 为空或者 name 已经存在

注意：应当避免重复注册已经注册的设备，或者注册相同名字的设备。

在注册 ETH 设备时，首先需要初始化 eth_device 设备，将 22.3 节实现的操作方法赋值给 eth_device 设备，然后调用 eth_device_init 接口完成设备注册。在 STM32 中注册 ETH 设备的示例代码如下所示。

```
static rt_err_t rt_stm32_eth_init(rt_device_t dev)
{
    ...
    /* init 是初始化部分，主要是寄存器配置，时钟配置 */
    stm32_eth_device.parent.parent.init      = rt_stm32_eth_init;
    /* open, close, read, write, control 没有太多实际意义，可以置空 */
    stm32_eth_device.parent.parent.open      = rt_stm32_eth_open;
    stm32_eth_device.parent.parent.close     = rt_stm32_eth_close;
    stm32_eth_device.parent.parent.read      = rt_stm32_eth_read;
    stm32_eth_device.parent.parent.write     = rt_stm32_eth_write;
    stm32_eth_device.parent.parent.control   = rt_stm32_eth_control;
    stm32_eth_device.parent.parent.user_data = RT_NULL;

    /* 赋值 eth_rx、eth_tx 操作方法 */
    stm32_eth_device.parent.eth_rx    = rt_stm32_eth_rx;
    stm32_eth_device.parent.eth_tx    = rt_stm32_eth_tx;
```

```
    /* 注册 ETH 设备 */
    state = eth_device_init(&(stm32_eth_device.parent), "e0");
    ...

__exit:
    return RT_EOK;
}
```

22.5 驱动配置

下面介绍如何进行 ETH 的驱动配置。

1. Kconfig 配置

下面参考 bsp/stm32/stm32f407-atk-explorer/board/Kconfig 文件，对 ETH 驱动进行相关配置，如下所示：

```
config BSP_USING_ETH
    bool "Enable Ethernet"
    default n
    select RT_USING_LWIP
    select RT_USING_NETDEV
    select RT_USING_SAL
```

我们来看一下此配置文件中一些关键字段的意义。

1）BSP_USING_ETH：ETH 设备驱动代码对应的宏定义，这个宏控制 ETH 驱动相关代码是否会添加到工程中。

2）RT_USING_LWIP：lwIP 协议栈代码对应的宏定义，这个宏控制 lwIP 协议栈相关代码是否会添加到工程中。

3）RT_USING_NETDEV：使用该宏添加 Netdev 设备驱动框架代码，启用诸如 ping、ifconfig 之类的网卡管理命令。

4）RT_USING_SAL：该宏启用通用的 BSD Socket 编程接口。

2. SConscript 配置

HAL_Drivers/SConscript 文件为 ETH 设备驱动添加了判断选项，代码如下所示。这是一段 Python 代码，表示如果定义了宏 BSP_USING_ETH 且选中了 RT_USING_LWIP 宏，则 drv_eth.c 会被添加到工程的源文件中。

```
if GetDepend(['BSP_USING_ETH', 'RT_USING_LWIP']):
    src += ['drv_eth.c']
```

22.6 驱动验证

验证设备功能时，我们需要运行添加了驱动的 RT-Thread 代码，将代码编译下载到开发板中，然后在控制台中使用 list_device 命令查看已注册的设备，其中包含 ETH 设备（e0）。

```
msh />list_device
device               type                ref count
--------  -------------------- ----------
...
e0        Network Interface        0
...
```

同时，由于 Netdev 设备驱动的存在，可以使用 ifconfig 命令查看 IP 地址相关信息。因为网络环境的不同，所以 IP 相关信息在不同环境下的内容并不一致，这属于正常现象。

```
...
msh />ifconfig
network interface device: e0 (Default)
MTU: 1500
MAC: 00 80 e1 13 36 21
FLAGS: UP LINK_UP INTERNET_DOWN DHCP_ENABLE ETHARP BROADCAST IGMP
ip address: 192.168.2.105
gw address: 192.168.2.1
net mask  : 255.255.255.0
dns server #0: 192.168.1.1
dns server #1: 192.168.0.1
msh />
...
```

在网络环境中，底层数据报文的发送 / 接收是否正常，可以由 ICMP 报文验证。ICMP 报文可以验证地址是否可达、通行效率等。RT-Thread 已经集成了 ping 命令，该命令可以发送 ICMP 报文来验证 TCP/IP 协议栈以及接收与发送功能是否正常。其验证方法如下：

```
msh />ping 192.168.2.1
60 bytes from 192.168.2.1 icmp_seq=0 ttl=64 time=0 ms
60 bytes from 192.168.2.1 icmp_seq=1 ttl=64 time=0 ms
60 bytes from 192.168.2.1 icmp_seq=2 ttl=64 time=0 ms
60 bytes from 192.168.2.1 icmp_seq=3 ttl=64 time=0 ms
```

使用 ping 命令向网关地址发送 ICMP 报文，可以得到回复，证明网络数据的接收、发送功能正常。

22.7　本章小结

本章主要讲解了 ETH 设备驱动的实现与接入网络的方式，也提到了与 WLAN 接入方式的不同，在进行网络驱动开发时需要格外注意这些。不同芯片的 ETH 外设可能不一样，但它们实现的 ETH 操作是一样的，都包含网络数据的发送、接收部分。在一些对 ETH 外设有特别优化的芯片中，往往会支持 DMA 模式或者 FIFO 方式来缓存这些 ETH 报文，这样可以更迅速准确地发送与接收数据。

第 23 章
AUDIO MIC 设备驱动开发

随着智能时代的到来，嵌入式设备越来越重视人与机器之间的交互，声音作为人类最常用的交流方式，也更频繁地加入到人与嵌入式设备的交互中。如智能音响、早教机、陪伴机器人等产品都离不开声音的交互。相信未来随着人工智能的发展，声音的交互将更广泛地应用到各行各业之中。

本质上，在嵌入式设备上处理声音就是在处理电信号。MCU 一般不具备直接处理声音信息的能力，需要借助专业的音频编解码器（Codec）对声音信号进行处理。图 23-1 所示为音频处理过程：录音时，由麦克风收音通过音频编码器将音频信号转换为电信号传给嵌入式处理器；播音时，再由音频解码器将电信号转换为音频信号，然后通过扬声器将声音播出。其中，嵌入式处理器与音频编解码

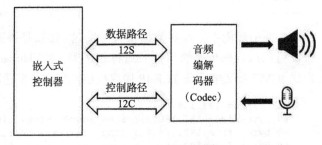

图 23-1 音频处理过程

器之间主要通过 I2S 接口和 I2C 接口通信，它们分别负责传输音频数据和发送控制命令。

为了更好地方便应用开发者基于 RT-Thread 开发音频相关应用，RT-Thread 提供了一套音频驱动框架，即 AUDIO 设备驱动框架，该框架支持录音设备（MIC 设备）和播音设备（SOUND 设备）两种。本章将讲解录音设备 AUDIO MIC 的驱动开发，播音设备 AUDIO SOUND 的驱动开发将在下一章介绍。

23.1 AUDIO 层级结构

AUDIO 层级结构如图 23-2 所示。

1）应用层主要是开发者需要编写的业务代码，通过 I/O 设备管理层的统一接口调用 AUDIO 设备驱动框架层的接口，从而调用 MIC 驱动或者 SOUND 驱动，最后驱动硬件工作。

2）I/O 设备管理层向应用层提供 rt_device_read、rt_device_write 等标准接口，应用层

可以通过这些标准接口访问 AUDIO 设备。I/O 设备管理层进而调用 AUDIO 设备驱动框架层提供的接口，完成对应的操作。

3）AUDIO 设备驱动框架层是一层通用的软件抽象层，与具体的硬件平台无关。AUDIO 设备驱动框架源码为 audio.c，位于 RT-Thread 源码的 components/drivers/audio 目录下。AUDIO 设备驱动框架提供以下功能。

① 向 I/O 设备管理层提供统一的接口供其调用。

② 提供 AUDIO 设备的操作方法 struct rt_audio_ops，包括 getcaps、configure、init、start、stop、buffer_info。驱动开发者需要实现这些方法。

③ 提供注册管理接口 rt_audio_register，驱动开发者需要在注册设备时调用此接口。

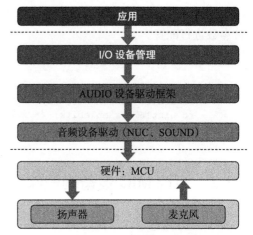

图 23-2　AUDIO 层级结构图

4）音频设备驱动层是针对具体的 MCU 硬件开发的驱动，操作特定的音频编解码芯片，以完成框架规定的操作。音频设备驱动分为两个：录音驱动 drv_mic.c 和播音驱动 drv_sound.c，位于具体 bsp 目录下。音频设备驱动需要实现操作方法接口 struct rt_audio_ops，这些操作方法提供了访问和控制硬件的能力。音频设备驱动也需要调用 rt_audio_register 函数注册具体的音频设备到操作系统。一般录音设备注册的设备名称为 mic0，播音设备注册的设备名称为 sound0。

音频设备驱动（MIC 或 SOUND）开发的主要任务就是实现 AUDIO 设备框架提供的操作方法 rt_audio_ops，然后注册 MIC/SOUND 设备。

本章以 STM32 平台为例讲解 MIC 驱动开发。

23.2　创建 MIC 设备

对 MIC 设备来说，在驱动开发时需要先从 struct rt_audio_device 结构中派生出新的 MIC 设备模型，然后根据自己的设备类型定义私有数据域。以 STM32 为例，代码如下所示：

```
struct mic_device
{
    struct rt_audio_device audio;   /* 音频设备 */
    struct rt_audio_configure record_config;  /* 录音设备参数配置 */
    rt_uint8_t *rx_fifo;   /* 音频接收缓冲区 */
    rt_uint8_t volume;    /* 音频音量 */
};
```

　　struct mic_device 从 struct rt_audio_device 派生而来，并增加了具有录音设备特点的成员，如录音设备参数、音频接收缓冲区、音量等，驱动开发者可以参照 struct mic_device 创建 MIC 设备。其中，录音设备参数结构体原型如下，在后续的驱动开发过程中可以对其成员参数进行配置。

```
struct rt_audio_configure
{
    rt_uint32_t samplerate; /* 采样率 */
    rt_uint16_t channels;   /* 采样通道 */
    rt_uint16_t samplebits; /* 采样位数 */
};
```

23.3　实现 MIC 设备的操作方法

　　AUDIO 设备驱动框架层为音频设备提供的操作方法结构体原型如下：

```
struct rt_audio_ops
{
    rt_err_t (*getcaps)(struct rt_audio_device *audio, struct rt_audio_caps
        *caps);
    rt_err_t (*configure)(struct rt_audio_device *audio, struct rt_audio_caps
        *caps);
    rt_err_t (*init)(struct rt_audio_device *audio);
    rt_err_t (*start)(struct rt_audio_device *audio, int stream);
    rt_err_t (*stop)(struct rt_audio_device *audio, int stream);
    rt_size_t (*transmit)(struct rt_audio_device *audio, const void *writeBuf,
        void *readBuf, rt_size_t size);
    void (*buffer_info)(struct rt_audio_device *audio, struct rt_audio_buf_info
        *info);
};
```

　　在进行 MIC 设备驱动开发时，只需要关注前 5 个操作方法即可。其中，getcaps 方法用于获取音频设备支持的功能属性；configure 方法用于对音频设备进行控制；init 方法用于初始化音频设备；start 方法用于启动音频设备；stop 方法用于停止音频设备。下面逐一介绍这些方法的具体实现方式及参数的意义。

23.3.1　getcaps：获取设备功能

　　操作方法 getcaps 用于获取 MIC 设备的功能属性，其原型如下。

```
rt_err_t (*getcaps)(struct rt_audio_device *audio, struct rt_audio_caps *caps);
```

　　getcaps 方法的参数及返回值如表 23-1 所示。

　　struct rt_audio_caps 设备功能属性结构体定义在音频框架中，结构体包括音频设备控制命令的主类型和子类型，如下所示：

表 23-1　getcaps 方法的参数及返回值

参数	描述	返回值
audio	音频设备句柄	❏ RT_EOK：执行成功
caps	设备功能属性	❏ −RT_ERROR：执行失败

```
struct rt_audio_caps
{
    int main_type;                              /* 音频设备控制命令主类型 */
    int sub_type;                               /* 音频设备控制命令子类型 */

    union
    {
        rt_uint32_t mask;                       /* 掩码 */
        int     value;                          /* 参数值 */
        struct rt_audio_configure config;       /* 音频参数信息 */
    } udata;
};
```

main_type 目前支持以下几种命令控制字：

```
#define AUDIO_TYPE_QUERY          0x00      /* 查询设备类型 */
#define AUDIO_TYPE_INPUT          0x01      /* 输入类型（录音设备）*/
#define AUDIO_TYPE_OUTPUT         0x02      /* 输出类型（播放设备）*/
#define AUDIO_TYPE_MIXER          0x04      /* 声音管理类型 */
```

对 MIC 设备来说，AUDIO_TYPE_OUTPUT 无意义。AUDIO_TYPE_INPUT 和 AUDIO_TYPE_MIXER 还分别有子类型的命令控制字。

1）AUDIO_TYPE_INPUT 目前支持以下几种子类型命令控制字：

```
/* 支持的 DSP（输入 / 输出）单元控制器  */
#define AUDIO_DSP_PARAM           0         /* 设定或者获取所有参数 */
#define AUDIO_DSP_SAMPLERATE      1         /* 采样率 */
#define AUDIO_DSP_CHANNELS        2         /* 通道 */
#define AUDIO_DSP_SAMPLEBITS      3         /* 采样位宽 */
```

AUDIO_TYPE_INPUT 支持的几种子类型命令控制字分别对应获取或设定所有参数、获取采样率等，具体支持的参数如下所示。

```
/* 支持的采样率      */
#define AUDIO_SAMP_RATE_8K                  0x0001
#define AUDIO_SAMP_RATE_11K                 0x0002
...
#define AUDIO_SAMP_RATE_192K                0x0800

/* 支持的比特率      */
#define AUDIO_BIT_RATE_22K                  0x01
#define AUDIO_BIT_RATE_44K                  0x02
...
#define AUDIO_BIT_RATE_172K                 0x40
#define AUDIO_BIT_RATE_192K                 0x80
```

2）AUDIO_TYPE_MIXER 目前支持以下几种子类型命令控制字，其中比较常用的是 AUDIO_MIXER_VOLUME，用于获取或设定音量大小。

```
/* 支持的混合单元控制器 */
#define AUDIO_MIXER_QUERY                   0x0000
#define AUDIO_MIXER_MUTE                    0x0001
#define AUDIO_MIXER_VOLUME                  0x0002
```

```
#define AUDIO_MIXER_BASS                  0x0004
#define AUDIO_MIXER_MID                   0x0008
#define AUDIO_MIXER_TREBLE                0x0010
#define AUDIO_MIXER_EQUALIZER             0x0020
#define AUDIO_MIXER_LINE                  0x0040
#define AUDIO_MIXER_DIGITAL               0x0080
#define AUDIO_MIXER_MIC                   0x0100
#define AUDIO_MIXER_VITURAL               0x0200
#define AUDIO_MIXER_EXTEND                0x8000     /* 扩展命令 */
```

getcaps 方法可通过 caps 结构中的 main_type 和 sub_type 获取对应的功能参数，并更新到 caps 参数的 udata 成员里。我们看一下在 STM32 中实现 getcaps 方法的示例，部分代码如下所示。

```
static rt_err_t mic_getcaps(struct rt_audio_device *audio, struct rt_audio_caps
    *caps)
{
    rt_err_t result = RT_EOK;
    struct mic_device *mic_dev;

    RT_ASSERT(audio != RT_NULL);
    mic_dev = (struct mic_device *)audio->parent.user_data;

    switch (caps->main_type)
    {
    case AUDIO_TYPE_QUERY: /* 查询音频设备的类型 */
    {
        switch (caps->sub_type)
        {
        case AUDIO_TYPE_QUERY:
        /* 表示支持输入及声音管理 */
            caps->udata.mask = AUDIO_TYPE_INPUT | AUDIO_TYPE_MIXER;
            break;
        default:
            result = -RT_ERROR;
            break;
        }
        break;
    }
    case AUDIO_TYPE_INPUT: /* 获取音频输入单元的能力 */
    {
        switch (caps->sub_type)
        {
        case AUDIO_DSP_PARAM: /* 获取所有参数 */
            caps->udata.config.samplerate  = mic_dev->record_config.samplerate;
            caps->udata.config.channels    = mic_dev->record_config.channels;
            caps->udata.config.samplebits  = mic_dev->record_config.samplebits;
            break;
        case AUDIO_DSP_SAMPLERATE:
            caps->udata.config.samplerate  = mic_dev->record_config.samplerate;
            break;
        case AUDIO_DSP_CHANNELS:
            caps->udata.config.channels    = mic_dev->record_config.channels;
            break;
```

```
        ...
        }
        break;
    }
    case AUDIO_TYPE_MIXER: /* 获取声音管理单元能力 */
    {
        switch (caps->sub_type)
        {
        case AUDIO_MIXER_QUERY: /* 查询声音管理模块能力 */
            caps->udata.mask = AUDIO_MIXER_VOLUME | AUDIO_MIXER_LINE;
            break;
        case AUDIO_MIXER_VOLUME: /* 获取音频设备音量 */
            caps->udata.value = mic_dev->volume;
            break;
        ...
        }
        break;
    }
    default:
        result = -RT_ERROR;
        break;
    }
    return result;
}
```

23.3.2　configure：配置设备

操作方法 configure 用于配置 MIC 设备功能属性，其原型如下。

```
rt_err_t (*configure)(struct rt_audio_device *audio, struct rt_audio_caps *caps);
```

configure 方法的参数及返回值如表 23-2 所示。

应用层将初始化好的 caps 参数传递给 configure 方法，configure 方法需要根据 caps 中 的 main_type 和 sub_type 对 MIC 设备的参数进行设置，再通过硬件接口（如 I2C）配置到音频编解码器中。较常见的操

表 23-2　configure 方法的参数及返回值

参数	描述	返回值
audio	音频设备句柄	❑ RT_EOK：执行成功
caps	设备功能属性	❑ -RT_ERROR：执行失败

作是设置设备的播放音量、采样率、采样通道等。我们看一下在 STM32 中配置 MIC 设备功能属性方法的实现，部分代码如下所示。

```
static rt_err_t mic_configure(struct rt_audio_device *audio, struct rt_audio_
    caps *caps)
{
    rt_err_t result = RT_EOK;
    struct mic_device *mic_dev;

    RT_ASSERT(audio != RT_NULL);
    mic_dev = (struct mic_device *)audio->parent.user_data;

    switch (caps->main_type)
```

```c
    {
    case AUDIO_TYPE_MIXER: /* 配置声音管理单元 */
    {
        switch (caps->sub_type)
        {
        case AUDIO_MIXER_VOLUME: /* 设定音量大小 */
        {
            rt_uint32_t volume = caps->udata.value;
            mic_dev->volume = volume;
            LOG_D("set volume %d", volume);
            break;
        }
        default:
            result = -RT_ERROR;
            break;
        }
        break;
    }
    case AUDIO_TYPE_INPUT: /* 配置声音输入单元 */
    {
        switch (caps->sub_type)
        {
        case AUDIO_DSP_PARAM: /* 设定全部参数 */
        {
            /* 更改参数，重新配置硬件 */
            SAIA_Frequency_Set(caps->udata.config.samplerate);
            HAL_SAI_DMAStop(&SAI1B_Handler);
            SAIB_Channels_Set(caps->udata.config.channels);
            HAL_SAI_Transmit(&SAI1A_Handler, (uint8_t *)&zero_frame[0], 2, 0);
            HAL_SAI_Receive_DMA(&SAI1B_Handler, mic_dev->rx_fifo, RX_FIFO_SIZE / 2);
            /* 保存配置参数 */
            mic_dev->record_config.samplerate = caps->udata.config.samplerate;
            mic_dev->record_config.channels   = caps->udata.config.channels;
            mic_dev->record_config.samplebits = caps->udata.config.samplebits;
            LOG_D("set samplerate %d", mic_dev->record_config.samplerate);
            LOG_D("set channels %d", mic_dev->record_config.channels);
            break;
        }
        case AUDIO_DSP_SAMPLERATE:
        {
            mic_dev->record_config.samplerate = caps->udata.config.samplerate;
            LOG_D("set channels %d", mic_dev->record_config.channels);
            break;
        }
        ...
        }
        break;
    }
    default:
        break;
    }
    return result;
}
```

23.3.3　init：初始化设备

操作方法 init 用于初始化 MIC 设备，其原型如下所示：

```
rt_err_t (*init)(struct rt_audio_device *audio);
```

init 方法的参数及返回值如表 23-3 所示。

在 init 方法内部需要初始化硬件接口。具体实现可以参考 STM32 中 MIC 设备的 init 方法，代码如下所示。

表 23-3　init 方法的参数及返回值

参数	描述	返回值
audio	音频设备句柄	❑ RT_EOK：执行成功 ❑ 其他错误码：执行失败

```
static rt_err_t mic_init(struct rt_audio_device *audio)
{
    struct mic_device *mic_dev;

    RT_ASSERT(audio != RT_NULL);
    mic_dev = (struct mic_device *)audio->parent.user_data;

    /* SAI_B 子模块的初始化 */
    SAIB_Init();

    /* 设置通道 */
    SAIB_Channels_Set(mic_dev->record_config.channels);

    return RT_EOK;
}
```

23.3.4　start：启动设备

操作方法 start 用于启动 MIC 设备，其原型如下。

```
rt_err_t (*start)(struct rt_audio_device *audio, int stream);
```

start 方法的参数及返回值如表 23-4 所示。

表 23-4　start 方法的参数及返回值

参数	描述	返回值
audio	音频设备句柄	❑ RT_EOK：执行成功
stream	音频设备播放类型	❑ 其他错误码：执行失败

参数 stream 目前支持两种控制字：AUDIO_STREAM_REPLAY（播放）和 AUDIO_STREAM_RECORD（录音）。实现该操作方法需要判断 stream 的值是否为 AUDIO_STREAM_RECORD，如果是，则对设备进行启动操作。我们看一下在 STM32 上的 start 方法实现，代码如下。

```
static rt_err_t mic_start(struct rt_audio_device *audio, int stream)
{
    struct mic_device *mic_dev;
    mic_dev = (struct mic_device *)audio->parent.user_data;
```

```
    if (stream == AUDIO_STREAM_RECORD)
    {
        /* 启动 CODEC 设备 es8388 */
        es8388_start(ES_MODE_ADC);
        /* 此处 SAI1B 使用 SAI1A 的时钟，需要让 SAI1A 输出数据来提供时钟 */
        HAL_SAI_Transmit(&SAI1A_Handler, (uint8_t *)&zero_frame[0], 2, 0);
        HAL_SAI_Receive_DMA(&SAI1B_Handler, mic_dev->rx_fifo, RX_FIFO_SIZE / 2);
    }
    return RT_EOK;
}
```

23.3.5　stop：停止设备

操作方法 stop 用于停止 MIC 设备，其原型如下。

```
rt_err_t (*stop)(struct rt_audio_device *audio, int stream);
```

stop 方法的参数及返回值如表 23-5 所示。

实现 stop 方法时同样需要判断 stream 的值是否为 AUDIO_STREAM_RECORD，如果是，则对设备进行停止操作：我们看一下在 STM32 上的 stop 方法实现，代码如下所示。

表 23-5　stop 方法的参数及返回值

参数	描述	返回值
audio	音频设备句柄	❑ RT_EOK：执行成功
stream	音频设备播放类型	❑ 其他错误码：执行失败

```
static rt_err_t mic_stop(struct rt_audio_device *audio, int stream)
{
    if (stream == AUDIO_STREAM_RECORD)
    {
        HAL_SAI_DMAStop(&SAI1B_Handler);
        /* SAI1A 停止时钟输出 */
        HAL_SAI_Abort(&SAI1A_Handler);
        /* 关闭 CODEC 设备 */
        es8388_stop(ES_MODE_ADC);
    }
    return RT_EOK;
}
```

23.4　音频数据流处理

在开发音频设备驱动时，除了实现操作方法之外，还需要完成音频数据流的处理。MIC 设备主要功能就是录音，即录制音频数据。在嵌入式设备中，一般音频数据的采集与编码都是由音频编解码器完成的，MCU 要想录制音频，只需要和音频编解码器通信，获取这些编码后的数据就可以了。如果开发音频设备驱动，还需要将采集到的音频数据传递给 AUDIO 设备驱动框架。

AUDIO 设备驱动框架提供了传递音频数据到框架的接口 rt_audio_rx_done，其原型如下所示。

```
void  rt_audio_rx_done(struct rt_audio_device *audio, rt_uint8_t *pbuf, rt_size_
    t len);
```

rt_audio_rx_done 接口的参数如表 23-6 所示。

在音频设备驱动中，通过通信接口从音频编解码器中获取
音频数据之后，就可以直接调用此接口，传递音频数据给到音
频设备框架，从而完成音频数据的采集。由于音频数据流一般
较大，因此在具体实现驱动时一般使用 DMA 机制来协助数据
传输。我们可以看一下 STM32 中 MIC 设备的音频数据流是如
何处理的，部分代码如下所示。

表 23-6　rt_audio_rx_done
接口的参数说明

参数	描述
audio	音频设备句柄
pbuf	存储音频数据的缓冲区
len	音频数据的长度

```
void SAIB_Init(void)
{
    __HAL_RCC_DMA2_CLK_ENABLE();

    SAI1_RXDMA_Handler.Init.Request            = DMA_REQUEST_1;
    SAI1_RXDMA_Handler.Init.Direction          = DMA_PERIPH_TO_MEMORY;
    ...
    __HAL_LINKDMA(&SAI1B_Handler, hdmarx, SAI1_RXDMA_Handler);
    HAL_DMA_DeInit(&SAI1_RXDMA_Handler);
    HAL_DMA_Init(&SAI1_RXDMA_Handler);
    __HAL_DMA_ENABLE(&SAI1_RXDMA_Handler);

    HAL_NVIC_SetPriority(DMA2_Channel2_IRQn, 0x01, 0);
    HAL_NVIC_EnableIRQ(DMA2_Channel2_IRQn);
}
void DMA2_Channel2_IRQHandler(void)
{
    /* enter interrupt */
    rt_interrupt_enter();

    /* SAI DMA 中断处理 */
    HAL_DMA_IRQHandler(&SAI1_RXDMA_Handler);

    /* leave interrupt */
    rt_interrupt_leave();
}
void HAL_SAI_RxHalfCpltCallback(SAI_HandleTypeDef *hsai)
{
    if (hsai == &SAI1B_Handler)
    {
        /* 保存接收缓冲区中一半数据到接收管道 */
        rt_audio_rx_done(&mic_dev.audio, &mic_dev.rx_fifo[0], RX_FIFO_SIZE / 2);
    }
}
void HAL_SAI_RxCpltCallback(SAI_HandleTypeDef *hsai)
{
    if (hsai == &SAI1B_Handler)
    {
        /* 保存接收缓冲区中剩余一半数据到接收管道 */
        rt_audio_rx_done(&mic_dev.audio, &mic_dev.rx_fifo[RX_FIFO_SIZE / 2], RX_
            FIFO_SIZE / 2);
    }
}
```

　　STM32 实现的 MIC 设备驱动利用了 HAL 库提供的"一半传输完成中断"和"完全传输完成中断"两个机制实现了音频数据的传输。它将一片完整的缓冲区分作了两半：前半段和后半段，当前半段接收完音频数据之后，进入"一半传输完成中断"机制对应的回调函数 HAL_SAI_RxHalfCpltCallback，并在回调函数中调用 rt_audio_rx_done 接口，将音频数据传递给 AUDIO 设备驱动框架。当后半段音频数据接收完成之后，进入"完全传输完成中断"机制对应的回调函数 HAL_SAI_RxCpltCallback，同样在回调函数中调用 rt_audio_rx_done 接口，将后半段接收的音频数据也传递给 AUDIO 设备驱动框架。然后依次交替进行，这样就保证了音频数据采集的连续性。

23.5　注册 MIC 设备

　　MIC 设备的操作方法实现后需要注册设备到操作系统，注册 MIC 设备的接口 rt_audio_register 如下所示：

```
rt_err_t rt_audio_register(struct rt_audio_device *audio, const char *name, rt_
    uint32_t flag, void *data);
```

　　rt_audio_register 接口的参数及返回值如表 23-7 所示。

表 23-7　rt_audio_register 接口的参数及返回值

参数	描述	返回值
audio	音频设备句柄	
name	音频设备名称，可自定义，如 mic0	❑ RT_EOK：成功 ❑ 其他错误码：失败
flag	音频设备标记，MIC 设备的 flag 一般为 RT_DEVICE_FLAG_RDONLY，为只读类型	
data	私有数据域	

　　在注册 MIC 设备之前，需要根据 struct rt_audio_ops 的定义创建一个全局的 ops 结构体变量 mic_ops。mic_ops 将在注册 MIC 设备时赋值给 MIC 设备的 ops 成员。在 STM32 中注册设备的代码如下所示。

```
#define RX_FIFO_SIZE (1024)

static struct mic_device mic_dev = {0};
static struct rt_audio_ops mic_ops =
{
    .getcaps     = mic_getcaps,
    .configure   = mic_configure,
    .init        = mic_init,
    .start       = mic_start,
    .stop        = mic_stop,
    .transmit    = RT_NULL,
    .buffer_info = RT_NULL,
};
int rt_hw_mic_init(void)
{
```

```
    rt_uint8_t *rx_fifo;

    if (mic_dev.rx_fifo)
    {
        return RT_EOK;
    }
    rx_fifo = rt_malloc(RX_FIFO_SIZE);
    if (rx_fifo == RT_NULL)
    {
        return -RT_ENOMEM;
    }
    rt_memset(rx_fifo, 0, RX_FIFO_SIZE);
    mic_dev.rx_fifo = rx_fifo;

    /* init default configuration */
    {
        mic_dev.record_config.samplerate = 44100;      /* 采样率 */
        mic_dev.record_config.channels   = 2;          /* 通道数 */
        mic_dev.record_config.samplebits = 16;         /* 采样位数 */
        mic_dev.volume                   = 55;         /* 音量 */
    }

    /* 注册 MIC 设备 */
    mic_dev.audio.ops = &mic_ops;
    rt_audio_register(&mic_dev.audio, "mic0", RT_DEVICE_FLAG_RDONLY, &mic_dev);

    return RT_EOK;
}
```

上述代码首先创建 mic_dev 设备，然后初始化默认配置，最后调用注册接口进行 MIC 设备注册。

23.6　驱动配置

下面介绍如何进行 MIC 设备的驱动配置。

1. Kconfig 配置

下面参考 bsp/stm32/stm32l475-atk-pandora/board/Kconfig 文件，对 MIC 驱动进行相关配置，如下所示：

```
menuconfig BSP_USING_AUDIO
    bool "Enable Audio Device"
    select RT_USING_AUDIO
    select BSP_USING_I2C
    select BSP_USING_I2C3
    default n

    if BSP_USING_AUDIO
        config BSP_USING_AUDIO_PLAY
        bool "Enable Audio Play"
        default y

        config BSP_USING_AUDIO_RECORD
```

```
        bool "Enable Audio Record"
        default n
    endif
```

我们来看一下此配置文件中一些关键字段的意义。

❑ BSP_USING_AUDIO：音频设备驱动代码对应的宏定义，这个宏控制音频设备驱动相关代码是否会添加到工程中。

❑ RT_USING_AUDIO：AUDIO 设备驱动框架代码对应的宏定义，这个宏控制 AUDIO 设备驱动框架的相关代码是否会添加到工程中。

❑ BSP_USING_AUDIO_RECORD：MIC 设备驱动代码对应的宏定义，这个宏控制 MIC 设备驱动相关代码是否会添加到工程中。

2. SConscript 配置

bsp/stm32/stm32l475-atk-pandora/board/SConscipt 文件给出了 MIC 驱动添加情况的判断选项，代码如下所示。这是一段 Python 代码，表示如果定义了宏 BSP_USING_AUDIO_RECORD，则 drv_mic.c 会被添加到工程的源文件中。

```
if GetDepend(['BSP_USING_AUDIO_RECORD']):
    src += Glob('ports/audio/drv_mic.c')
```

23.7 驱动验证

验证设备功能时，我们需要运行添加了驱动的 RT-Thread 代码，将代码编译下载到开发板中，然后在控制台中使用 list_device 命令查看已注册的设备包含 MIC 设备（mic0），如下所示。

```
msh >list_device
device           type                 ref count
--------  --------------------- ----------
uart1     Character Device       2
mic0      Sound Device           0
```

之后则可以使用 AUDIO 设备驱动框架层提供的统一 API 对 MIC 设备进行操作了。大体步骤如下所示，具体可以参考 RT-Thread 文档中的"AUDIO 设备"章节。

1）使用 rt_device_find 找到 mic0 设备；

2）使用 rt_device_open 打开设备；

3）使用 rt_device_control 配置设备；

4）使用 rt_device_write 写入音频信息。

23.8 本章小结

本章讲解音频设备中的 MIC 设备驱动编写方法，用户需要定义设备的操作方法，并实现这些操作方法，最后进行设备注册。

第 24 章
AUDIO SOUND 设备驱动开发

本章将以 STM32 平台为例讲解 SOUND 设备驱动开发，AUDIO 层级结构内容已在第 23 章介绍过，这里不再赘述。

24.1 创建 SOUND 设备

本节介绍如何创建 SOUND 设备。对 SOUND 设备来说，在驱动开发时需要先从 struct rt_audio_device 结构中派生出新的 SOUND 设备模型 struct sound_device，然后根据自己的设备类型定义私有数据域。以 STM32 为例，代码如下所示：

```
struct sound_device
{
    struct rt_audio_device audio;               /* 音频设备 */
    struct rt_audio_configure replay_config;    /* 播音设备参数配置 */
    rt_uint8_t *tx_fifo;    /* 音频接收缓冲区 */
    rt_uint8_t volume;      /* 音频音量 */
};
```

SOUND 设备从 struct rt_audio_device 派生而来，并增加了具有播音设备特点的成员，如播音设备参数、音频发送缓冲区、音量等。驱动开发者可以参照 struct sound_device 创建 SOUND 设备。其中，播音设备参数结构体原型如下，在后续的驱动开发过程中可以对其成员参数进行配置。

```
struct rt_audio_configure
{
    rt_uint32_t samplerate; /* 采样率 */
    rt_uint16_t channels;   /* 采样通道 */
    rt_uint16_t samplebits; /* 采样位数 */
};
```

24.2 实现 SOUND 设备的操作方法

AUDIO 设备驱动框架层为音频设备提供的操作方法结构体原型如下，MIC 设备和 SOUND 设备驱动开发过程中均要实现这些操作方法：

```
struct rt_audio_ops
{
    rt_err_t (*getcaps)(struct rt_audio_device *audio, struct rt_audio_caps
        *caps);
    rt_err_t (*configure)(struct rt_audio_device *audio, struct rt_audio_caps
        *caps);
    rt_err_t (*init)(struct rt_audio_device *audio);
    rt_err_t (*start)(struct rt_audio_device *audio, int stream);
    rt_err_t (*stop)(struct rt_audio_device *audio, int stream);
    rt_size_t (*transmit)(struct rt_audio_device *audio, const void *writeBuf,
        void *readBuf, rt_size_t size);
    void (*buffer_info)(struct rt_audio_device *audio, struct rt_audio_buf_info
        *info);
};
```

其中，getcaps 方法用于获取音频设备支持的功能属性；configure 方法用于对音频设备进行控制；init 方法用于初始化音频设备；start 方法用于启动音频设备；stop 方法用于停止音频设备。transmit 方法用于传输音频数据，可以不实现；buffer_info 方法用于获取驱动的缓冲区信息。

24.2.1　getcaps：获取设备功能

操作方法 getcaps 用于获取 SOUND 设备的功能属性，其原型如下。

```
rt_err_t (*getcaps)(struct rt_audio_device *audio, struct rt_audio_caps *caps);
```

getcaps 方法的参数及返回值如表 24-1 所示。

struct rt_audio_caps 设备功能属性结构体定义在 AUDIO 设备驱动框架中，包括音频设备控制命令的主类型和子类型，如下所示：

表 24-1　getcaps 方法的参数及返回值

参数	描述	返回值
audio	音频设备句柄	❑ RT_EOK：执行成功
caps	设备功能属性	❑ -RT_ERROR：执行失败

```
struct rt_audio_caps
{
    int main_type;                              /* 主类型 */
    int sub_type;                               /* 子类型 */

    union
    {
        rt_uint32_t mask;                       /* 掩码 */
        int       value;                        /* 参数值 */
        struct rt_audio_configure config;       /* 音频参数信息 */
    } udata;
};
```

main_type 目前支持以下几种命令控制字：

```
#define AUDIO_TYPE_QUERY        0x00    /* 查询设备类型 */
#define AUDIO_TYPE_INPUT        0x01    /* 输入类型（录音设备）*/
#define AUDIO_TYPE_OUTPUT       0x02    /* 输出类型（播放设备）*/
#define AUDIO_TYPE_MIXER        0x04    /* 声音管理类型 */
```

从主类型支持的这几种命令字可知，AUDIO 设备驱动框架对 SOUND 设备的控制主要分为三个方面：查询设备类型、获取音频输出单元的参数以及获取声音管理单元的参数。对 SOUND 设备来说 AUDIO_TYPE_INPUT 无意义。AUDIO_TYPE_OUTPUT 和 AUDIO_TYPE_MIXER 还分别有对应的子类型（sub_type）命令控制字。

1）AUDIO_TYPE_OUTPUT 目前支持以下几种子类型命令控制字：

```
/* 支持的 DSP（输入 / 输出）单元控制器  */
#define AUDIO_DSP_PARAM             0     /* 设定或者获取所有参数 */
#define AUDIO_DSP_SAMPLERATE        1     /* 采样率 */
#define AUDIO_DSP_CHANNELS          2     /* 通道 */
#define AUDIO_DSP_SAMPLEBITS        3     /* 采样位宽 */
```

AUDIO_TYPE_OUTPUT 支持的种子类型命令控制字分别对应获取或设定所有参数、获取采样率等，具体支持的参数如下所示。

```
/* 支持的采样率 */
#define AUDIO_SAMP_RATE_8K              0x0001
#define AUDIO_SAMP_RATE_11K             0x0002
...
#define AUDIO_SAMP_RATE_192K            0x0800

/* 支持的比特率 */
#define AUDIO_BIT_RATE_22K              0x01
#define AUDIO_BIT_RATE_44K              0x02
...
#define AUDIO_BIT_RATE_172K             0x40
#define AUDIO_BIT_RATE_192K             0x80
```

2）AUDIO_TYPE_MIXER 目前支持以下几种子类型命令控制字，其中比较常用的是 AUDIO_MIXER_VOLUME，它用于获取或设定音量大小。

```
/* 支持的子类型命令控制字 */
#define AUDIO_MIXER_QUERY               0x0000
#define AUDIO_MIXER_MUTE                0x0001
#define AUDIO_MIXER_VOLUME              0x0002
#define AUDIO_MIXER_BASS                0x0004
#define AUDIO_MIXER_MID                 0x0008
#define AUDIO_MIXER_TREBLE              0x0010
#define AUDIO_MIXER_EQUALIZER           0x0020
#define AUDIO_MIXER_LINE                0x0040
#define AUDIO_MIXER_DIGITAL             0x0080
#define AUDIO_MIXER_MIC                 0x0100
#define AUDIO_MIXER_VITURAL             0x0200
#define AUDIO_MIXER_EXTEND              0x8000    /* 扩展命令 */
```

getcaps 方法的作用就是通过 caps 结构中的 main_type 和 sub_type 获取对应的功能参数，并更新到 caps 参数的 udata 成员里。我们看一下 STM32 中实现 getcaps 方法的示例，部分代码如下所示。

```
static rt_err_t sound_getcaps(struct rt_audio_device *audio, struct rt_audio_
    caps *caps)
```

```
{
    rt_err_t result = RT_EOK;
    struct sound_device *snd_dev;

    RT_ASSERT(audio != RT_NULL);
    snd_dev = (struct sound_device *)audio->parent.user_data;

    switch (caps->main_type)
    {
    case AUDIO_TYPE_QUERY: /* 查询音频设备的类型 */
    {
        switch (caps->sub_type)
        {
        case AUDIO_TYPE_QUERY:
            /* 表示支持输出及声音管理 */
            caps->udata.mask = AUDIO_TYPE_OUTPUT | AUDIO_TYPE_MIXER;
            break;
        default:
            result = -RT_ERROR;
            break;
        }
        break;
    }
    case AUDIO_TYPE_OUTPUT: /* 获取音频输出单元的能力 */
    {
        switch (caps->sub_type)
        {
        case AUDIO_DSP_PARAM: /* 获取所有参数 */
            caps->udata.config.samplerate  = snd_dev->replay_config.samplerate;
            caps->udata.config.channels    = snd_dev->replay_config.channels;
            caps->udata.config.samplebits  = snd_dev->replay_config.samplebits;
            break;

        case AUDIO_DSP_SAMPLERATE:
            caps->udata.config.samplerate  = snd_dev->replay_config.samplerate;
            break;
        case AUDIO_DSP_CHANNELS:
            caps->udata.config.channels    = snd_dev->replay_config.channels;
            break;
        ...
        default:
            result = -RT_ERROR;
            break;
        }
        break;
    }
    case AUDIO_TYPE_MIXER: /* 获取音频设备音量 */
    {
        switch (caps->sub_type)
        {
        case AUDIO_MIXER_QUERY: /* 查询声音管理模块能力 */
            caps->udata.mask = AUDIO_MIXER_VOLUME;
            break;
        case AUDIO_MIXER_VOLUME:
            caps->udata.value =  es8388_volume_get();
```

```
        break;
    default:
        result = -RT_ERROR;
        break;
    }
    break;
    }
    default:
        result = -RT_ERROR;
        break;
    }
    return result;
}
```

24.2.2　configure：配置设备

操作方法 configure 用于配置 SOUND 设备功能属性，其原型如下。

```
rt_err_t (*configure)(struct rt_audio_device *audio, struct rt_audio_caps *caps);
```

configure 方法的参数及返回值如表 24-2 所示。

应用层将初始化好的 caps 参数传递给 configure 方法，configure 方法需要根据 caps 中的 main_type 和 sub_type 对 SOUND 设备的参数进行设置，再通过硬件接口（如 I2C）配置到音频编解码器中。较常见的操作是设

表 24-2　configure 方法的参数及返回值

参数	描述	返回值
audio	音频设备句柄	❑ RT_EOK：执行成功
caps	设备功能属性	❑ -RT_ERROR：执行失败

置设备的播放音量、采样率、采样通道等。我们看一下在 STM32 中配置 SOUND 设备功能属性方法的实现，部分代码如下所示。

```
static rt_err_t sound_configure(struct rt_audio_device *audio, struct rt_audio_
    caps *caps)
{
    rt_err_t result = RT_EOK;
    struct sound_device *snd_dev;

    RT_ASSERT(audio != RT_NULL);
    snd_dev = (struct sound_device *)audio->parent.user_data;

    switch (caps->main_type)
    {
    case AUDIO_TYPE_MIXER:
    {
        switch (caps->sub_type)
        {
        case AUDIO_MIXER_VOLUME:  /* 配置设备音量 */
        {
            rt_uint8_t volume = caps->udata.value;

            es8388_volume_set(volume);
            snd_dev->volume = volume;
            LOG_D("set volume %d", volume);
```

```
                break;
        }
        default:
            result = -RT_ERROR;
            break;
    }

    break;
}

case AUDIO_TYPE_OUTPUT:
{
    switch (caps->sub_type)
    {
    case AUDIO_DSP_PARAM:
    {
        /* 设置采样率 */
        SAIA_Frequency_Set(caps->udata.config.samplerate);
        /* 设置通道 */
        SAIA_Channels_Set(caps->udata.config.channels);

        /* 保存配置 */
        snd_dev->replay_config.samplerate = caps->udata.config.samplerate;
        snd_dev->replay_config.channels   = caps->udata.config.channels;
        snd_dev->replay_config.samplebits = caps->udata.config.samplebits;
        LOG_D("set samplerate %d", snd_dev->replay_config.samplerate);
        break;
    }
    case AUDIO_DSP_SAMPLERATE:
    {
        /* 设置采样率 */
        SAIA_Frequency_Set(caps->udata.config.samplerate);
        snd_dev->replay_config.samplerate = caps->udata.config.samplerate;
        LOG_D("set samplerate %d", snd_dev->replay_config.samplerate);
        break;
    }
    case AUDIO_DSP_CHANNELS:
    {
        /* 设置通道 */
        SAIA_Channels_Set(caps->udata.config.channels);
        snd_dev->replay_config.channels   = caps->udata.config.channels;
        LOG_D("set channels %d", snd_dev->replay_config.channels);
        break;
    }
    case AUDIO_DSP_SAMPLEBITS:
    {
        snd_dev->replay_config.samplebits = caps->udata.config.samplebits;
        break;
    }
    default:
        result = -RT_ERROR;
        break;
    }

    break;
```

```
    }
    default:
        break;
    }

    return result;
}
```

24.2.3　init：初始化设备

操作方法 init 用于初始化 SOUND 设备，其原型如下所示：

```
rt_err_t (*init)(struct rt_audio_device *audio);
```

init 方法的参数及返回值如表 24-3 所示。

在 init 方法内部需要初始化硬件接口。具体实现可以参考 STM32 中 SOUND 设备的 init 方法，代码如下所示。

表 24-3　init 方法的参数及返回值

参数	描述	返回值
audio	音频设备句柄	❑ RT_EOK：执行成功 ❑ 其他错误码：执行失败

```
static rt_err_t sound_init(struct rt_audio_device *audio)
{
    rt_err_t result = RT_EOK;
    struct sound_device *snd_dev;

    RT_ASSERT(audio != RT_NULL);
    snd_dev = (struct sound_device *)audio->parent.user_data;

    es8388_init("i2c3", GET_PIN(A, 5));
    SAIA_Init();

    /* 设置参数 */
    SAIA_Frequency_Set(snd_dev->replay_config.samplerate);
    SAIA_Channels_Set(snd_dev->replay_config.channels);

    return result;
}
```

24.2.4　start：启动设备

操作方法 start 用于启动 SOUND 设备，其原型如下。

```
rt_err_t (*start)(struct rt_audio_device *audio, int stream);
```

start 方法的参数及返回值如表 24-4 所示。

参数 stream 目前支持两种控制字：AUDIO_STREAM_REPLAY（播放）和 AUDIO_STREAM_RECORD（录音）。实现该操作方法需要判断 stream 的值是否为 AUDIO_STREAM_REPLAY，如果是，则对设备进行启动操作。我们看一下在 STM32 上的 start 方

表 24-4　start 方法的参数及返回值

参数	描述	返回值
audio	音频设备句柄	❑ RT_EOK：执行成功 ❑ 其他错误码：执行失败
stream	音频设备播放类型	

法实现，代码如下。

```
static rt_err_t sound_start(struct rt_audio_device *audio, int stream)
{
    struct sound_device *snd_dev;

    RT_ASSERT(audio != RT_NULL);
    snd_dev = (struct sound_device *)audio->parent.user_data;

    if (stream == AUDIO_STREAM_REPLAY)
    {
        LOG_D("open sound device");
        es8388_start(ES_MODE_DAC);
        HAL_SAI_Transmit_DMA(&SAI1A_Handler, snd_dev->tx_fifo, TX_FIFO_SIZE / 2);
    }

    return RT_EOK;
}
```

24.2.5 stop: 停止设备

操作方法 stop 用于停止 SOUND 设备，其原型如下。

```
rt_err_t (*stop)(struct rt_audio_device *audio, int stream);
```

stop 方法的参数及返回值如表 24-5 所示。

实现此操作方法时同样需要判断 stream 的值是否为 AUDIO_STREAM_REPLAY，如果是，则对设备进行停止操作；我们看一下在 STM32 上的 stop 方法实现，代码如下所示。

表 24-5　stop 方法的参数及返回值

参数	描述	返回值
audio	音频设备句柄	□ RT_EOK：执行成功
stream	音频设备播放类型	□ 其他错误码：执行失败

```
static rt_err_t sound_stop(struct rt_audio_device *audio, int stream)
{
    RT_ASSERT(audio != RT_NULL);

    if (stream == AUDIO_STREAM_REPLAY)
    {
        HAL_SAI_DMAStop(&SAI1A_Handler);
        es8388_stop(ES_MODE_DAC);
        LOG_D("close sound device");
    }

    return RT_EOK;
}
```

24.2.6 buffer_info: 获取缓冲区信息

操作方法 buffer_info 用于获取 SOUND 设备缓冲区信息，其原型如下，缓冲区信息保存在 info 参数中。

```
void (*buffer_info)(struct rt_audio_device *audio, struct rt_audio_buf_info
    *info);
```

buffer_info 方法的参数如表 24-6 所示。

应用层播放音频时，会将音频数据流传递给 AUDIO 设备驱动框架，然后 AUDIO 设备驱动框架再将此数据流通过数据复制的方式传递给 SOUND 设备，因此 AUDIO 设备驱动框架必须先获取 SOUND 设备缓冲区中的信息，这就是 buffer_info 方法存在的意义。struct rt_audio_buf_info 定义在 AUDIO 设备驱动框架中，包含缓冲区的起始地址、块数量、块大小和缓冲区总大小。

表 24-6　buffer_info 方法的参数	
参数	描述
audio	音频设备句柄
info	音频设备缓冲区信息

```
struct rt_audio_buf_info
{
    rt_uint8_t *buffer;        /* 缓冲区的起始地址 */
    rt_uint16_t block_size;    /* 缓冲区的块大小 */
    rt_uint16_t block_count;   /* 缓冲区的块数量 */
    rt_uint32_t total_size;    /* 缓冲区的总大小 */
};
```

为了让音频数据流传输得更流畅，在 SOUND 设备驱动中一般使用 DMA 机制配合多个缓冲区来传输音频数据流，具体的处理方式参见 24.4 节。STM32 中的 SOUND 设备驱动也是将一整片缓冲区分为两个块交替使用，具体的代码如下所示。

```
static void sound_buffer_info(struct rt_audio_device *audio, struct rt_audio_
    buf_info *info)
{
    struct sound_device *snd_dev;

    RT_ASSERT(audio != RT_NULL);
    snd_dev = (struct sound_device *)audio->parent.user_data;
    /**
     *                TX_FIFO
     * +----------------+----------------+
     * |     block1     |     block2     |
     * +----------------+----------------+
     *  \  block_size  /
     */
    info->buffer     = snd_dev->tx_fifo;
    info->total_size = TX_FIFO_SIZE;
    info->block_size = TX_FIFO_SIZE / 2;
    info->block_count = 2;
}
```

24.3　音频数据流处理

在开发音频设备驱动时，除了实现操作方法之外，还需要完成音频数据流的处理。在嵌入式设备中，一般音频数据的采集与编码都是由音频编解码器完成的，MCU 要想播放音频，只需要和音频编解码器通信，将音频数据流发送给音频编解码器就可以了，音频编解码器会完成解码的工作，并通过 DAC 功能将数字信号转换为模拟信号，进而驱动外部电路播放音频。对开发音频设备驱动来说，需要完成从 AUDIO 设备驱动框架接收音频数据流，并发送给音频编解码器的工作。

　　AUDIO 设备驱动框架对音频数据流的处理流程比较简单，AUDIO 设备驱动框架会先使用 buffer_info 接口获取 SOUND 设备的缓冲区信息，从中获取底层驱动的缓冲区首地址及大小信息。然后 AUDIO 设备驱动框架会将应用层传下来的音频数据按照缓存区的块大小，一块一块地发送。AUDIO 设备驱动框架还提供了发送完成的回调接口 rt_audio_tx_complete，用于驱动发送完一块音频数据后通知框架发送已完成。如果有多块缓冲区，则会在没有缓冲区可用时，等待驱动调用发送完成回调接口。

　　音频设备框架提供的发送完成的回调接口 rt_audio_tx_complete，其原型如下所示，其中参数 audio 代表了 SOUND 设备的句柄。

```
void rt_audio_tx_complete(struct rt_audio_device *audio);
```

　　在音频设备驱动中，通过通信接口将缓冲区里的一块音频数据发送给音频编解码器之后，就可以直接调用此接口，通知音频设备框架数据发送完成。由于音频数据流一般较大，在具体实现驱动时，一般使用 DMA 机制来协助数据传输。我们可以看一下在 STM32 中 SOUND 设备的音频数据流是如何处理的，部分代码如下所示。

```
void SAIB_Init(void)
{
    DMA_HandleTypeDef SAI1_TXDMA_Handler = {0};

    /* 配置 DMA，使用 SAI1 */
    __HAL_RCC_DMA2_CLK_ENABLE();

    SAI1_TXDMA_Handler.Init.Request           = DMA_REQUEST_1;
    SAI1_TXDMA_Handler.Init.Direction          = DMA_MEMORY_TO_PERIPH;
    ...
    __HAL_LINKDMA(&SAI1A_Handler, hdmatx, SAI1_TXDMA_Handler);
    HAL_DMA_DeInit(&SAI1_TXDMA_Handler);
    HAL_DMA_Init(&SAI1_TXDMA_Handler);
    __HAL_DMA_ENABLE(&SAI1_TXDMA_Handler);

    HAL_NVIC_SetPriority(DMA2_Channel1_IRQn, 0x01, 0);
    HAL_NVIC_EnableIRQ(DMA2_Channel1_IRQn);
}
void DMA2_Channel1_IRQHandler(void)
{
    /* 进入中断 */
    rt_interrupt_enter();

    /* SAI1 TX DMA 进行中断处理 */
    HAL_DMA_IRQHandler(&SAI1_TXDMA_Handler);

    /* 退出中断 */
    rt_interrupt_leave();
}
```

```
void HAL_SAI_TxHalfCpltCallback(SAI_HandleTypeDef *hsai)
{
    if (hsai == &SAI1A_Handler)
    {
        /* 发送缓冲区下一帧数据 */
        rt_audio_tx_complete(&snd_dev.audio);
    }
}
void HAL_SAI_TxCpltCallback(SAI_HandleTypeDef *hsai)
{
    if (hsai == &SAI1A_Handler)
    {
        /* 发送缓冲区下一帧数据 */
        rt_audio_tx_complete(&snd_dev.audio);
    }
}
```

STM32 中的 SOUND 设备驱动利用 HAL 库提供的"一半传输完成中断"和"完全传输完成中断"两种机制实现了音频数据的传输。它将一片完整的缓冲区分作了两半：前半段和后半段，当前半段的音频数据发送完成之后，进入"一半传输完成中断"机制对应的回调函数 HAL_SAI_TxHalfCpltCallback，并在回调函数中调用 rt_audio_tx_complete 接口，通知 AUDIO 设备驱动框架第一块缓冲区的数据传输完成。当后半段音频数据也发送完成之后，进入"完全传输完成中断"机制对应的回调函数 HAL_SAI_TxCpltCallback，同样在回调函数中调用 rt_audio_tx_complete 接口，通知 AUDIO 设备驱动框架第二块缓冲区也发送完成。然后依次交替进行，保证了音频数据传输的连续性。

24.4　注册 SOUND 设备

SOUND 设备的操作方法实现后需要注册设备到操作系统，注册 SOUND 设备的接口如下所示。

```
rt_err_t rt_audio_register(struct rt_audio_device *audio, const char *name, rt_
    uint32_t flag, void *data);
```

rt_audio_register 接口的参数及返回值如表 24-7 所示。

表 24-7　rt_audio_register 接口的参数及返回值

参数	描述	返回值
audio	音频设备句柄	
name	音频设备名称，可自定义，如 sound0	❏ RT_EOK：注册成功 ❏ 其他错误码：注册失败
flag	音频设备标记，SOUND 设备的 flag 一般为 RT_DEVICE_FLAG_WRONLY，为只写类型	
data	私有数据域	

在注册 SOUND 设备之前，需要根据 struct rt_audio_ops 的定义创建一个全局的 ops 结构体变量 snd_ops。在注册 SOUND 设备时，snd_ops 将赋值给 SOUND 设备的 ops 成员。

在 STM32 中注册设备的代码如下所示。

```
#define TX_FIFO_SIZE          (2048)
static struct rt_audio_ops snd_ops =
{
    .getcaps      = sound_getcaps,
    .configure    = sound_configure,
    .init         = sound_init,
    .start        = sound_start,
    .stop         = sound_stop,
    .transmit     = RT_NULL,
    .buffer_info  = sound_buffer_info,
};
int rt_hw_sound_init(void)
{
    rt_uint8_t *tx_fifo;

    if (snd_dev.tx_fifo)
    {
        return RT_EOK;
    }
    tx_fifo = rt_malloc(TX_FIFO_SIZE);
    if (tx_fifo == RT_NULL)
    {
        return -RT_ENOMEM;
    }
    rt_memset(tx_fifo, 0, TX_FIFO_SIZE);
    snd_dev.tx_fifo = tx_fifo;

    /* 初始化默认配置 */
    {
        snd_dev.replay_config.samplerate = 44100;
        snd_dev.replay_config.channels   = 2;
        snd_dev.replay_config.samplebits = 16;
        snd_dev.volume                   = 55;
    }

    /* 注册 SOUND 设备 */
    snd_dev.audio.ops = &snd_ops;
    rt_audio_register(&snd_dev.audio, "sound0", RT_DEVICE_FLAG_WRONLY, &snd_
        dev);

    return RT_EOK;
}
INIT_DEVICE_EXPORT(rt_hw_sound_init);
```

在 STM32 的示例代码中首先为缓冲区分配内存空间，然后初始化 snd_dev 设备默认配置，最后调用注册接口进行 SOUND 设备注册。

24.5 驱动配置

下面介绍如何进行 SOUND 设备的驱动配置。

1. Kconfig 配置

下面参考 bsp/stm32/stm32l475-atk-pandora/ board/Kconfig 文件，对 SOUND 驱动进行相关配置，如下所示：

```
menuconfig BSP_USING_AUDIO
    bool "Enable Audio Device"
    select RT_USING_AUDIO
    select BSP_USING_I2C
    select BSP_USING_I2C3
    default n

    if BSP_USING_AUDIO
        config BSP_USING_AUDIO_PLAY
        bool "Enable Audio Play"
        default y

        config BSP_USING_AUDIO_RECORD
        bool "Enable Audio Record"
        default n
    endif
```

我们来看一下此配置文件中的一些关键字段的意义。

❑ BSP_USING_AUDIO：音频设备驱动代码对应的宏定义，这个宏控制音频设备驱动相关代码是否会添加到工程中。

❑ RT_USING_AUDIO：AUDIO 设备驱动框架代码对应的宏定义，这个宏控制 AUDIO 设备驱动框架的相关代码是否会添加到工程中。

❑ BSP_USING_AUDIO_PLAY：SOUND 设备驱动代码对应的宏定义，这个宏控制 SOUND 设备驱动相关代码是否会添加到工程中。

2. SConscript 配置

bsp/stm32/stm32l475-atk-pandora/board/SConscipt 文件为 SOUND 驱动添加了判断选项，代码如下所示。这是一段 Python 代码，表示如果定义了宏 BSP_USING_AUDIO，则 drv_sound.c 会被添加到工程的源文件中。

```
if GetDepend(['BSP_USING_AUDIO']):
    src += Glob('ports/audio/drv_es8388.c')
    src += Glob('ports/audio/drv_sound.c')
```

24.6　驱动验证

注册设备之后，SOUND 设备将在 I/O 设备管理器中存在。验证设备功能时，我们需要运行添加了驱动的 RT_Thread 代码，将代码编译下载到开发板中，然后在控制台中使用 list_device 命令查看已注册的设备包含了 SOUND 设备（sound0），如下所示。

```
msh >list_device
device            type            ref count
```

```
--------  --------------------  ----------
uart1     Character Device       2
sound0    Sound Device           0
```

之后就可以使用 AUDIO 设备驱动框架层提供的统一 API 对 SOUND 设备进行操作了。大体步骤如下所示，具体可以参考 RT-Thread 文档中的 "AUDIO 设备" 章节。

1）查找设备，以只写方式打开 sound0 设备。

2）设置音频参数信息（采样率、通道等）。

3）解码音频文件的数据。

4）写入音频文件数据。

5）播放完成，关闭设备。

24.7 本章小结

本章讲解音频设备中的 SOUND 设备驱动的编写方法，用户需要定义设备的操作方法，并实现这些操作方法，最后进行设备注册。

第 25 章
USBD 设备驱动开发

USB 是一个外部总线标准，用于规范电脑与外设的连接和通信，主要应用在 PC 领域，是计算机和智能设备的标准扩展接口和必备接口之一。计算机等智能设备与外界数据的交互目前主要以网络和 USB 接口为主。

USB 是一种主从协议，每个 USB 只有一个主机，通过集线器扩展，最多可扩展 127 个外设，这些外设都是作为从机存在于星形网络中，如图 25-1 所示。Master 代表 USB 主机，Slaves 代表 USB 从机，从图片可以看出，一个 Host 上面连接了 3 个设备，分别是 Device1、Device2 和 Device3。这也是 USB 常见的扩展方式，在一个 USB 主机上会挂载多个 USB 从机。由于 USB 是共用 USB 总线的，因此在连接线上同一时刻只有主机发起连接以及数据发送 / 接收，从机是无法主动连接主机的。不过由于 USB 的高速特性以及 USB 协议栈的加持，USB 主从机之间的通信链路保持不错的稳定性与高速数据传输。

RT-Thread 提供了一套通用的 USB 协议，包括主机框架（USBH）和从机框架（USBD），本章将介绍如何基于 RT-Thread USB 从机框架开发 USBD 设备。

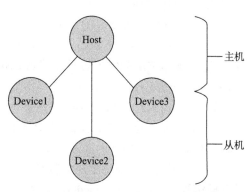

图 25-1　USB 设备主从结构

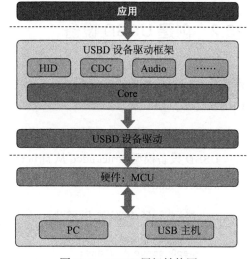

图 25-2　USBD 层级结构图

25.1　USBD 层级结构

USBD 的层级结构如图 25-2 所示。

1）应用层代码主要是用户编写的应用代码。比如：经由 USBD 虚拟出 HID 虚拟鼠标与虚拟键盘，操作这个 HID 设备来向主机发送一些键盘字符；虚拟出的 USB 大容量存储设备来存储一些资料或者固件。在 STM32 的 ST-LINK 中就会有虚拟出的 USB 存储器，可下载使用。

2）USBD 设备驱动框架层包括 USB 从机核心代码（Core）以及一些内置类，位于 RT-Thread 源码的 components\drivers\usb\usbdevice 文件夹中。抽象出的 USBD 设备驱动框架和平台无关，是一层通用的软件层，向应用层提供统一的接口供应用层调用。同时，USBD 设备驱动框架向应用程序提供一些内置的类（如 CDC、HID、WINUSB、RNDIS 等），用户可以直接使用这些内置的类，或者实现私有的类来完成需要的功能。USBD 设备驱动框架向 USBD 设备驱动提供操作方法接口 struct udcd_ops（如 set_address、set_config 等）。驱动开发者需要实现这些接口。除此之外，USBD 设备驱动框架还向 USBD 设备驱动提供 USB 从机框架的初始化接口 rt_usb_device_init，驱动开发者在注册 USBD 设备后需要调用此接口完成框架的初始化。

3）USBD 设备驱动层的实现与平台相关，USBD 设备驱动源码一般为 drv_usbd.c，位于具体的 bsp 目录下。USBD 设备驱动实现了 USBD 设备的操作方法接口 struct rt_udcd_ops，这些操作方法提供了访问和控制 USBD 硬件的能力。这一层也负责构造设备控制块，并调用 rt_device_register 函数注册 USBD 设备到操作系统。在注册 USBD 设备后调用 rt_usb_device_init 接口完成 USBD 设备驱动框架的初始化。

4）最下面一层就是具体的 USB 硬件了，作为 USBD 设备连接的硬件主要就是 PC 机或者具有 USB 主机模式的嵌入式设备，USB 主机的范围很宽泛，下一章会详细介绍。

USBD 驱动开发的主要任务就是实现（USB Device Control Device，USB 从机控制器）设备操作方法接口 struct udcd_ops，然后注册 USBD 设备。本章将会以 STM32 的 USBD 驱动开发为例讲解 USBD 驱动的具体实现。

25.2　创建 USBD 设备

首先，我们要实例化一个 USBD 设备，并在其中对接各种操作接口，然后将该设备注册到 I/O 设备框架。在 RT-Thread 中，USBD 设备模型为 struct udcd，可直接创建一个 USBD 设备，如下所示：

```
static struct udcd _stm_udc;
```

USBD 设备模型 struct udcd 从 struct rt_device 派生，并增加了私有数据，原型如下所示：

```
struct udcd
{
    struct rt_device parent;      /* 从 rt_device 派生 */
    const struct udcd_ops* ops;   /* USBD 设备操作方法 */
    struct uendpoint ep0;         /* 端点类型，此处为 ep0 端点（控制端点）*/
    uep0_stage_t stage;           /* USB 传输阶段：SETUP、DataOut、DataIn、Status */
    struct ep_id* ep_pool;        /* USBD 端点信息表 */
```

```
    rt_uint8_t device_is_hs;     /* 通过取值 RT_TRUE 与 RT_FALSE 标识是否为高速设备 */
};
typedef struct udcd* udcd_t;     /* 设备句柄 */
```

在开发 USBD 设备驱动时，需要实现 udcd_ops* ops 的具体操作方法，以及定义一个 USBD 端点信息表 ep_pool。其中，端点信息表存储的端点信息成员如下。

```
struct ep_id
{
    rt_uint8_t  addr;      /* 端点号 */
    rt_uint8_t  type;       /* 端点传输类型，包括控制、同步、批量、中断传输 4 种类型，分别对
应 USB_EP_ATTR_CONTROL、USB_EP_ATTR_ISOC、USB_EP_ATTR_BULK、USB_EP_ATTR_INT */
    rt_uint8_t  dir;       /* 传输方向，如 USB_DIR_INOUT、USB_DIR_IN、USB_DIR_OUT */
    rt_uint16_t maxpacket; /* 端点接收或发送的最大信息包大小 */
    rt_uint8_t  status;    /* 端点状态 */
};
```

25.3　实现 USBD 设备的操作方法

USBD 设备的操作方法定义在 USBD 设备驱动框架中。USBD 设备驱动框架将需要驱动实现的接口统一放在一个结构体中，即 struct udcd_ops 操作方法，其原型如下，在驱动中需要实现这些函数。

```
struct udcd_ops
{
    rt_err_t (*set_address)(rt_uint8_t address);
    rt_err_t (*set_config)(rt_uint8_t address);
    rt_err_t (*ep_set_stall)(rt_uint8_t address);
    rt_err_t (*ep_clear_stall)(rt_uint8_t address);
    rt_err_t (*ep_enable)(struct uendpoint* ep);
    rt_err_t (*ep_disable)(struct uendpoint* ep);
    rt_size_t (*ep_read_prepare)(rt_uint8_t address, void *buffer, rt_size_t
        size);
    rt_size_t (*ep_read)(rt_uint8_t address, void *buffer);
    rt_size_t (*ep_write)(rt_uint8_t address, void *buffer, rt_size_t size);
    rt_err_t (*ep0_send_status)(void);
    rt_err_t (*suspend)(void);
    rt_err_t (*wakeup)(void);
};
```

其中有 12 个需要实现的操作方法，内容比较多，涉及 USB 操作的方方面面，我们可以先简单了解它们的功能都是什么。

❑ set_address：设置 USBD 地址，以方便识别设备。IIC 协议也有类似的设置，只不过 IIC 的地址是确定的，而 USB 的地址是 USB 主机灵活分配的。

❑ set_config：进行 USBD 配置并指定 USBD 的类型。一般在应用编写时就会确定好 USBD 的默认属性，此操作方法可以不实现。

❑ ep_set_stall：设置端点为 STALL 状态，通俗点来讲就是不响应，以提示主机 "USBD 无法工作"，原因也许是正在准备数据，暂时无法响应。

❑ ep_clear_stall：清除端点的 STALL 状态，也就是可以继续响应数据了。

❑ ep_enable：使能端点。USB 通过端点进行传输，端点使能后就可以实现发送或者接收功能。

❑ ep_disable：禁用端点。

❑ ep_read_prepare：端点准备接收数据信号，该信号可以通知主机发送数据。

❑ ep_read：端点接收数据，从端点内接收数据。

❑ ep_write：端点发送数据，从端点内发送数据。

❑ ep0_send_status：端点 0 是比较特殊的端点，负责控制信号的传输。数据发送时会有一些控制命令来辅助数据的发送与接收。

❑ suspend：挂起 USBD 设备。

❑ wakeup：唤醒 USBD 设备。

其中有些操作方法的参数是 struct uendpoint 类型，其原型如下所示。

```
struct uendpoint
{
    rt_list_t list;                    /* 链表 */
    uep_desc_t ep_desc;                /* 端点描述符 */
    rt_list_t request_list;            /* 请求链表 */
    struct uio_request request;        /* 数据输入 / 输出请求 */
    rt_uint8_t* buffer;                /* 数据缓冲 */
    rt_bool_t stalled;                 /* STALL 状态：RT_FALSE/RT_TRUE */
    struct ep_id* id;                  /* 端点信息 */
    udep_handler_t handler;            /* 中断回调 */
    rt_err_t (*rx_indicate)(struct udevice* dev, rt_size_t size); /* 接收回调 */
};
typedef struct uendpoint* uep_t;       /* 端点句柄 */
```

25.3.1　set_address：设置 USBD 设备地址

操作方法 set_address 用于设置 USBD 的设备地址，一般需要在该函数内部，调用驱动设置地址接口，使用传过来的 address 来设置 USB 的设备地址，其原型如下所示：

```
rt_err_t (*set_address)(rt_uint8_t address);
```

set_address 方法的参数及返回值如表 25-1 所示。

表 25-1　set_address 方法的参数及返回值

参数	描述	返回值
address	设备地址，范围 0 ~ 127	❑ RT_EOK，表示设置成功

设置 USBD 设备地址示例：由于 STM32 的 HAL 库中提供了类似功能的接口，因此这里直接调用 HAL 库的接口就好了。设置 USBD 设备地址的代码如下所示：

```
static rt_err_t _set_address(rt_uint8_t address)
{
    HAL_PCD_SetAddress(&_stm_pcd, address);
```

```
        return RT_EOK;
    }
```

25.3.2　set_config：配置 USBD 设备

操作方法 set_config 用于设置 USBD 的设备配置，一个 USBD 设备可以有一个或者多个配置，USBD 设备刚初始化，默认使用一个配置。其原型如下所示：

```
rt_err_t (*set_config)(rt_uint8_t address);
```

set_config 方法的参数及返回值如表 25-2 所示。

注意，切换配置的操作主要是在框架里完成的，有些芯片的 USB 控制器对切换配置不敏感，可以不用实现此方法。

USBD 设备配置的示例代码如下所示：

表 25-2　set_config 方法的参数及返回值

参数	描述	返回值
address	配置值	❑ RT_EOK：表示设置成功

```
static rt_err_t _set_config(rt_uint8_t
address)
{
    /* STM32 不用实现此 ops */
    return RT_EOK;
}
```

25.3.3　ep_set_stall：设置端点 STALL 状态

操作方法 ep_set_stall 用于设置设备端点 STALL 状态。设备向主机发送 STALL 包，表示设备无法执行这个请求，或者设备端点已经被挂起，设备返回 STALL 状态之后，需要主机减少数据传输量，从机才可能解除这种 STALL 状态。其原型如下所示：

```
rt_err_t (*ep_set_stall)(rt_uint8_t address);
```

ep_set_stall 方法的参数及返回值如表 25-3 所示。

我们来看一个设置端点 STALL 状态的示例。STM32 HAL 库提供了配置对应端点 STALL 状态的接口，这里直接调用即可。在 STM32 中设置USBD 设备端点 STALL 状态的代码：

表 25-3　ep_set_stall 方法的参数及返回值

参数	描述	返回值
address	端点号	❑ RT_EOK：表示设置成功

```
static rt_err_t _ep_set_stall(rt_uint8_t address)
{
/* 在 STM32 上可以直接调用 HAL 库对应的函数来设置对应端点的 STALL 状态 */
    HAL_PCD_EP_SetStall(&_stm_pcd, address);
    return RT_EOK;
}
```

25.3.4　ep_clear_stall：清除端点 STALL 状态

操作方法 ep_clear_stall 用于清除端点的 STALL 状态，其原型如下所示：

```
rt_err_t (*ep_clear_stall)(rt_uint8_t address);
```

ep_clear_stall 方法的参数及返回值如表 25-4 所示。

来看一个清除端点 STALL 状态的示例。
STM32 HAL 库提供了清除对应端点 STALL 状态
的接口，这里直接调用即可。在 STM32 中清除
USBD 设备端点 STALL 状态的代码如下所示：

表 25-4 ep_clear_stall 方法的参数及返回值

参数	描述	返回值
address	端点号	❑ RT_EOK：表示清除成功

```
static rt_err_t _ep_clear_stall(rt_uint8_t address)
{
    HAL_PCD_EP_ClrStall(&_stm_pcd, address);
    return RT_EOK;
}
```

25.3.5 ep_enable：使能端点

操作方法 ep_enable 用于使能对应的端点，使目标端点处于工作状态。原型如下所示：

```
rt_err_t (*ep_enable)(struct uendpoint* ep);
```

ep_enable 方法的参数及返回值如表 25-5 所示。

我们来看 STM32 ep_enable 方法的代码示例，
STM32 HAL 库提供了开启对应端点的接口，这里
直接调用即可。具体代码如下所示。

表 25-5 ep_enable 方法的参数及返回值

参数	描述	返回值
ep	指向端点的指针	❑ RT_EOK：打开端点成功

```
static PCD_HandleTypeDef _stm_pcd;
static rt_err_t _ep_enable(uep_t ep)
{
    RT_ASSERT(ep != RT_NULL);
    RT_ASSERT(ep->ep_desc != RT_NULL);
    HAL_PCD_EP_Open(&_stm_pcd, ep->ep_desc->bEndpointAddress,
                    ep->ep_desc->wMaxPacketSize, ep->ep_desc->bmAttributes);
    return RT_EOK;
}
```

25.3.6 ep_disable：禁用端点

操作方法 ep_disable 用于禁用对应的端点，使目标端点处于非工作状态，其原型如下
所示：

```
rt_err_t (*ep_disable)(struct uendpoint* ep);
```

ep_disable 方法的参数及返回值如表 25-6 所示。

由于 STM32 HAL 库提供了关闭对应端点的
接口，在驱动中实现 ep_disable 方法时，只需要
调用该接口即可。在 STM32 中禁用 USBD 设备端
点的代码如下所示：

表 25-6 ep_disable 方法的参数及返回值

参数	描述	返回值
ep	指向端点的指针	❑ RT_EOK：表示关闭设备成功

```
static rt_err_t _ep_disable(uep_t ep)
{
    RT_ASSERT(ep != RT_NULL);
    RT_ASSERT(ep->ep_desc != RT_NULL);
    HAL_PCD_EP_Close(&_stm_pcd, ep->ep_desc->bEndpointAddress);
    return RT_EOK;
}
```

25.3.7　ep_read_prepare：端点接收数据准备信号

操作方法 ep_read_prepare 用于操作一个端点发送接收数据的准备信号并准备接收数据。具体操作就是通过控制器向主机回复 ACK，告诉主机可以发送下一个数据包了。其原型如下所示：

```
rt_size_t (*ep_read_prepare)(rt_uint8_t address, void *buffer, rt_size_t size);
```

ep_read_prepare 方法的参数及返回值如表 25-7 所示。

表 25-7　ep_read_prepare 方法的参数及返回值

参数	描述	返回值
address	端点号	
buffer	存储数据用的 buffer	□ size：表示读取的数据长度，单位为字节
size	想要接收的数据长度	

我们看一个在 STM32 中实现的 ep_read_prepare 方法的示例。STM32 提供了从端点接收数据的接口，直接调用此接口即可。另外，HAL 库会自动把数据从硬件缓存更新到我们传入的内存地址中去。不需要 USBD 设备框架再次调用 ep_read 方法来实际读取数据。具体代码如下所示：

```
static rt_size_t _ep_read_prepare(rt_uint8_t address, void *buffer, rt_size_t
    size)
{
    HAL_PCD_EP_Receive(&_stm_pcd, address, buffer, size);
    return size;
}
```

25.3.8　ep_read：端点接收数据

操作方法 ep_read 用于实际接收数据，以将数据从硬件缓存里读取出来。其原型如下：

```
rt_size_t (*ep_read)(rt_uint8_t address, void *buffer);
```

ep_read 方法的参数及返回值如表 25-8 所示。

来看一个端点接收数据示例。由于 STM32 的 HAL 库已经完成了数据从硬件缓存到内存空间的搬运工作，因此不需要再实现此方法。只需要在中断中调用设备驱动框架提供的中断处

表 25-8　ep_read 方法的参数及返回值

参数	描述	返回值
address	端点号	□ RT_EOK：表示设置成功
buffer	存储数据用的缓存	

理接口，并通知 USBD 设备框架实际接收到的数据长度即可。具体代码如下所示：

```
static rt_size_t _ep_read(rt_uint8_t address, void *buffer)
{
    rt_size_t size = 0;
    RT_ASSERT(buffer != RT_NULL);

    /* 不需要进行任何操作 */

    return size;
}
```

25.3.9 ep_write：端点发送数据

操作方法 ep_write 用于操作对应端点向主机发送数据，其原型如下：

```
rt_size_t (*ep_write)(rt_uint8_t address, void *buffer, rt_size_t size);
```

ep_write 方法的参数及返回值如表 25-9 所示。

表 25-9 ep_write 方法的参数及返回值

参数	描述	返回值
address	端点号	
buffer	指向要发送的数据的指针	❑ RT_EOK：表示设置成功
size	发送的数据长度	

来看一个端点发送数据示例。STM32 HAL 库提供了使用端点发送数据的接口，这里直接调用即可。具体代码如下所示：

```
static rt_size_t _ep_write(rt_uint8_t address, void *buffer, rt_size_t size)
{
    HAL_PCD_EP_Transmit(&_stm_pcd, address, buffer, size);
    return size;
}
```

25.3.10 ep0_send_status：通知主机数据传输结束

操作方法 ep0_send_status 用于通知主机数据传输结束，需要设置并开启 ep0 上的传输，从而发送 0 长度数据包。发送 0 长度数据包的目的是通知主机数据已经传输完毕，主机收到之后就知道已无数据需要接收：

```
rt_err_t (*ep0_send_status)(void);
```

ep0_send_status 方法执行完毕需要返回 RT_EOK。我们看一下 STM32 实现 ep0_send_status 方法的示例代码：

```
static rt_err_t _ep0_send_status(void)
{
    HAL_PCD_EP_Transmit(&_stm_pcd, 0x00, NULL, 0);
    return RT_EOK;
}
```

25.3.11 suspend：挂起 USBD 设备

操作方法 suspend 方法用于挂起 USBD 设备，原型如下所示：

```
rt_err_t (*suspend)(void);
```

注意，目前 USBD 设备驱动框架已不再使用此方法，可以不实现，直接返回 RT_EOK 即可。可以参考 STM32 中实现的挂起 USBD 设备的代码，如下所示：

```
static rt_err_t _suspend(void)
{
    return RT_EOK;
}
```

25.3.12　wakeup：唤醒 USBD 设备

操作方法 wakeup 方法用于唤醒 USBD 设备，原型如下所示：

```
rt_err_t (*wakeup)(void);
```

注意，目前 USBD 设备驱动框架已不再使用此方法，可以不实现，直接返回 RT_EOK 即可。可以参考 STM32 中实现的唤醒 USBD 设备的代码，如下所示：

```
static rt_err_t _wakeup(void)
{
    return RT_EOK;
}
```

25.4　注册 USBD 设备

USBD 设备的操作方法都实现后，需要注册 USBD 设备到操作系统，USBD 设备框架没有提供独有的设备注册接口，需要自行构造设备，并使用标准设备注册接口完成设备注册。注册 USBD 设备完成之后，还需要调用 rt_usb_device_init 接口初始化 USB 从机设备。来看一个在 STM32 中注册 USBD 设备的示例。首先，定义一个全局变量用于存储设备操作方法 _udc_ops，如下所示：

```
const static struct udcd_ops _udc_ops =
{
    _set_address,
    _set_config,
    _ep_set_stall,
    _ep_clear_stall,
    _ep_enable,
    _ep_disable,
    _ep_read_prepare,
    _ep_read,
    _ep_write,
    _ep0_send_status,
    _suspend,
    _wakeup,
};
```

然后，构造设备端点信息列表，开发者需要根据芯片 USB 的端点资源自行设置。在

STM32 中的定义如下所示：

```
static struct ep_id _ep_pool[] =
{
    {0x0,   USB_EP_ATTR_CONTROL,    USB_DIR_INOUT,  64, ID_ASSIGNED},
    {0x1,   USB_EP_ATTR_BULK,       USB_DIR_IN,     64, ID_UNASSIGNED},
    {0x1,   USB_EP_ATTR_BULK,       USB_DIR_OUT,    64, ID_UNASSIGNED},
    {0x2,   USB_EP_ATTR_INT,        USB_DIR_IN,     64, ID_UNASSIGNED},
    {0x2,   USB_EP_ATTR_INT,        USB_DIR_OUT,    64, ID_UNASSIGNED},
    {0x3,   USB_EP_ATTR_BULK,       USB_DIR_IN,     64, ID_UNASSIGNED},
#if !defined(SOC_SERIES_STM32F1)
    {0x3,   USB_EP_ATTR_BULK,       USB_DIR_OUT,    64, ID_UNASSIGNED},
#endif
    {0xFF, USB_EP_ATTR_TYPE_MASK,   USB_DIR_MASK,   0,  ID_ASSIGNED},
};
```

其中 USB_EP_ATTR_CONTROL、USB_EP_ATTR_BULK、USB_EP_ATTR_INT 分别代表控制端点、大批量传输端点、中断传输端点。USB_DIR_IN 和 USB_DIR_OUT 则代表了端点的传输方向，具体可参见 25.2 节。

最后，构造并调用标准设备注册接口，注册 USBD 设备，代码如下所示：

```
static rt_err_t _init(rt_device_t device)
{
    PCD_HandleTypeDef *pcd;
    /* 获取并设定 LL 库控制句柄 */
    pcd = (PCD_HandleTypeDef *)device->user_data;
    pcd->Instance = USBD_INSTANCE;
    memset(&pcd->Init, 0, sizeof pcd->Init);
    pcd->Init.dev_endpoints = 8;
    pcd->Init.speed = USBD_PCD_SPEED;
    ...
    /* 调用 HAL 库初始化 USB 控制器 */
    HAL_PCD_Init(pcd);
    /* 配置并开启 USB 中断 */
    HAL_NVIC_SetPriority(USBD_IRQ_TYPE, 2, 0);
    HAL_NVIC_EnableIRQ(USBD_IRQ_TYPE);
#if !defined(SOC_SERIES_STM32F1)
    HAL_PCDEx_SetRxFiFo(pcd, 0x80);
    HAL_PCDEx_SetTxFiFo(pcd, 0, 0x40);
    ...
#else
    HAL_PCDEx_PMAConfig(pcd, 0x00, PCD_SNG_BUF, 0x18);
    HAL_PCDEx_PMAConfig(pcd, 0x80, PCD_SNG_BUF, 0x58);
    ...
#endif
    HAL_PCD_Start(pcd);
    return RT_EOK;
}

#ifdef RT_USING_DEVICE_OPS
const static struct rt_device_ops _ops =
{
    _init,
```

```
        RT_NULL,
        RT_NULL,
        RT_NULL,
        RT_NULL,
        RT_NULL,
    };
    #endif

    int stm_usbd_register(void)
    {
        rt_memset((void *)&_stm_udc, 0, sizeof(struct udcd));
        _stm_udc.parent.type = RT_Device_Class_USBDevice;
    #ifdef RT_USING_DEVICE_OPS
        _stm_udc.parent.ops = &_ops;
    #else
        _stm_udc.parent.init = _init;    /* USB 初始化 ops */
    #endif
        _stm_udc.parent.user_data = &_stm_pcd;
        _stm_udc.ops = &_udc_ops;         /* USBD ops */

        /* 初始化端点信息 */
        _stm_udc.ep_pool = _ep_pool;
        _stm_udc.ep0.id = &_ep_pool[0];
    #ifdef BSP_USBD_SPEED_HS
        _stm_udc.device_is_hs = RT_TRUE;
    #endif
        /* 注册 USB 从设备, 设备名称为 usbd */
        rt_device_register((rt_device_t)&_stm_udc, "usbd", 0);
        rt_usb_device_init();       /* USBD 初始化 */
        return RT_EOK;
    }
    INIT_DEVICE_EXPORT(stm_usbd_register);
```

上述示例将 STM32 USB 控制器硬件初始化的代码封装成了 _init 函数, 然后将其赋值给了标准设备结构体的 init 方法。当上层应用打开驱动注册的 USB 设备时, _init 函数会自动被调用并完成 STM32 USB 的硬件初始化工作。注册的 USB 设备名称必须为 usbd。

25.5 USBD 中断处理

本节的这组中断回调接口是 USBD 协议栈的一部分, 需要对底层硬件进行中断处理, 并根据事件调用不同的接口来通知 USBD 协议栈。下面是可供调用的回调函数清单:

```
rt_err_t rt_usbd_ep0_setup_handler(udcd_t dcd, struct urequest* setup);
rt_err_t rt_usbd_ep0_in_handler(udcd_t dcd);
rt_err_t rt_usbd_ep0_out_handler(udcd_t dcd, rt_size_t size);
rt_err_t rt_usbd_ep_in_handler(udcd_t dcd, rt_uint8_t address, rt_size_t size);
rt_err_t rt_usbd_ep_out_handler(udcd_t dcd, rt_uint8_t address, rt_size_t size);
rt_err_t rt_usbd_reset_handler(udcd_t dcd);
rt_err_t rt_usbd_connect_handler(udcd_t dcd);
rt_err_t rt_usbd_disconnect_handler(udcd_t dcd);
rt_err_t rt_usbd_sof_handler(udcd_t dcd);
```

25.5.1　rt_usbd_ep0_setup_handler：端点 0 SETUP 回调函数

　　rt_usbd_ep0_setup_handler 接口是 USBD 设备驱动框架提供的端点 0 SETUP 回调函数，以通知 USBD 设备驱动框架层设备端点 0 已收到 SETUP 令牌包，其原型如下所示：

```
rt_err_t rt_usbd_ep0_setup_handler(udcd_t dcd, struct urequest* setup);
```

　　rt_usbd_ep0_setup_handler 接口的参数及返回值如表 25-10 所示。

　　STM32 就处理了 USB 的"SETUP 令牌包"并调用了此接口，我们看一下具体的实现。STM32 的 HAL 库针对 SETUP 状态有专门的中断回调函数，只需要直接调用即可。示例代码如下所示：

表 25-10　rt_usbd_ep0_setup_handler 接口的参数及返回值

参数	描述	返回值
dcd	USBD 设备控制块	❑ RT_EOK：表示处理成功
setup	收到的"SETUP 令牌包"	

```
/* 设置阶段回调 */
void HAL_PCD_SetupStageCallback(PCD_HandleTypeDef *hpcd)
{
    rt_usbd_ep0_setup_handler(&_stm_udc, (struct urequest *)hpcd->Setup);
}
```

25.5.2　rt_usbd_ep0_in_handler：IN 令牌包回调函数

　　USBD 设备驱动框架提供了两个接口 rt_usbd_ep0_in_handler 和 rt_usbd_ep_in_handler 来处理 IN 令牌包事务，分别供驱动中端点 0 和其他端点的数据输入阶段（输入、输出都是相对于主机的方向）回调使用。两个接口的原型如下所示：

```
rt_err_t rt_usbd_ep0_in_handler(udcd_t dcd);
rt_err_t rt_usbd_ep_in_handler(udcd_t dcd, rt_uint8_t address, rt_size_t size);
```

　　rt_usbd_ep_in_handler 接口的参数及返回值如表 25-11 所示，rt_usbd_ep0_in_handler 接口参数的意义同 rt_usbd_ep_in_handler，不再赘述。

　　我们看一下 STM32 中 IN 令牌包回调函数的使用示例，STM32 的 HAL 库提供了一个回调函数来统一处理 IN 令牌包，并不区分端点 0 和其他端点，所以需要在回调函数的处理逻辑中区分是否为端点 0，然后分别调用不同的回调函数。示例代码如下所示：

表 25-11　rt_usbd_ep_in_handler 接口的参数及返回值

参数	描述	返回值
dcd	USBD 设备控制块	❑ RT_EOK：处理成功
address	从机接收数据的端点号	
size	数据长度	

```
/* 数据 IN 阶段的回调 */
void HAL_PCD_DataInStageCallback(PCD_HandleTypeDef *hpcd, uint8_t epnum)
{
    if (epnum == 0)
    {
        rt_usbd_ep0_in_handler(&_stm_udc);
    }
    else
```

```
    {
        /* 以 0x80 开头，代表是输入端点 */
        rt_usbd_ep_in_handler(&_stm_udc, 0x80 | epnum, hpcd->IN_ep[epnum].xfer_
            count);
    }
}
```

25.5.3　rt_usbd_ep0_out_handler：OUT 令牌包回调函数

USBD 设备驱动框架提供了两个接口 rt_usbd_ep0_out_handler 和 rt_usbd_ep_out_handler，用于处理 OUT 令牌包事务，分别供端点 0 和其他端点数据输出阶段回调使用。两个接口的原型如下所示：

```
rt_err_t rt_usbd_ep0_out_handler(udcd_t dcd, rt_size_t size);
rt_err_t rt_usbd_ep_out_handler(udcd_t dcd, rt_uint8_t address, rt_size_t size);
```

其中，rt_usbd_ep0_out_handler 接口参数及返回值意义与 rt_usbd_ep_out_handler 一样，不再赘述，rt_usbd_ep_out_handler 接口的参数及返回值如表 25-12 所示。

我们看一个 STM32 中的 OUT 令牌包回调函数的使用示例。STM32 的 HAL 库为所有的 OUT 令牌包提供了统一的回调函数，所以只需要在处理回调里区分是否为端点 0，然后分别调用不同的回调函数即可。示例代码如下所示：

表 25-12　rt_usbd_ep_out_handler 接口的参数及返回值

参数	描述	返回值
dcd	USBD 设备控制块	❑ RT_EOK：表示处理成功
address	端点号	
size	数据的长度	

```
/* 数据 OUT 阶段回调 */
void HAL_PCD_DataOutStageCallback(PCD_HandleTypeDef *hpcd, uint8_t epnum)
{
    if (epnum != 0)
    {
        rt_usbd_ep_out_handler(&_stm_udc, epnum, hpcd->OUT_ep[epnum].xfer_
            count);
    }
    else
    {
        rt_usbd_ep0_out_handler(&_stm_udc, hpcd->OUT_ep[0].xfer_count);
    }
}
```

25.5.4　其他回调函数

其他几个回调函数用法较为简单，就不一一列举了。下面是在 STM32 中实现的其他中断以及相应的中断回调函数示例：

```
/* USB 中断 */
void USBD_IRQ_HANDLER(void)
{
    rt_interrupt_enter();  /* 进入中断 */
```

```
        HAL_PCD_IRQHandler(&_stm_pcd);
        rt_interrupt_leave();   /* 退出中断 */
}

/* USB复位回调 */
void HAL_PCD_ResetCallback(PCD_HandleTypeDef *pcd)
{
        /* 开启 ep0 OUT、ep0 IN */
        HAL_PCD_EP_Open(pcd, 0x00, 0x40, EP_TYPE_CTRL);
        HAL_PCD_EP_Open(pcd, 0x80, 0x40, EP_TYPE_CTRL);
        rt_usbd_reset_handler(&_stm_udc);
}

/* 设备连接回调函数 */
void HAL_PCD_ConnectCallback(PCD_HandleTypeDef *hpcd)
{
        rt_usbd_connect_handler(&_stm_udc);
}

/* 帧起始的回调函数 */
void HAL_PCD_SOFCallback(PCD_HandleTypeDef *hpcd)
{
        rt_usbd_sof_handler(&_stm_udc);
}

/* 中断连接回调函数 */
void HAL_PCD_DisconnectCallback(PCD_HandleTypeDef *hpcd)
{
        rt_usbd_disconnect_handler(&_stm_udc);
}
```

25.6　驱动配置

下面介绍 USDB 驱动的配置细节。

1. Kconfig 配置

下面参考 bsp/stm32/stm32l475-atk-pandora/board/Kconfig 文件，对 USBD 驱动进行相关配置，如下所示：

```
config BSP_USING_USBD
    bool "Enable OTGFS as USB device"
    select RT_USING_USB_DEVICE
    default n
```

可以看一下一些关键字段的含义。

- BSP_USING_USBD：USBD 设备驱动代码对应的宏定义，这个宏控制 USBD 驱动相关代码是否会添加到工程中。
- RT_USING_USB_DEVICE：USBD 设备驱动框架代码对应的宏定义，这个宏控制 USBD 设备驱动框架的相关代码是否会添加到工程中。

2. SConscript 配置

HAL_Drivers/SConscript 文件给出了 USBD 驱动添加情况的判断选项，代码如下所示。这是一段 Python 代码，表示如果定义了宏 BSP_USING_USBD，则 drv_usbd.c 会被添加到工程的源文件中。

```
if GetDepend(['BSP_USING_USBD']):
    src += ['drv_usbd.c']
```

25.7　驱动验证

注册设备之后，USBD 设备将在 I/O 设备管理器中存在。运行添加了驱动的 RT-Thread 代码，在控制台中使用 list_device 命令查看注册的设备已包含 USBD 设备：

```
msh >list_device
device          type                ref count
--------  --------------------  ----------
uart1     Character Device      2
usbd      USB Slave Device      0
```

然后在设备框架里使能内置的 CDC 类，编译运行。当把开发板的 USB 设备连接到电脑之后，就可以在电脑的设备管理器里找到一个新增的虚拟串口设备。

25.8　本章小结

本章讲解了 USBD 设备驱动开发步骤：创建 USBD 设备，实现设备的操作方法，注册 USBD 设备，最后进行驱动配置和验证。需要注意以下两点。

1）本篇介绍的驱动属于高级驱动，开发此类设备驱动要求开发者本身就对相应的外设协议比较熟悉。

2）开发 USBD 设备驱动时，不需要实现驱动框架提供的全部操作方法，如 suspend、wakeup。

第 26 章
USBH 设备驱动开发

从宏观来看，USB 系统中的数据传输是在 Host 和 USB 功能设备之间进行的；从微观来看，数据传输是在应用软件的 Buffer 和 USB 功能设备的端点（USB 设备之间通信的逻辑连接点）之间进行的。一般来说，端点都有 Buffer，可以认为 USB 通信就是应用软件 Buffer 和设备端点 Buffer 之间的数据交换，交换的通道称为管道。应用软件通过与设备之间的数据交换来完成设备的控制和数据传输。因为同一管道只支持一种类型的数据传输，所以通常需要多个管道来完成数据交换。若特定的几个管道一起对设备进行控制，则这些管道就被称为设备的接口。这就是端点、管道和接口的关系。本章的 USBH 设备驱动开发将会用到这些概念。

本章将讲解 USBH 驱动的开发过程，主要是如何实现 USBH 设备的操作、注册，以及驱动配置与驱动验证。

26.1　USBH 层级结构

USBH 设备驱动框架的层级结构如图 26-1 所示。

1）应用层代码主要是用户开发的业务代码，如操作 USBH 设备驱动框架访问鼠标、键盘等 USB 设备。

2）USBH 设备驱动框架层包括 USB 主机核心代码以及一些内置类，位于 RT-Thread 源码 的 components\drivers\usb\usbhost 文件夹中。抽象出的 USBH 设备驱动框架层和平台无关，是一层通用的软件层，向应用层提供统一的接口供应用层调用。同时，USBH 设备驱动框架向应用程序提供一些内置的类（如 HID、MASS、UDISK、UMOUSE 等），用户可以直接使用这些内置的类完成需要的功能。USBH

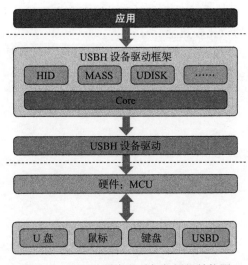

图 26-1　USBH 设备驱动框架层级结构图

设备驱动框架向 USBH 设备驱动提供 USBH 设备操作方法 struct uhcd_ops（如 reset_port、pipe_xfer、open_pipe、close_pipe）。驱动开发者需要实现这些接口。除此之外，USBH 设备驱动框架还向 USBH 设备驱动提供 USBH 设备驱动框架的初始化接口 rt_usb_host_init，驱动开发者在注册 USBH 设备后调用。

3）USBH 设备驱动层的实现与平台相关，USBH 设备驱动源码一般为 drv_usbh.c，位于具体的 bsp 目录下。USBH 设备驱动实现了操作方法接口 struct rt_uhcd_ops，这些操作方法提供了访问和控制 USBH 硬件的能力。这一层也负责构造设备控制块，并调用 rt_device_register 函数注册 USBH 设备到操作系统。同时要求 USBH 驱动在注册 USBH 设备后调用 rt_usb_host_init 接口完成 USBH 设备驱动框架的初始化。

4）最下面一层就是具体的硬件设备了。该层的具体设备就是一个个 USBD 设备，它们会连接到 USBH 上。USBH 负责管理它们，从它们那里获取需要的数据，或者通过命令控制具体的 USBD 设备。

USBH 驱动开发的主要任务就是实现 USBH 设备操作方法 struct uhcd_ops，然后注册 USBH 设备。本章将会以 STM32 的 USBH 驱动开发为例讲解 USBH 驱动的具体实现。

26.2　创建 USBH 设备

本节将介绍如何创建一个 USBH 设备。与 USBD 一样，USBH 设备需要基于 USBH 设备模型 struct uhcd 去实例化一个 USBH 设备；后续同样需要在进行驱动开发时实现 uhdc_ops_t 的具体操作方法。struct uhcd 的结构体如下所示：

```
struct uhcd
{
    struct rt_device parent;
    uhcd_ops_t ops; /* USBH 设备操作方法 */
    rt_uint8_t num_ports;
    uhub_t roothub;
};
typedef struct uhcd* uhcd_t;
```

注册 USBH 设备前需要先创建 USBH 设备，在 STM32 USBH 设备驱动中是使用动态内存的方式实现的，如下所示。

```
/* 申请内存 */
uhcd_t uhcd = (uhcd_t)rt_malloc(sizeof(struct uhcd));
if (uhcd == RT_NULL)
{
    rt_kprintf("uhcd malloc failed\r\n");
    return -RT_ERROR;
}
```

在上述示例代码中，我们使用 RT-Thread 动态内存接口 rt_malloc 申请了 USBH 设备所需的空间，然后在整个 drv_usbh.c 的编写过程中会逐步完善 USBH 设备驱动的内容。

26.3　实现 USBH 设备的操作方法

USBH 设备的操作方法结构体原型如下：

```
struct uhcd_ops
{
    rt_err_t (*reset_port) (rt_uint8_t port);
    int (*pipe_xfer) (upipe_t pipe, rt_uint8_t token, void* buffer, int nbytes,
        int timeout);
    rt_err_t (*open_pipe) (upipe_t pipe);
    rt_err_t (*close_pipe) (upipe_t pipe);
};
typedef struct uhcd_ops* uhcd_ops_t;
```

其中有 4 个需要实现的接口，相比 USBD 的 12 个接口明显少了很多。我们可以看一看这 4 个接口的具体含义。

- □ reset_port：重置端口，也就是端口复位。这个功能的添加是 USB 协议的要求，一开始 USBD 接入到 USB 接口后，会使用一个特殊的地址来通信。主机接到这个信息后会分配一个地址给这个刚接入的 USBD，同时发起一个 reset port 命令，后续 USBD 就需要用这个主机分配的地址来与 USBH 通信。这也是 USBD 有一个设置 address 接口的原因。
- □ pipe_xfer：传输数据，注意是传输数据，不是单纯地发送数据，也不是单纯地接收数据，而是兼而有之。这是 USB 作为主从协议的一个特点。对 USBH 来说，发给 USBD 的数据与 USBD 发来的数据都是需要 USBH 去主动操作的。读与写都是用 pipe_xfer 接口，当然不同的管道有不同的发送方向。
- □ open_pipe：打开一个传输管道，不同的 USB 类型的设备需要的 pipe 数量与传输方向均不一样；尤其是对 USB 设备而言，它可能同时拥有多个不同种类的传输管道来满足传输需求。传输管道打开后即可开启传输。
- □ close_pipe：关闭一个传输管道。

26.3.1　reset_port：重置端口

操作方法 reset_port 用于重置 USBH 设备，其原型如下所示：

```
rt_err_t (*reset_port) (rt_uint8_t port);
```

reset_port 方法的参数及返回值如表 26-1 所示。

我们看一个 STM32 的 reset_port 方法的示例，示例中的 reset_port 方法将根据 port 参数来复位 USBH 设备相对应的硬件端口，这里直接调用了 STM32 HAL 库提供的重置端口的接口，代码如下所示：

表 26-1　reset_port 方法的参数及返回值

参数	描述	返回值
port	设备端口	□ RT_EOK：设置成功

```
static HCD_HandleTypeDef stm32_hhcd_fs; /* USBH 硬件设备句柄 */
```

```
static rt_err_t drv_reset_port(rt_uint8_t port)
{
    RT_DEBUG_LOG(RT_DEBUG_USB, ("reset port\n"));
    HAL_HCD_ResetPort(&stm32_hhcd_fs);
    return RT_EOK;
}
```

26.3.2　pipe_xfer：传输数据

操作方法 pipe_xfer 用于操作 USBH 硬件控制器传输数据，其原型如下所示：

```
int (*pipe_xfer) (upipe_t pipe, rt_uint8_t token, void* buffer, int nbytes, int
    timeout);
```

pipe_xfer 方法的参数及返回值如表 26-2 所示。

表 26-2　pipe_xfer 方法的参数及返回值

参数	描述	返回值
pipe	USB 管道描述结构体	
token	数据 PID（SETUP/DATA）	
buffer	URB 数据指针	□ int 类型，表示传输数据的长度
nbytes	URB 数据长度	
timeout	超时时间	

pipe_xfer 方法要求硬件进行一次管道数据传输，提交一个新的 URB 请求，然后根据 USBH 管道反馈的从机状态进行不同的操作。具体实现的时候，需要根据参数 pipe 中端点的类型判断是控制传输、批量传输、中断传输还是同步传输，并操作 USB 主机控制器完成对应的传输请求；传输完成后，需要更新管道 pipe 的传输状态，如表 26-3 所示。

表 26-3　pipe 的传输状态

传输状态	描述
UPIPE_STATUS_OK	传输完成
UPIPE_STATUS_STALL	从机端点的 STALL 状态
UPIPE_STATUS_ERROR	传输失败

由于此接口是阻塞的，程序需要在接口内部等待传输结果，因此通常需要和中断进行同步或通信。一般的操作是，在该方法内控制 USB 硬件控制器启动传输之后等待一个完成量。当 USB 传输完成的中断触发之后，在中断中释放完成量（参见 26.5.3 节）。数据传输完成后，还需要检测是否有注册的回调函数，如果有，则需要调用回调函数，具体如下所示：

```
if (pipe->callback != RT_NULL)
{
    /* 执行回调函数 */
    pipe->callback(pipe);
}
```

我们来看一个在 STM32 上实现 pipe_xfer 方法的示例，STM32 的 HAL 库提供了启动传输和判断传输结果的 API，因此需要在 pipe_xfer 方法内部使用相应 API 来启动传输。由于其传输结果需要在中断中获取，因此中断触发之后，在此方法内判断传输情况（参见表 26-3），更新管道的状态，并调用管道的回调函数来通知 USBH 设备驱动框架传输结果。部分示例代码如下所示：

```c
static int drv_pipe_xfer(upipe_t pipe, rt_uint8_t token, void *buffer, int
    nbytes, int timeouts)
{
    ...
    while (1)
    {
        ...
        /* 提交一个新的 URB 让 USB 控制器进行处理 */
        HAL_HCD_HC_SubmitRequest(&stm32_hhcd_fs,
                            pipe->pipe_index,
                            (pipe->ep.bEndpointAddress & 0x80) >> 7,
                            pipe->ep.bmAttributes,
                            token,
                            buffer,
                            nbytes,
                            0);
        /* 等待传输完成，一般在传输完成的中断中释放完成量 */
        rt_completion_wait(&urb_completion, timeout);
        rt_thread_mdelay(1);
        /* 返回主机通道状态，判断是否为 NAK */
        if (HAL_HCD_HC_GetState(&stm32_hhcd_fs, pipe->pipe_index) == HC_NAK)
        {
            RT_DEBUG_LOG(RT_DEBUG_USB, ("nak\n"));
            if (pipe->ep.bmAttributes == USB_EP_ATTR_INT)
            {
                rt_thread_delay((pipe->ep.bInterval * RT_TICK_PER_SECOND / 1000)
                    > 0 ? (pipe->ep.bInterval * RT_TICK_PER_SECOND / 1000) : 1);
            }
            /* 停止主机通道 */
            HAL_HCD_HC_Halt(&stm32_hhcd_fs, pipe->pipe_index);
            /* 初始化主机通道 */
            ...
            continue;
        }
        /* 返回主机通道状态，判断是否为 STALL */
        else if (HAL_HCD_HC_GetState(&stm32_hhcd_fs, pipe->pipe_index) == HC_
            STALL)
        {
            RT_DEBUG_LOG(RT_DEBUG_USB, ("stall\n"));
            /* 设置 USBH 状态 */
            pipe->status = UPIPE_STATUS_STALL;
            if (pipe->callback != RT_NULL)
            {
                /* 执行回调函数 */
                pipe->callback(pipe);
            }
            return -1;
        }
        /* 返回主机通道状态，判断是否为 HC_ERROR */
        else if (HAL_HCD_HC_GetState(&stm32_hhcd_fs, pipe->pipe_index) == URB_ERROR)
```

```
        {
            RT_DEBUG_LOG(RT_DEBUG_USB, ("error\n"));
            /* 设置 USBH 状态 */
            pipe->status = UPIPE_STATUS_ERROR;
            if (pipe->callback != RT_NULL)
            {
                /* 执行回调函数 */
                pipe->callback(pipe);
            }
            return -1;
        }
        /* 返回通道的 URB 状态，判断传输是否完成 */
        else if(URB_DONE == HAL_HCD_HC_GetURBState(&stm32_hhcd_fs, pipe->pipe_
            index))
        {
            RT_DEBUG_LOG(RT_DEBUG_USB, ("ok\n"));
            pipe->status = UPIPE_STATUS_OK;
            if (pipe->callback != RT_NULL)
            {
                /* 执行回调函数 */
                pipe->callback(pipe);
            }
            /* 返回传输数据大小 */
            size_t size = HAL_HCD_HC_GetXferCount(&stm32_hhcd_fs, pipe->pipe_
                index);
            /* 判断端点类型 */
            if (pipe->ep.bEndpointAddress & 0x80)
            {
                return size;
            }
            else if (pipe->ep.bEndpointAddress & 0x00)
            {
                return size;
            }
            return nbytes;
        }
        continue;
    }
}
```

USB 管道是 USB 传输中很重要的概念，USB 管道除 pipe0 作为一个特殊的管道传输一些控制指令外，其他的管道都是 USBH 根据 USBD 的设备类型（主要在 USBD 的配置信息中描述）为 USBD 分配的。这些管道都有很强的方向性，所以具有读写功能的设备都至少拥有 3 个管道，即控制管道、读数据管道、写数据管道，比如经典的 CDC 类 USBD 设备。USB 管道描述结构体的原型如下所示：

```
struct upipe
{
    rt_list_t list;
    rt_uint8_t pipe_index;   /* 管道数量（1~15）*/
    rt_uint32_t status;
    struct uendpoint_descriptor ep; /* 端点描述结构体 */
    uinst_t inst;
```

```
    func_callback callback;   /* 回调函数 */
    void* user_data;
};
typedef struct upipe* upipe_t;
```

端点描述结构体 struct uendpoint_descriptor 的原型如下所示：

```
struct uendpoint_descriptor
{
    rt_uint8_t  bLength;
    rt_uint8_t  type;
    rt_uint8_t  bEndpointAddress;  /* 端点地址 */
    rt_uint8_t  bmAttributes;      /* 端点类型 */
    rt_uint16_t wMaxPacketSize;    /* 最大数据包大小 (0 ~ 64KB) */
    rt_uint8_t  bInterval;         /* 间隔时间 */
};
```

端点（bmAttributes）的取值类型如下所示：

```
#define EP_TYPE_CTRL                        0U   /* 控制端点类型 */
#define EP_TYPE_ISOC                        1U   /* 同步传输端点类型 */
#define EP_TYPE_BULK                        2U   /* 块传输端点类型 */
#define EP_TYPE_INTR                        3U   /* 中断传输端点类型 */
```

26.3.3　open_pipe：开启传输管道

操作方法 open_pipe 用于开启一个传输管道，其原型如下所示：

```
rt_err_t (*open_pipe) (upipe_t pipe);
```

open_pipe 方法的参数及返回值如表 26-4 所示。

我们来看一个在 STM32 上实际 open_pipe 方法的示例，该方法会根据 pipe 参数打开 USBH 设备端口。该示例代码在内部直接调用了 STM32 对应的 HAL 库函数，初始化了对应的管道，部分代码如下所示。

表 26-4　open_pipe 方法的参数及返回值

参数	描述	返回值
pipe	USB 管道描述结构体	❑ RT_EOK：执行成功 ❑ -RT_ERROR：执行失败

```
static rt_err_t drv_open_pipe(upipe_t pipe)
{
    /* 获取空闲的管道控制块 */
    pipe->pipe_index = drv_get_free_pipe_index();
    /* 初始化对应的管道 */
    HAL_HCD_HC_Init(&stm32_hhcd_fs,
                pipe->pipe_index,
                pipe->ep.bEndpointAddress,
                pipe->inst->address,
                USB_OTG_SPEED_FULL,
                pipe->ep.bmAttributes,
                pipe->ep.wMaxPacketSize);
    ...
    return RT_EOK;
}
```

26.3.4　close_pipe：关闭传输管道

操作方法 close_pipe 用于关闭对应的传输管道，其原型如下所示：

```
rt_err_t (*close_pipe) (upipe_t pipe);
```

close_pipe 方法的参数及返回值如表 26-5 所示。

STM32 关闭 USBH 设备传输管道的部分代码如下所示。其中，close_pipe 方法会根据 pipe 参数关闭 USBH 设备对应的管道。该示例代码在内部直接调用了 STM32 对应的 HAL 库函数，关闭了对应的管道。

表 26-5　close_pipe 方法的参数及返回值

参数	描述	返回值
pipe	USB 管道描述结构体	❑ RT_EOK：执行成功 ❑ −RT_ERROR：执行失败

```
static void drv_free_pipe_index(rt_uint8_t index)
{
    /* 释放当前管道控制块 */
    pipe_index &= ~(0x01 << index);
}

static rt_err_t drv_close_pipe(upipe_t pipe)
{
    HAL_HCD_HC_Halt(&stm32_hhcd_fs, pipe->pipe_index);
    /* 释放管道控制块 */
    drv_free_pipe_index(pipe->pipe_index);
    return RT_EOK;
}
```

26.4　注册 USBH 设备

USBH 设备的操作方法实现后需要注册设备到操作系统。USBH 设备驱动框架没有提供独有的设备注册接口，需要自行构造设备，并使用标准设备注册接口 rt_device_register 完成设备注册。注册后，还需要调用 rt_usb_host_init 函数初始化 USBH 设备。以下是在 STM32 中注册 USBH 设备的示例：

```
/* 注册 ops */
static struct uhcd_ops _uhcd_ops =
{
    drv_reset_port,
    drv_pipe_xfer,
    drv_open_pipe,
    drv_close_pipe,
};
/* 注册 USBH 设备 */
int stm_usbh_register(void)
{
    rt_err_t res = -RT_ERROR;

    /* 创建 USBH 设备 */
    uhcd_t uhcd = (uhcd_t)rt_malloc(sizeof(struct uhcd));
```

```
        rt_memset((void *)uhcd, 0, sizeof(struct uhcd));

        uhcd->parent.type = RT_Device_Class_USBHost;
        uhcd->parent.init = stm32_hcd_init; /* 将 STM32 的 USBH 硬件初始化函数赋值给 init */
        uhcd->parent.user_data = &stm32_hhcd_fs;

        /* 绑定 USBH 操作方法 */
        uhcd->ops = &_uhcd_ops;
        uhcd->num_ports = OTG_FS_PORT;
        stm32_hhcd_fs.pData = uhcd;
        /* 注册设备 */
        res = rt_device_register(&uhcd->parent, "usbh", RT_DEVICE_FLAG_DEACTIVATE);
        if (res != RT_EOK)
        {
            rt_kprintf("register usb host failed res = %d\r\n", res);
            return -RT_ERROR;
        }
        /* USBH 初始化 */
        rt_usb_host_init("usbh");

        return RT_EOK;
    }
    INIT_DEVICE_EXPORT(stm_usbh_register);
```

在该示例代码中，根据 struct uhcd_ops 的定义创建一个全局的 ops 结构体变量 _uhcd_ops。_uhcd_ops 将在初始化 USBH 设备时被赋值给 ops 参数。

26.5 USBH 中断处理

当 USB 触发中断时需要调用一些回调函数，而通过这些回调函数可以知道 USB 当前状态：连接状态、断开状态或者 URB 状态。根据这些状态，应用程序可以执行不同操作，完成特定功能。当然 USB 的中断类型很多，我们需要底层硬件提供的 USB 相关的中断服务程序来调用中断处理函数，让 USBH 设备协议栈可以正常工作。USBH 设备驱动框架提供了一些回调函数（API）供驱动调用，以向设备驱动框架通知信息。下面是可供调用的回调函数清单：

```
    void rt_usbh_root_hub_connect_handler(struct uhcd *hcd, rt_uint8_t port, rt_
        bool_t isHS);
    void rt_usbh_root_hub_disconnect_handler(struct uhcd *hcd, rt_uint8_t port);
```

26.5.1 rt_usbh_root_hub_connect_handler：连接成功回调函数

rt_usbh_root_hub_connect_handler 函数用于通知 USBH 设备驱动框架层有新设备接入，函数原型如下所示：

```
    void rt_usbh_root_hub_connect_handler(struct uhcd *hcd, rt_uint8_t port, rt_
        bool_t isHS);
```

rt_usbh_root_hub_connect_handler 函数的参数如表 26-6 所示。

我们看一个连接成功时的回调函数使用示例。STM32 的 HAL 库提供了连接事件的回调函数，只需要在此回调函数内调用 USBH 设备驱动框架提供的连接成功回调函数，通知设备驱动框架有新设备接入即可。代码如下所示。

表 26-6　rt_usbh_root_hub_connect_handler 函数的参数

参数	描述
hcd	USBH 设备控制块
port	连接的端口
isHS	是否为高速设备

```
/* USBH 连接成功时的事件回调函数 */
void HAL_HCD_Connect_Callback(HCD_HandleTypeDef *hhcd)
{
    uhcd_t hcd = (uhcd_t)hhcd->pData;
    /* 判断当前连接状态 */
    if (!connect_status)
    {
        connect_status = RT_TRUE;
        RT_DEBUG_LOG(RT_DEBUG_USB, ("usb connected\n"));
        /* USBH 连接成功回调处理 */
        rt_usbh_root_hub_connect_handler(hcd, OTG_FS_PORT, RT_FALSE);
    }
}
```

26.5.2　rt_usbh_root_hub_disconnect_handler：断开连接回调函数

rt_usbh_root_hub_disconnect_handler 函数用于通知 USBH 设备驱动框架层要断开设备连接，函数原型如下所示：

```
void rt_usbh_root_hub_disconnect_handler(struct uhcd *hcd, rt_uint8_t port);
```

rt_usbh_root_hub_disconnect_handler 函数的参数如表 26-7 所示。

STM32 的 HAL 库提供了断开连接事件的回调函数，只需要调用断开连接回调函数，通知设备驱动框架有设备断开连接即可。代码如下所示。

表 26-7　rt_usbh_root_hub_disconnect_handler 函数的参数

参数	描述
hcd	USBH 设备控制块
port	连接的端口

```
/* USBH 断开事件回调 */
void HAL_HCD_Disconnect_Callback(HCD_HandleTypeDef *hhcd)
{
    uhcd_t hcd = (uhcd_t)hhcd->pData;
    /* 判断当前连接状态 */
    if (connect_status)
    {
        connect_status = RT_FALSE;
        RT_DEBUG_LOG(RT_DEBUG_USB, ("usb disconnnect\n"));
        /* USBH 断开连接框架接口 */
        rt_usbh_root_hub_disconnect_handler(hcd, OTG_FS_PORT);
    }
}
```

26.5.3　其他中断处理

我们看一下在 STM32 中 USBH 设备的其他中断处理的代码，USB 驱动在中断回调函数里释放了一个完成量，通知 pipe_xfer 方法数据已传输完成，代码如下所示。

```
void OTG_FS_IRQHandler(void)
{
    rt_interrupt_enter();
    HAL_HCD_IRQHandler(&stm32_hhcd_fs);
    rt_interrupt_leave();
}

/* URB 状态更改回调 */
void HAL_HCD_HC_NotifyURBChange_Callback(HCD_HandleTypeDef *hhcd, uint8_t chnum,
HCD_URBStateTypeDef urb_state)
{
    /* 释放完成量 */
    rt_completion_done(&urb_completion);
}
```

26.6　驱动配置

下面介绍 USBH 设备驱动的配置细节。

1. Kconfig 配置

下面参考 bsp/stm32/stm32f407-atk-explorer/board/Kconfig 文件，对 USBH 驱动的相关进行配置，如下所示：

```
menuconfig BSP_USING_USBH
    bool "Enable USB Host"
    select RT_USING_USB_HOST
    default n
    ...
    endif
```

可以看一下一些关键字段的含义。

❑ BSP_USING_USBH：USBH 设备驱动代码对应的宏定义，这个宏控制 USBH 驱动相关代码是否会添加到工程中。

❑ RT_USING_USB_HOST：USBH 设备驱动框架代码对应的宏定义，这个宏控制 USBH 设备驱动框架的相关代码是否会添加到工程中。

2. SConscript 配置

HAL_Drivers/SConscript 文件给出 USBH 驱动添加情况的判断选项，代码如下所示。这是一段 Python 代码，表示如果定义了宏 BSP_USING_USBH，则 drv_usbh.c 会被添加到工程的源文件中。

```
if GetDepend(['BSP_USING_USBH']):
    src += ['drv_usbh.c']
```

26.7　驱动验证

注册设备之后，USBH 设备将在 I/O 设备管理器中存在。验证设备功能时，我们需要运行添加了驱动的 RT_Thread 代码，将代码编译下载到开发板中，然后在控制台中使用 list_device 命令查看已注册的设备包含了 USBH 设备。

```
msh >list_device
device              type                 ref count
--------  --------------------  ----------
uart1     Character Device      2
usbh      USB Host Device       0
```

然后在设备驱动框架里使能内置的 Udisk Class，并且开启 FAT 文件系统支持，编译运行。当把 U 盘连接到开发板的 USBH 接口上，如果能正常识别 U 盘，则会提示找到一个设备并显示该设备的内存大小。在终端输入 ls 命令，可以查看 U 盘里面的文件。

26.8　本章小结

本章讲解了 USBH 设备驱动开发步骤：创建 USBH 设备，实现设备的操作方法，注册 USBH 设备，最后进行驱动配置和验证。

开发时需要注意以下几点。

1）本章介绍的驱动属于高级驱动，开发此类设备驱动要求开发者本身对相应的外设协议比较熟悉。

2）USBH 读写 U 盘的功能需要依赖 RT-Thread 的虚拟文件系统，若不开启 RT_Thread 虚拟文件系统而添加 U 盘功能，则工程会在编译时报错。

3）除了 U 盘，如果没有挂载其他存储设备，直接挂载到根目录即可，如果有其他设备已经挂载到根目录了，就需要选择其他目录。

第 27 章
CAN 设备驱动开发

CAN（Controller Area Network，控制器局域网，也称 CAN bus）是一种功能丰富的车用总线标准。在不需要主机的情况下，CAN 允许网络上的单片机和仪器相互通信。它基于消息传递协议，设计之初在车辆上采用复用通信线缆，以降低铜线使用量，后来也被其他行业所使用。CAN 创建在基于信息导向传输协定的广播机制（broadcast communication mechanism）上，根据信息的内容，利用信息标志符（每个标志符在整个网络中独一无二）来定义内容和消息的优先顺序，按此顺序而非指派特定站点地址的方式进行传递。

因此，CAN 拥有了良好的弹性调整能力，可以在现有网络中增加节点，而不用在软件和硬件上做出调整。除此之外，消息的传递不基于特殊种类的节点，这增加了升级网络的便利性。

基于 CAN 的种种特性，RT-Thread 抽象出了 CAN 设备，包含 CAN 的基本操作：发送 CAN 数据，接收 CAN 数据，CAN 中断等。本章将带领读者了解 CAN 设备驱动的开发，涉及实现 CAN 设备的操作方法，注册设备，驱动配置与驱动验证。

27.1 CAN 层级结构

CAN 设备的层级结构如图 27-1 所示。

1）应用层是开发者主要编写的业务代码，良好的 CAN 设备驱动框架可以给应用层提供好用的 API。

2）CAN 设备驱动框架层是一层通用的软件抽象层，与具体的硬件平台无关。CAN 设备驱动框架源码为 can.c，位于 RT-Thread 源码的 components\drivers\can 文件夹中。CAN 设备驱动框架提供以下功能。

① 向应用程序提供操作 CAN 设备的 Device 接口，即 rt_device_find、open、read、write、control、close 等接口。

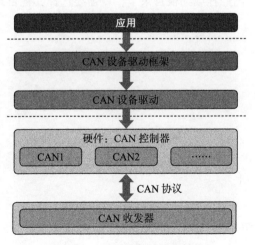

图 27-1　CAN 设备的层级结构

② 向 CAN 设备驱动提供 CAN 设备操作方法 struct rt_can_ops（如 configure、sendmsg、recvmsg）。驱动开发者需要实现这些方法。

③ 提供 CAN 设备注册接口 rt_hw_can_register，驱动开发者需要在注册设备时调用此接口。

3）CAN 设备驱动层的实现与平台相关，不同的芯片厂商或者 CAN 外设有自己的实现方法。RT-Thread 提供的 CAN 设备驱动源码位于具体 bsp 目录下，一般命名为 drv_can.c。CAN 设备驱动需要实现 CAN 设备的操作方法 struct rt_can_ops，这些操作方法提供了访问和控制 CAN 硬件的能力。这一层也负责调用 rt_hw_can_register 函数注册 CAN 设备到操作系统。

4）硬件层位于最下层，主要就是硬件的 CAN 控制器，针对不同的 CAN 控制器来实现 CAN 设备驱动层的要求。

下面将会以 STM32 的 CAN 驱动为例讲解 CAN 驱动的具体实现。

27.2 创建 CAN 设备

本节介绍如何创建 CAN 设备。对 CAN 设备来说，在驱动开发时需要先从 struct rt_can_device 结构中派生出新的 CAN 设备模型，然后根据自己的设备类型定义私有数据域。我们看一下在 STM32 中实现的 CAN 设备模型定义的 struct stm32_can 结构体，代码如下所示：

```
struct stm32_can
{
    char *name;                         /* 设备名字 */
    CAN_HandleTypeDef CanHandle;        /* CAN 配置信息 */
    CAN_FilterTypeDef FilterConfig;     /* CAN 过滤表信息 */
    struct rt_can_device device;        /* CAN 设备基类 */
};
```

CAN 驱动根据此类型定义 CAN 设备对象并初始化相关变量。一般 MCU 都支持多个 CAN 设备，CAN 驱动也应该支持多个 CAN 设备。以下是驱动文件中定义多个 CAN 设备的代码片段，其中主要定义了 CAN 的配置信息，如名称、句柄。这对 CAN 设备的管理是很有益处的，根据设备的执行情况添加不同数量的 CAN 外设。

```
/* CAN1 */
#ifdef BSP_USING_CAN1
static struct stm32_can drv_can1 =
{
    .name = "can1",
    .CanHandle.Instance = CAN1,
};
#endif
/* CAN2 */
#ifdef BSP_USING_CAN2
static struct stm32_can drv_can2 =
```

```
{
    "can2",
    .CanHandle.Instance = CAN2,
};
#endif
```

27.3　实现 CAN 设备的操作方法

CAN 设备操作方法定义在 CAN 设备驱动框架中，是对 MCU CAN 基本功能的抽象。其结构体原型如下所示：

```
struct rt_can_ops
{
    rt_err_t (*configure)(struct rt_can_device *can, struct can_configure *cfg);
    rt_err_t (*control)(struct rt_can_device *can, int cmd, void *arg);
    int (*sendmsg)(struct rt_can_device *can, const void *buf, rt_uint32_t
        boxno);
    int (*recvmsg)(struct rt_can_device *can, void *buf, rt_uint32_t boxno);
};
```

这些操作方法会完成 CAN 设备的基本操作，比如配置和控制 CAN 接口，以及通过 CAN 发送 / 接收数据，下面对这些操作方法进行简单介绍。

- ❑ configure：配置 CAN 接口，一般在 CAN 接口中需要配置通信速率、通信模式以及一些同步机制。
- ❑ control：控制 CAN 设备，在 CAN 接口中可以对 CAN 的功能配置进行一些修改，比如中断模式的开启与关闭，接收数据的中断标志位提醒，以及对 CAN 报文过滤的一些配置修改。
- ❑ sendmsg：发送一帧数据，将 CAN 数据经过 CAN 的硬件发送出去，即完成报文填充、发送缓存配置的工作。
- ❑ recvmsg：接收一帧数据，从 CAN 寄存器中读取对应的数据，将数据组包填充为可以灵活读取、使用的数据结构。

在实现驱动时，需要为设备定义并实现以上操作方法。

27.3.1　configure：配置 CAN 设备

操作方法 configure 的作用是根据参数对 CAN 设备进行配置，如通信速率、模式、缓存大小等。CAN 设备在初始化时会调用此接口，其原型如下所示：

```
rt_err_t (*configure)(struct rt_can_device *can, struct can_configure *cfg);
```

configure 方法的参数及返回值如表 27-1 所示。

该方法将根据 CAN 设备的配置参数 cfg 配置 CAN 的传输模式并初始化

表 27-1　configure 方法的参数及返回值

参数	描述	返回值
can	CAN 设备句柄	❑ RT_EOK：表示成功
cfg	CAN 设备的配置参数	❑ 其他错误码：表示失败

CAN 控制器。其中参数 cfg 包含了要配置的通信速率、通信模式等。我们看一下在 STM32 中实现的 configure 方法，部分代码如下所示。

```
static rt_err_t _can_config(struct rt_can_device *can, struct can_configure
    *cfg)
{
    struct stm32_can *drv_can;
    rt_uint32_t baud_index;
    ...
    drv_can = (struct stm32_can *)can->parent.user_data;

    drv_can->CanHandle.Init.TimeTriggeredMode = DISABLE;
    drv_can->CanHandle.Init.AutoBusOff = ENABLE;
    ...
    drv_can->CanHandle.Init.TransmitFifoPriority = ENABLE;
    /* CAN 工作模式设置 */
    switch (cfg->mode)
    {
    case RT_CAN_MODE_NORMAL:
        drv_can->CanHandle.Init.Mode = CAN_MODE_NORMAL;
        break;
    case RT_CAN_MODE_LISEN:
        drv_can->CanHandle.Init.Mode = CAN_MODE_SILENT;
        ...
        break;
    }
    /* 获取 CAN 波特率 */
    baud_index = get_can_baud_index(cfg->baud_rate);
    drv_can->CanHandle.Init.SyncJumpWidth = BAUD_DATA(SJW, baud_index);
    drv_can->CanHandle.Init.TimeSeg1 = BAUD_DATA(BS1, baud_index);
    ...
    /* 初始化 CAN 外设 */
    if (HAL_CAN_Init(&drv_can->CanHandle) != HAL_OK)
    {
        return -RT_ERROR;
    }

    /* 配置筛选器 */
    HAL_CAN_ConfigFilter(&drv_can->CanHandle, &drv_can->FilterConfig);
    /* 开启 CAN */
    HAL_CAN_Start(&drv_can->CanHandle);

    return RT_EOK;
}
```

在上述示例代码中，主要是将参数 cfg 赋值给 CAN 的句柄，然后调用 HAL 库提供的 CAN 初始化接口对 CAN 进行初始化操作。

27.3.2　control：控制 CAN 设备

操作方法 control 的作用是控制 CAN 设备的行为，并根据传入的参数 cmd（控制命令）对 CAN 设备进行相应的控制，例如配置设备、关闭设备、中断控制、修改 CAN 过滤配置和设置 CAN 模式，其原型如下所示。

```
rt_err_t (*control)(struct rt_can_device *can, int cmd, void *arg);
```

control 方法的参数及返回值如表 27-2 所示。

表 27-2　control 方法的参数及返回值

参数	描述	返回值
can	CAN 设备句柄	❑ RT_EOK：表示成功 ❑ 其他错误码：表示失败
cmd	控制命令	
arg	控制参数	

参数 cmd 可取以下宏定义值。当然这些值不需要自己定义，是 CAN 设备驱动框架提供的。

```
#define RT_DEVICE_CTRL_SET_INT      0x10 /* 设置中断 */
#define RT_DEVICE_CTRL_CLR_INT      0x11 /* 清除中断 */

#define RT_CAN_CMD_SET_FILTER       0x13 /* 设置硬件过滤表 */
#define RT_CAN_CMD_SET_BAUD         0x14 /* 设置波特率 */
#define RT_CAN_CMD_SET_MODE         0x15 /* 设置 CAN 工作模式 */
#define RT_CAN_CMD_SET_PRIV         0x16 /* 设置发送优先级 */
#define RT_CAN_CMD_GET_STATUS       0x17 /* 获取 CAN 设备状态 */
```

控制参数类型根据控制命令不同而不同。当 cmd 用于设置中断时，arg 可取以下宏定义值：

```
#define RT_DEVICE_FLAG_INT_RX       0x100      /* 设置接收中断 */
#define RT_DEVICE_FLAG_INT_TX       0x400      /* 设置发送中断 */

#define RT_DEVICE_CAN_INT_ERR       0x1000     /* 设置 CAN 总线错误中断 */
```

我们看一下在 STM32 中实现的 control 方法，它对不同命令均进行了处理，具体代码如下所示。

```
static rt_err_t _can_control(struct rt_can_device *can, int cmd, void *arg)
{
    rt_uint32_t argval;
    struct stm32_can *drv_can;
    struct rt_can_filter_config *filter_cfg;

    RT_ASSERT(can != RT_NULL);
    drv_can = (struct stm32_can *)can->parent.user_data;
    RT_ASSERT(drv_can != RT_NULL);

    switch (cmd)
    {
    case RT_DEVICE_CTRL_CLR_INT:
        /* 获取控制参数值 */
        argval = (rt_uint32_t) arg;
        if (argval == RT_DEVICE_FLAG_INT_RX)
        {
            if (CAN1 == drv_can->CanHandle.Instance)
            {
```

```
                HAL_NVIC_DisableIRQ(CAN1_RX0_IRQn);
                HAL_NVIC_DisableIRQ(CAN1_RX1_IRQn);
            }
            ...
        }
        else if (argval == RT_DEVICE_FLAG_INT_TX)
        {
            if (CAN1 == drv_can->CanHandle.Instance)
            {
                HAL_NVIC_DisableIRQ(CAN1_TX_IRQn);
            }
            ...
        }
        else if
            ...
        break;
    case RT_DEVICE_CTRL_SET_INT:
        argval = (rt_uint32_t) arg;
        ...
        break;
    case RT_CAN_CMD_SET_FILTER:
        if (RT_NULL == arg)
        {
            /* 默认过滤配置 */
            HAL_CAN_ConfigFilter(&drv_can->CanHandle, &drv_can->FilterConfig);
        }
        else
        {
            /* 获取控制参数值 */
            filter_cfg = (struct rt_can_filter_config *)arg;
            can_filter = drv_can->FilterConfig;
            /* 设置过滤表 */
            ...
        }
        break;
    case RT_CAN_CMD_SET_MODE:
        argval = (rt_uint32_t) arg;
        if (argval != RT_CAN_MODE_NORMAL &&
            argval != RT_CAN_MODE_LISEN &&
            argval != RT_CAN_MODE_LOOPBACK &&
            argval != RT_CAN_MODE_LOOPBACKANLISEN)
        {
            return -RT_ERROR;
        }
        if (argval != drv_can->device.config.mode)
        {
            drv_can->device.config.mode = argval;
            return _can_config(&drv_can->device, &drv_can->device.config);
        }
        break;
    case RT_CAN_CMD_SET_BAUD:
        argval = (rt_uint32_t) arg;
        ...
        /* 设置波特率 */
        if (argval != drv_can->device.config.baud_rate)
```

```
            {
                drv_can->device.config.baud_rate = argval;
                return _can_config(&drv_can->device, &drv_can->device.config);
            }
            break;
    case RT_CAN_CMD_SET_PRIV:
        argval = (rt_uint32_t) arg;
        ...
        /* 设置发送优先级 */
        if (argval != drv_can->device.config.privmode)
        {
            drv_can->device.config.privmode = argval;
            return _can_config(&drv_can->device, &drv_can->device.config);
        }
        break;
    case RT_CAN_CMD_GET_STATUS:
        {
            rt_uint32_t errtype;
            errtype = drv_can->CanHandle.Instance->ESR;
            drv_can->device.status.rcverrcnt = errtype >> 24;
            drv_can->device.status.snderrcnt = (errtype >> 16 & 0xFF);
            drv_can->device.status.lasterrtype = errtype & 0x70;
            drv_can->device.status.errcode = errtype & 0x07;

            rt_memcpy(arg, &drv_can->device.status, sizeof(drv_can->device.
                status));
        }
        break;
    }

    return RT_EOK;
}
```

27.3.3 sendmsg：发送一帧数据

操作方法 sendmsg 的作用是操作 CAN 硬件发送一帧数据，其原型如下所示：

```
int (*sendmsg)(struct rt_can_device *can, const void* buf, rt_uint32_t boxno);
```

sendmsg 方法的参数与返回值如表 27-3 所示。

参数 boxno 由 CAN 设备驱动框架层提供，与初始化时设置的 sndboxnumber 号范围一样，底层驱动需要根据 boxno 和实际的发送邮箱号进行适配。

表 27-3 sendmsg 方法的参数与返回值

参数	描述	返回值
can	CAN 设备句柄	❑ RT_EOK：表示成功 ❑ 其他错误码：表示失败
buf	CAN 消息指针	
boxno	发送邮箱号	

我们看一下 STM32 中实现 sendmsg 方法发送数据的示例代码，STM32 有 3 个发送邮箱，初始化时设置的 sndboxnumber 也为 3，boxno 的可能取值为 0、1、2。sendmsg 方法的部分代码如下所示：

```
static int _can_sendmsg(struct rt_can_device *can, const void *buf, rt_uint32_t
```

```
boxno)
{
    CAN_HandleTypeDef *hcan;
    hcan = &((struct stm32_can *) can->parent.user_data)->CanHandle;
    struct rt_can_msg *pmsg = (struct rt_can_msg *) buf;
    CAN_TxHeaderTypeDef txheader = {0};
    HAL_CAN_StateTypeDef state = hcan->State;

    /* 选择空闲的待发送邮箱 */
    switch (1 << boxno)
    {
        case CAN_TX_MAILBOX0:
            if (HAL_IS_BIT_SET(hcan->Instance->TSR, CAN_TSR_TME0) != SET)
            {
                /* 改变 CAN 状态 */
                hcan->State = HAL_CAN_STATE_ERROR;
                /* 返回错误 */
                return -RT_ERROR;
            }
            break;
        ...
        default:
            RT_ASSERT(0);
            break;
    }
    /* 设置标准帧 ID 或者设置扩展帧 ID */
    if (RT_CAN_STDID == pmsg->ide)
    {
        txheader.IDE = CAN_ID_STD;
        RT_ASSERT(IS_CAN_STDID(pmsg->id));
        txheader.StdId = pmsg->id;
    }
    else
    {
        txheader.IDE = CAN_ID_EXT;
        RT_ASSERT(IS_CAN_EXTID(pmsg->id));
        txheader.ExtId = pmsg->id;
    }
    /* 设置数据帧或者远程帧 */
    if (RT_CAN_DTR == pmsg->rtr)
    {
        txheader.RTR = CAN_RTR_DATA;
    }
    else
    {
        txheader.RTR = CAN_RTR_REMOTE;
    }

    ...
    /* 设置帧数据长度 */
    hcan->Instance->sTxMailBox[box_num].TDTR = pmsg->len & 0x0FU;
    /* 设置数据段 */
    WRITE_REG(hcan->Instance->sTxMailBox[box_num].TDHR,
            ((uint32_t)pmsg->data[7] << CAN_TDH0R_DATA7_Pos) |
            ((uint32_t)pmsg->data[6] << CAN_TDH0R_DATA6_Pos) |
```

```
                    ((uint32_t)pmsg->data[5] << CAN_TDH0R_DATA5_Pos) |
                    ((uint32_t)pmsg->data[4] << CAN_TDH0R_DATA4_Pos));
        WRITE_REG(hcan->Instance->sTxMailBox[box_num].TDLR,
                    ((uint32_t)pmsg->data[3] << CAN_TDL0R_DATA3_Pos) |
                    ((uint32_t)pmsg->data[2] << CAN_TDL0R_DATA2_Pos) |
                    ((uint32_t)pmsg->data[1] << CAN_TDL0R_DATA1_Pos) |
                    ((uint32_t)pmsg->data[0] << CAN_TDL0R_DATA0_Pos));
        /* 请求发送数据 */
        SET_BIT(hcan->Instance->sTxMailBox[box_num].TIR, CAN_TI0R_TXRQ);
        return RT_EOK;
    }
```

27.3.4 recvmsg：接收一帧数据

操作方法 recvmsg 的作用是从 CAN 设备的硬件设备中接收一帧数据。由于 CAN 设备的特点，接收一帧数据需要提供对应的邮箱号作为参数，其原型如下所示：

```
int (*recvmsg)(struct rt_can_device *can,void* buf, uint32_t boxno);
```

recvmsg 方法的参数及返回值如表 27-4 所示。

表 27-4　recvmsg 方法的参数及返回值

参数	描述	返回值
can	CAN 设备句柄	❑ 返回 0：表示成功 ❑ 返回其他错误码：表示失败
buf	CAN 消息指针，用于保存 CAN 消息	
boxno	接收邮箱号，由 CAN 中断提供	

recvmsg 方法会在 CAN 设备接收到数据后触发中断，在中断函数里面调用并读取已经接收到的数据，此时 CAN 驱动会把接收数据的 CAN 邮箱号作为参数传递给 CAN 中断函数，最后在调用此方法的时候作为参数传递过来。因为 recvmsg 方法调用时已经接收到了数据，所以应用层在使用 configure 方法初始化 CAN 设备时需要使能接收数据的相关功能，否则可能会出现接收数据失败的问题。

recvmsg 方法的部分代码如下所示：

```
static int _can_recvmsg(struct rt_can_device *can, void *buf, rt_uint32_t fifo)
{
    HAL_StatusTypeDef status;
    CAN_HandleTypeDef *hcan;
    struct rt_can_msg *pmsg;
    CAN_RxHeaderTypeDef rxheader = {0};

    hcan = &((struct stm32_can *)can->parent.user_data)->CanHandle;
    pmsg = (struct rt_can_msg *) buf;

    /* 保存接收到的一帧 CAN 数据 */
    status = HAL_CAN_GetRxMessage(hcan, fifo, &rxheader, pmsg->data);
    if (HAL_OK != status)
        return -RT_ERROR;
    /* 保存标准 ID 或者扩展 ID */
```

```
    if (CAN_ID_STD == rxheader.IDE)
    {
        pmsg->ide = RT_CAN_STDID;
        pmsg->id = rxheader.StdId;
    }
    else
    {
        pmsg->ide = RT_CAN_EXTID;
        pmsg->id = rxheader.ExtId;
    }
    /* 保存数据帧或者远程帧 */
    if (CAN_RTR_DATA == rxheader.RTR)
    {
        pmsg->rtr = RT_CAN_DTR;
    }
    else
    {
        pmsg->rtr = RT_CAN_RTR;
    }
    /* 保存数据长度 */
    pmsg->len = rxheader.DLC;
    /* 保存此条消息对应的硬件过滤表号 */
    pmsg->hdr = rxheader.FilterMatchIndex;
    return RT_EOK;
}
```

在示例代码中，fifo 参数就对应了 recvmsg 方法的接收邮箱号参数，借助 HAL 库提供的获取硬件消息的接口来读取消息到缓冲区，然后根据读取到的帧头信息完善 CAN 消息结构体 struct rt_can_msg 的成员，最后返回表示读取成功的返回值。

27.4　CAN 中断处理

CAN 设备驱动需要将对应的中断事件通知给 CAN 设备驱动框架，让它完成后续的数据收发处理等工作。CAN 设备驱动的中断处理函数通过调用 RT-Thread CAN 设备驱动框架提供的 rt_hw_can_isr 函数，通知中断事件的发生。rt_hw_can_isr 函数原型如下所示：

```
void rt_hw_can_isr(struct rt_can_device *can, int event);
```

rt_hw_can_isr 函数的参数如表 27-5 所示。

可以看到，由于该函数是一个中断函数，因此是不带返回值的。在驱动编写的过程中，根据不同的中断事件，event 可取以下值：

表 27-5　rt_hw_can_isr 函数的参数

参数	描述
can	CAN 设备句柄
event	中断事件

```
#define RT_CAN_EVENT_RX_IND      0x01 /* 接收完成 */
#define RT_CAN_EVENT_TX_DONE     0x02 /* 发送完成 */
#define RT_CAN_EVENT_TX_FAIL     0x03 /* 发送失败 */
#define RT_CAN_EVENT_RX_TIMEOUT  0x05 /* 接收超时 */
#define RT_CAN_EVENT_RXOF_IND    0x06 /* 接收溢出 */
```

在下面的代码中，使用 STM32 CAN 驱动库的中断处理函数 CANx_TX_IRQHandler 调用 rt_hw_can_isr，完成对中断处理函数的对接。注意，在进入与退出中断时，需要调用中断进入和中断退出函数。

```c
/* CAN1 设备发送中断处理 */
void CAN1_TX_IRQHandler(void)
{
    rt_interrupt_enter();
    CAN_HandleTypeDef *hcan;
    hcan = &drv_can1.CanHandle;
    if (__HAL_CAN_GET_FLAG(hcan, CAN_FLAG_RQCP0))
    {
        if (__HAL_CAN_GET_FLAG(hcan, CAN_FLAG_TXOK0))
        {
            /* 发送完成中断 */
            rt_hw_can_isr(&dev_can1, RT_CAN_EVENT_TX_DONE | 0 << 8);
        }
        else
        {
            /* 发送失败中断 */
            rt_hw_can_isr(&dev_can1, RT_CAN_EVENT_TX_FAIL | 0 << 8);
        }
        /* 清除中断标志位 */
        SET_BIT(hcan->Instance->TSR, CAN_TSR_RQCP0);
    }
    ...

    rt_interrupt_leave();
}

/* CAN1 设备接收邮箱 0 中断处理 */
void CAN1_RX0_IRQHandler(void)
{
    rt_interrupt_enter();
    _can_rx_isr(&drv_can1.device, CAN_RX_FIFO0);
    rt_interrupt_leave();
}

/* CAN1 设备接收邮箱 1 中断处理 */
void CAN1_RX1_IRQHandler(void)
{
    rt_interrupt_enter();
    _can_rx_isr(&drv_can1.device, CAN_RX_FIFO1);
    rt_interrupt_leave();
}

static void _can_rx_isr(struct rt_can_device *can, rt_uint32_t fifo)
{
    CAN_HandleTypeDef *hcan;
    RT_ASSERT(can);
    hcan = &((struct stm32_can *) can->parent.user_data)->CanHandle;

    switch (fifo)
    {
    /* FIFO 1 接收中断 */
    case CAN_RX_FIFO0:
```

```
        if (HAL_CAN_GetRxFifoFillLevel(hcan, CAN_RX_FIFO0) && __HAL_CAN_GET_IT_
            SOURCE(hcan, CAN_IT_RX_FIFO0_MSG_PENDING))
        {
            /* 接收完成中断 */
            rt_hw_can_isr(can, RT_CAN_EVENT_RX_IND | fifo << 8);
        }
        ...
        if (__HAL_CAN_GET_FLAG(hcan, CAN_FLAG_FOV0) && __HAL_CAN_GET_IT_
            SOURCE(hcan, CAN_IT_RX_FIFO0_OVERRUN))
        {
            __HAL_CAN_CLEAR_FLAG(hcan, CAN_FLAG_FOV0);
            /* 接收溢出中断 */
            rt_hw_can_isr(can, RT_CAN_EVENT_RXOF_IND | fifo << 8);
        }
        break;
    ...
    }
}
```

27.5　注册 CAN 设备

CAN 设备的操作方法都实现后需要注册设备到操作系统，注册 CAN 设备的接口原型如下所示：

```
rt_err_t rt_hw_can_register(struct rt_can_device *can,
                    const char              *name,
                    const struct rt_can_ops *ops,
                    void                    *data);
```

rt_hw_can_register 接口的参数及返回值如表 27-6 所示。

在注册 CAN 设备之前，需要根据 struct rt_can_ops 的定义创建一个全局的 ops 结构体变量 _can_ops。在注册 CAN 设备时 _can_ops 会被赋值给 CAN 设备的 ops 参数。在 STM32 中注册设备的代码如下所示。

表 27-6　rt_hw_can_register 接口的参数及返回值

参数	描述	返回值
can	CAN 设备句柄	
name	CAN 设备名称	❑ RT_EOK：成功
ops	CAN 的操作方法	❑ -RT_ERROR：失败
data	用户数据	

```
/* 保存设备的操作方法 */
static const struct rt_can_ops _can_ops =
{
    _can_config,
    _can_control,
    _can_sendmsg,
    _can_recvmsg,
};
/* 设备注册 */
int rt_hw_can_init(void)
{
    struct can_configure config = CANDEFAULTCONFIG;
    config.privmode = RT_CAN_MODE_NOPRIV;
```

```
        config.ticks = 50;
#ifdef RT_CAN_USING_HDR
        config.maxhdr = 14;
#ifdef CAN2
        config.maxhdr = 28;
#endif
#endif
        /* 配置默认硬件过滤表 */
        CAN_FilterTypeDef filterConf = {0};
        filterConf.FilterIdHigh = 0x0000;
        filterConf.FilterIdLow = 0x0000;
        filterConf.FilterMaskIdHigh = 0x0000;
        filterConf.FilterMaskIdLow = 0x0000;
        filterConf.FilterFIFOAssignment = CAN_FILTER_FIFO0;
        filterConf.FilterBank = 0;
        filterConf.FilterMode = CAN_FILTERMODE_IDMASK;
        filterConf.FilterScale = CAN_FILTERSCALE_32BIT;
        filterConf.FilterActivation = ENABLE;
        filterConf.SlaveStartFilterBank = 14;

#ifdef BSP_USING_CAN1
        filterConf.FilterBank = 0;

        drv_can1.FilterConfig = filterConf;
        drv_can1.device.config = config;
        /* register CAN1 device */
        rt_hw_can_register(&drv_can1.device,
                    drv_can1.name,
                    &_can_ops,
                    &drv_can1);
#endif /* BSP_USING_CAN1 */

        ...

        return 0;
}
INIT_BOARD_EXPORT(rt_hw_can_init);
#endif /* RT_USING_CAN */
```

其中 _can_ops 是操作方法函数名（即函数指针），函数需要按照 rt_can_ops 结构中的原型实现，并赋值给各个相应的成员。

27.6 驱动配置

下面介绍 CAN 设备驱动的配置。

1. Kconfig 配置

下面参考 rt-thread\bsp\stm32\stm32f407-atk-explorer\board\Kconfig 文件，对 CAN 驱动进行相关配置，如下所示：

```
menuconfig BSP_USING_CAN
    bool "Enable CAN"
```

```
    default y
    select RT_USING_CAN
    if BSP_USING_CAN
        config BSP_USING_CAN1
            bool "Enable CAN1"
            default y
    endif
```

代码段中相关宏说明如下所示。

❑ BSP_USING_CAN：CAN 驱动代码对应的宏定义，这个宏控制 CAN 驱动相关代码是否会添加到工程中。

❑ RT_USING_CAN：CAN 设备驱动框架代码对应的宏定义，这个宏控制 CAN 设备驱动框架的相关代码是否会添加到工程中。

❑ BSP_USING_CAN1：CAN 设备 1 对应的宏定义，这个宏控制 CAN 设备 1 是否会注册到系统。

2. SConscript 配置

rt-thread\bsp\stm32\Libraries\HAL_Drivers\SConscript 文件给出了 CAN 驱动添加情况的判断，代码如下所示。这是一段 Python 代码，表示如果定义了宏 BSP_USING_CAN，则 drv_can.c 会被添加到工程的源文件中。

```
if  GetDepend('BSP_USING_CAN'):
    src += ['drv_can.c']
```

rt-thread\bsp\stm32\Libraries\STM32F4xx_HAL\SConscript 文件给出了 STM32 库文件的添加判断选项，代码如下所示：

```
if GetDepend(['BSP_USING_CAN']):
    src += ['STM32F4xx_HAL_Driver/Src/stm32f4xx_hal_can.c']
```

27.7　驱动验证

注册 CAN 设备之后，CAN 设备将在 I/O 设备管理器中存在。系统开始运行后，可以在终端使用 list_device 命令查看，会看到已注册的设备包含了 CAN 设备。

```
msh >list_device
device          type                ref count
--------    --------------------    ----------
uart1       Character Device        2
can1        CAN Device              0
```

可以使用下面的测试代码对实现的 CAN 设备进行功能测试。使用 CAN 分析工具连接对应 CAN 设备，利用上位机同 CAN 设备通信来收发数据，上位机收到的第一帧数据为 CAN 示例代码发送的 ID 为 0x78 的数据。测试代码如下所示。

```
#include <rtthread.h>
```

```c
#include "rtdevice.h"

#define CAN_DEV_NAME         "can1"           /* CAN 设备名称 */

static struct rt_semaphore rx_sem;        /* 用于接收消息的信号量 */
static rt_device_t can_dev;               /* CAN 设备句柄 */

/* 接收数据回调函数 */
static rt_err_t can_rx_call(rt_device_t dev, rt_size_t size)
{
    /* CAN 接收到数据后产生中断，调用此回调函数，然后发送接收信号量 */
    rt_sem_release(&rx_sem);

    return RT_EOK;
}

static void can_rx_thread(void *parameter)
{
    int i;
    rt_err_t res;
    struct rt_can_msg rxmsg = {0};

    /* 设置接收回调函数 */
    rt_device_set_rx_indicate(can_dev, can_rx_call);

#ifdef RT_CAN_USING_HDR
    struct rt_can_filter_item items[5] =
    {
        /* std,match ID:0x100~0x1ff, hdr 为 -1, 设置默认过滤表 */
        RT_CAN_FILTER_ITEM_INIT(0x100, 0, 0, 0, 0x700, RT_NULL, RT_NULL),
        /* std,match ID:0x300~0x3ff, hdr 为 -1 */
        RT_CAN_FILTER_ITEM_INIT(0x300, 0, 0, 0, 0x700, RT_NULL, RT_NULL),
        /* std,match ID:0x211, hdr 为 -1 */
        RT_CAN_FILTER_ITEM_INIT(0x211, 0, 0, 0, 0x7ff, RT_NULL, RT_NULL),
        /* std,match ID:0x486, hdr 为 -1 */
        RT_CAN_FILTER_STD_INIT(0x486, RT_NULL, RT_NULL),
        /* std,match ID:0x555, hdr 为 7, 指定设置 7 号过滤表 */
        {0x555, 0, 0, 0, 0x7ff, 7,}
    };
    struct rt_can_filter_config cfg = {5, 1, items}; /* 一共有 5 个过滤表 */
    /* 设置硬件过滤表 */
    res = rt_device_control(can_dev, RT_CAN_CMD_SET_FILTER, &cfg);
    RT_ASSERT(res == RT_EOK);
#endif

    while (1)
    {
        /* hdr 值为 -1, 表示直接从 uselist 链表读取数据 */
        rxmsg.hdr = -1;
        /* 阻塞等待接收信号量 */
        rt_sem_take(&rx_sem, RT_WAITING_FOREVER);
        /* 从 CAN 读取一帧数据 */
        rt_device_read(can_dev, 0, &rxmsg, sizeof(rxmsg));
        /* 打印数据 ID 及内容 */
        rt_kprintf("ID:%x", rxmsg.id);
```

```
        for (i = 0; i < 8; i++)
        {
            rt_kprintf("%2x", rxmsg.data[i]);
        }

        rt_kprintf("\n");
    }
}

int can_sample(int argc, char *argv[])
{
    struct rt_can_msg msg = {0};
    rt_err_t res;
    rt_size_t  size;
    rt_thread_t thread;
    char can_name[RT_NAME_MAX];

    if (argc == 2)
    {
        rt_strncpy(can_name, argv[1], RT_NAME_MAX);
    }
    else
    {
        rt_strncpy(can_name, CAN_DEV_NAME, RT_NAME_MAX);
    }
    /* 查找 CAN 设备 */
    can_dev = rt_device_find(can_name);
    if (!can_dev)
    {
        rt_kprintf("find %s failed!\n", can_name);
        return -RT_ERROR;
    }

    /* 初始化 CAN 接收信号量 */
    rt_sem_init(&rx_sem, "rx_sem", 0, RT_IPC_FLAG_FIFO);

    /* 以中断接收及发送方式打开 CAN 设备 */
    res = rt_device_open(can_dev, RT_DEVICE_FLAG_INT_TX | RT_DEVICE_FLAG_INT_
        RX);
    RT_ASSERT(res == RT_EOK);
    /* 创建数据接收线程 */
    thread = rt_thread_create("can_rx", can_rx_thread, RT_NULL, 1024, 25, 10);
    if (thread != RT_NULL)
    {
        rt_thread_startup(thread);
    }
    else
    {
        rt_kprintf("create can_rx thread failed!\n");
    }

    msg.id = 0x78;          /* ID 为 0x78 */
    msg.ide = RT_CAN_STDID;      /* 标准格式 */
    msg.rtr = RT_CAN_DTR;        /* 数据帧 */
    msg.len = 8;                 /* 数据长度为 8 */
```

```
        /* 待发送的 8 字节数据 */
        msg.data[0] = 0x00;
        msg.data[1] = 0x11;
        msg.data[2] = 0x22;
        msg.data[3] = 0x33;
        msg.data[4] = 0x44;
        msg.data[5] = 0x55;
        msg.data[6] = 0x66;
        msg.data[7] = 0x77;
        /* 发送一帧 CAN 数据 */
        size = rt_device_write(can_dev, 0, &msg, sizeof(msg));
        if (size == 0)
        {
            rt_kprintf("can dev write data failed!\n");
        }

        return res;
    }
    /* 导出到 MSH 命令列表 */
    MSH_CMD_EXPORT(can_sample, can device sample);
```

27.8　本章小结

本章讲解了 CAN 设备驱动开发步骤，主要包括 CAN 设备的操作方法、创建与注册，最后对 CAN 进行驱动配置与验证。

注意，接收数据时，CAN 消息的 hdr 参数必须指定值，默认指定为 −1 即可，表示从接收数据的 uselist 链表读取数据。也可以指定为硬件过滤表号的值，表示此次从哪一个硬件过滤表对应的消息链接读取数据，此时需要在设置硬件过滤表的时候为 hdr 指定正确的过滤表号。如果设置硬件过滤表的时候 hdr 为 −1，则读取数据的时候也要赋值为 −1。